U0289286

珠海生态文明建设战略研究

王夏晖　王波　陆军　何军　饶胜　等　著

中国环境出版集团·北京

图书在版编目（CIP）数据

珠海生态文明建设战略研究/王夏晖等著. —北京：中
国环境出版集团，2018.5
ISBN 978-7-5111-3529-2

Ⅰ. ①珠… Ⅱ. ①王… Ⅲ. ①生态环境建设—研
究—珠海 Ⅳ. ①X321.265.3

中国版本图书馆 CIP 数据核字（2018）第 023742 号

出 版 人	武德凯	
责任编辑	葛　莉	宾银平
责任校对	任　丽	
封面设计	宋　瑞	

出版发行	中国环境出版集团
	（100062　北京市东城区广渠门内大街 16 号）
	网　　　址：http://www.cesp.com.cn
	电子邮箱：bjgl@cesp.com.cn
	联系电话：010-67112765（编辑管理部）
	010-67113412（第二分社）
	发行热线：010-67125803，010-67113405（传真）
印　　刷	北京中科印刷有限公司
经　　销	各地新华书店
版　　次	2018 年 5 月第 1 版
印　　次	2018 年 5 月第 1 次印刷
开　　本	787×1092　1/16
印　　张	20.75
字　　数	466 千字
定　　价	80.00 元

本书编著委员会

主　编	王夏晖	王　波	陆　军	何　军	饶　胜
副主编	刘桂环	张丽荣	许开鹏	梁　涛	
编　委	张晓丽	郑利杰	李　松	张笑千	柴慧霞
	金陶陶	孟　锐	潘　哲	文一惠	谢　婧
	黄　琦	童亚莉	高彦鑫	宋志晓	朱振肖
	王雅竹	李致一	张剑波		

前　言

党的十八大以来，以习近平同志为核心的党中央提出建设生态文明是关系人民福祉、关乎民族未来的长远大计，必须树立尊重自然、顺应自然、保护自然的生态文明理念，把生态文明建设放在突出地位，融入经济建设、政治建设、文化建设、社会建设各方面和全过程，努力建设美丽中国，实现中华民族永续发展。中共中央、国务院印发了《关于加快推进生态文明建设的意见》和《生态文明体制改革总体方案》，推出了"1+6"生态文明改革组合拳，国家"十三五"规划纲要又将绿色发展作为五大新发展理念之一。党的十九大明确指出，建设生态文明功在当代、利在千秋，是中华民族永续发展的千年大计。必须树立和践行绿水青山就是金山银山的理念，坚持节约资源和保护环境的基本国策，像对待生命一样对待生态环境，统筹山水林田湖草系统治理，实行最严格的生态环境保护制度，形成绿色发展方式和生活方式，坚定走生产发展、生活富裕、生态良好的文明发展道路。广东省为落实国家关于加快推进生态文明建设的总体部署，制定出台了《广东省生态文明建设"十三五"规划》，提出了"建设天蓝、地绿、水净的美好家园"的宏伟战略。

珠海市委、市政府高度重视生态文明建设，认真贯彻落实国家和广东省有关生态文明建设的决策部署，站在全球视角，高起点、高标准、高质量推进各项建设工作，生态文明水平全国领先。加快推进生态文明是珠海主动适应、奋力引领经济新常态的内在需求，是创建国家生态文明建设示范市的应有之义，是建设中国生态文明成效国际窗口城市的重大举措。在新的历史时期，面对国家和广东省提出的生态文明建设更高要求，面对城市现代化建设日益趋紧的资源环境约束，面对人民群众对优质生态环境的强烈期待，加快推进生态文明建设尤为紧迫。

为贯彻落实国家和广东省关于加快推进生态文明建设的战略部署，统筹谋划生态文明建设各项工作，全面提升生态文明建设水平，推动珠海奋力走在生态文明新时代前列，珠海市委、市政府委托环境保护部环境规划院启动了《珠海市生态文明建设战略研究项目》（简称《项目》）。《项目》全面贯彻落实党的十九大精神和广东省委十二届一次、二次全会精神，坚持创新、协调、绿色、开放、共享的发展理念，在深刻把握珠海生态文明建设现实状况与面临形势的基础上，明确了"十三五"时期加快推进生态文明建设的指导思想、基本原则、奋斗目标、主要任务、重大工程和政策措施，系统提出了生态文明建设的时间表、路线图。

本书围绕珠海生态文明建设战略研究主题，提出当前和今后一段时间重点实施"1588"战略，即坚持1条主线，实施5大行动，构建8大制度，推进8大工程。①坚持一条主线。"十三五"时期，坚持将绿色发展作为生态文明建设的主线，坚定不移走"绿水青山就是金山银山"的绿色发展之路，将绿色发展理念融入生态文明建设的全过程和各领域。②实施5大行动。针对珠海推进生态文明建设的主要薄弱环节和突出短板，重点实施5大行动，一是实施城市空间格局优化行动，建设一座城乡联动、区域协调之城；二是实施产业绿色转型升级行动，建设一座集约高效、低碳循环之城；三是实施山水林田湖海保育行动，建设一座海陆相连、城田相映之城；四是实施环境质量领跑行动，建设一座环境优秀、宜居宜业之城；五是实施城市"软实力"提升行动，建设一座活力创新、幸福人文之城。③构建8大制度。按照"提高标准，健全法制，理顺机制，创新制度"的思路，结合珠海实际，重点构建环境治理，生态文明绩效评价考核和责任追究，资源有偿使用和生态补偿，生态环境保护市场化，资源总量管理和节约，国土空间开发保护，自然资源资产产权，国土空间"一张图"管理8大制度，实现用制度保护生态环境。④推进8大工程。实施大工程带动大发展，开展水环境污染防治、大气环境污染防治、土壤环境污染防治、生态环境监测网络构建、生态文明软实力提升、产业绿色转型升级、生态红线管控、城乡人居环境提升8大工程，全面支撑"十三五"生态文明建设目标任务。

该"项目"由环境保护部环境规划院牵头，联合中国科学院地理科学与资源研究所共同承担。在"项目"的研究中得到了珠海市环境保护局和有关专家的大力支持，在此一并表示感谢。全书由王夏晖、王波、陆军、何军、饶胜确定总体思路、基本框架和研究提纲。具体章节执笔分工如下：第1章：郑利杰、张笑千、梁涛；第2章：王波、柴慧霞；第3章：金陶陶、许开鹏；第4章：梁涛、高彦鑫、王雅竹；第5章：饶胜、黄琦；第6章：梁涛、童亚莉；第7章：张丽荣、孟锐、潘哲；第8章：刘桂环、文一惠、谢婧；第9章：张晓丽；第10章：柴慧霞。全书由王波负责统稿，金陶陶负责图件制作，王夏晖负责定稿。

目　录

第1章 区域概况与形势分析

1.1 区域概况与压力预测

1.1.1 区域概况

1.1.1.1 区位

珠海市位于广东省南部,珠江出海口西岸,处于北纬21°48′~22°27′,东经113°03′~114°19′。濒临南海,东与深圳、香港隔海相望,距香港36海里[①],南与澳门陆路相通,西临江门新会区、台山市,北与中山市接壤,距广州140 km,辖区总面积为7 653 km²,陆域面积为1 724.31 km²。珠海市南北长77.3 km(从平洲岛到淇澳岛两岛末端止),东西宽123.4 km(从担杆岛到荷包岛两岛末端止),是珠江三角洲中海洋面积最大、岛屿最多、海岸线最长的城市。珠海市的海岸线长224.5 km,有大小岛屿217个,其中面积大于500 m²的有147个,有常住居民的岛11个。[②]

(1)空间区位

1)珠海在全国的区位。从全国层面来讲,珠海需要发挥粤港澳的组合优势,增强区域竞争力和对外辐射力,优化区域空间结构,促进城镇和产业轴线拓展,形成向内陆和沿海两翼辐射的空间格局,带动泛珠三角地区的发展。

2)珠海在珠三角的区位。珠海是珠江三角洲南端的一个重要城市,毗邻澳门,与香港隔江相望。2008年,国务院颁布实施《珠江三角洲地区改革发展规划纲要(2008—2020年)》(以下简称《纲要》),将珠海定位为"珠三角中心城市之一,珠三角西岸的核心城市"。按照《纲要》的预期以及珠江三角洲的理想规划,广东珠江三角洲将形成三个龙头——广州、深圳、珠海。其中,广州向北辐射珠三角中部、粤北和湖南;深圳辐射珠三角东岸和

---

① 1海里(nmile)=1.852 km。
② 数据来自《2015珠海年鉴》。

粤东，乃至福建、江西；珠海辐射珠三角西岸、粤西，乃至广西、云贵。

3）珠海在广东省的区位。在广东省层面来看，珠海市以珠三角地区为主区域，以粤东、粤西和北部山区为副区域，以快速交通、信息网络体系为依托，形成沿海、云广梅、深广韶、汕梅、惠河、海廉六条城镇发展轴，以珠三角中部、东岸、西岸、粤东潮汕、粤西湛茂和粤北韶关等六大都市区为核心区域的城镇空间组合字结构。①

（2）地理区位

珠海港位于珠江入海口西岸，南与澳门陆地相连，东与国际航运中心香港隔海相望，背靠中国经济最发达地区之一珠三角地区。珠海港海岸线及岛岸线长，靠近国际航道，港口条件优越，是天然深水港。

（3）交通区位

珠海港集疏运系统规划已经启动，主要包括铁路、水运和公路三种主要的集疏运方式。随着广珠铁路、西部沿海高速、江珠高速、广珠高速、港珠澳大桥等陆续开通，以珠海为核心的 2 小时交通圈将逐步形成，江海联运、海铁联运、水陆转运将十分便利，珠海港腹地范围将得到进一步延伸，货运吞吐量将迎来加速增长。

（4）旅游区位

珠海是中国五个经济特区之一，曾经先后获得联合国"国际改善居住环境最佳范例奖""中国旅游胜地四十佳"、新兴的花园式海滨旅游度假城等荣誉称号，是中国南海之滨的一颗璀璨的明珠。珠海自然环境优美，山清水秀，海域广阔，有 100 多个海岛，素有"百岛之市"美称。

1.1.1.2 地理环境

（1）气候

珠海市位于北回归线以南，地处南海之滨，属亚热带季风气候区，海洋对本地气候的调节作用十分明显，冬无严寒，夏无酷暑，温暖湿润，日照充足，热量丰富。多年平均气温为 22.4℃，月平均气温最低为 14.6℃，月平均气温最高为 28.5℃，极端低气温 1.5℃（红旗站，1975 年 12 月 14 日），极端高气温 38.5℃（香洲站，1980 年 7 月 10 日）；年日照时数 1 605～2 545 h，平均年太阳总辐射量为 111 kcal②/cm²，全年无霜日 358 d，年平均相对湿度 79%。每年初春时节，细雨连绵，空气相对湿度较大，最高达 100%。③

据《2015 珠海年鉴》，2014 年，珠海市气候具有气温偏高，降雨偏少，高温日多，台风数少的特点，即年平均气温偏高，年降雨量偏少，全年高温日数偏多，台风影响个数较

---

① 引自珠海市生态控制线图件。

② 1 cal=4.186 8J。

③ 数据来自《珠海市水生态文明城市建设试点实施方案》。

常年少，但高温、暴雨及大风等极端事件时有发生。主要灾害性天气有热带气旋、暴雨、雷暴、高温、大雾等。

（2）水文

珠海市地处珠江流域，濒临南海，境内河流众多，水资源丰富。珠海市大大小小共有120 多条河道，长达 450 多 km，河流面积 170 多 km^2，占全市面积 10%以上。珠江八大出海口中的磨刀门、鸡啼门、虎跳门自东向西依次分布，西江诸分流水道与当地河涌纵横交织，属典型的三角洲河网区。在珠海市斗门区北部，西江分为磨刀门水道、螺洲溪、荷麻溪、涝涝溪、涝涝西溪 5 支分流入境，进而分汇为磨刀门、鸡啼门、虎跳门 3 支干流，由北向南纵贯全境，注入南海。干流沿程与众多侧向分流、汇流河道衔接，既有自然分流汇水，也有闸引闸排。西江诸分流水道沿岸均已筑堤联围，水流受到有效制导，因而河道基本形成稳定的平面形态。因此，与水道紧相连的 34 条重要的河涌和 8 条河流横亘在丘陵、平原之间，把珠海市分割成岛中有岛的局面，形成了"河涌纵横，开门见水"的水乡特色。[①]

（3）植被

据《珠海市农业用地土壤质量调查及评价》，珠海的原生植被为南亚热带常绿季风林和南亚热带常绿沟谷季雨林，但原生植被已受到破坏，只在人迹稀少的海岛及距城镇较远的村庄附近才有零星分布。大部分的丘陵山地上生长着次生的人工马尾松、岗松、芒萁、茅草、桃金娘等小灌木草植被群落。个别地方有较大面积的台湾相思林分布；在一些较低的山岗上也种植了湿地松和桉树等；低丘及缓坡上大部分开垦种植荔枝、龙眼、杨桃、番石榴、菠萝等作物。在河滩涌边营造的人工防护林主要有木麻黄、白千层、落羽杉、苦楝、水松等。

平原地区以水稻、甘蔗和蔬菜等作物为主，果树有荔枝、龙眼、香蕉、大蕉等。本市的滩涂较多，海岸沙滩有耐旱植物厚藤、海刀豆、鼠刺草、仙人掌、针葵、西沙龙舌兰、草海桐等；滨海泥滩及海湾中有木榄、秋茄、桐花树、白骨壤、海漆、老鼠勒等红树林植物以及莎草科的水草、禾本科的芦苇等。

1.1.1.3　自然资源与能源

（1）水资源

珠海市水资源的构成特点是过境水量多，本地水资源量少；地表水资源量大，地下水资源量小。珠海市多年平均入境水资源量为 1 412.24 亿 m^3，而本地水资源量仅为 17.57 亿 m^3，入境水是本地水资源量的 80.4 倍。境内多年平均地表水资源量为 17.13 亿 m^3，是多年平均地下水资源量（2.06 亿 m^3）的 8.3 倍。珠海市属亚热带季风气候区，常受强热带风暴和台

---

① 数据来自《珠海市水生态文明城市建设试点实施方案》。

风侵袭，降雨充沛，年平均雨日达 130～150 d，4—9 月为雨季，10 月至次年 3 月为旱季。陆地的多年平均降雨量为 2 042 mm，降雨年内分配不均，冬春少，夏秋多，4—9 月降雨量占年总雨量的 83%～87%。2014 年降雨量为 1 891 mm，属平水年；本地水资源量为 15.08 亿 m³。本市水资源总量大，但可利用量相对小，当地水资源量的利用率只有 38%。本市多年平均入境水总量 1 429.24 亿 m³，利用量较少。本市地表水资源空间分布差异性不明显，但时间分布不均。全市年降雨量空间分布比较均匀，各区降雨量差别不大。在时间分布上除年际丰枯变化幅度较大以外，还存在连续偏丰和连续偏枯的情况。降水、径流的年际变化剧烈和年内高度集中，造成水旱灾害频繁，防洪和抗旱任务比较艰巨。潮汐作用显著，境内河口海域潮汐属不规则半日混合潮型。境内水环境质量较好，饮用水水源水质基本能达到 II～III 类标准。全年城市自来水供水能力达到 110 万 m³/d，年供水 3.78 亿 m³，城市供水安全有保障。珠海市存在枯水期水质性缺水问题，建设节水型社会有很强的必要性。[①]

珠海市水系分布见图 1-1。

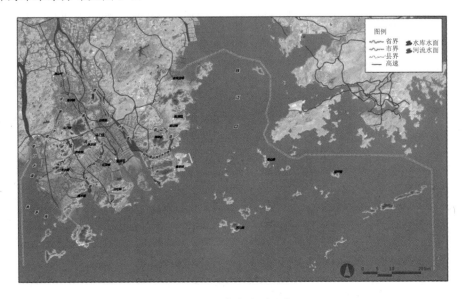

图 1-1　珠海市水系分布

（2）土地资源

根据 2014 年土地利用变更调查成果显示，珠海市陆地总面积为 1 724.31 km²，其中农用地 940.95 km²（含耕地面积 335.64 km²），建设用地 491.09 km²，未利用地 292.26 km²。[②]

珠海市土地利用分布见图 1-2。

---

① 《2015 珠海年鉴》。
② 《2015 珠海年鉴》。

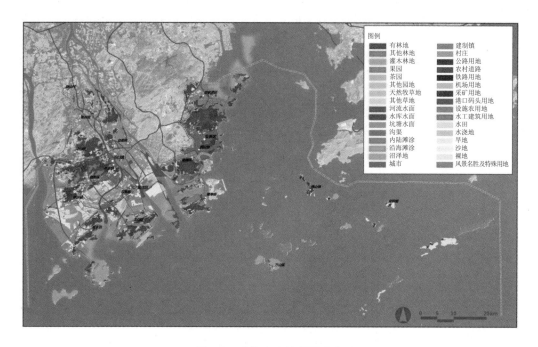

图例

有林地	建制镇
其他林地	村庄
灌木林地	公路用地
果园	农村道路
茶园	铁路用地
其他园地	机场用地
天然牧草地	采矿用地
其他草地	港口码头用地
河流水面	设施农用地
水库水面	水工建筑用地
坑塘水面	水田
沟渠	水浇地
内陆滩涂	旱地
沿海滩涂	沙地
沼泽地	裸地
城市	风景名胜及特殊用地

图 1-2　珠海市土地利用分布

（3）动植物资源

珠三角动植物资源比较丰富。有国家一级重点保护动物蟒蛇等和国家二级保护动物猕猴、穿山甲、松雀鹰、雀鹰、鸢、褐翅鸦鹃、长耳鸮和虎纹蛙等。有 500 多种植被，其中包括担杆岛猕猴保护区的土沉香、吊皮锥和白桂木 3 种国家三级重点保护植物和淇澳红树林保护区内的红树林、斗门区的水松林等珍稀植物。经济作物主要有甘蔗、稻谷、莲藕、番薯、花生、木薯、蔬菜等，果树作物主要有荔枝、龙眼、香蕉、柑橘、杨桃、黄皮、菠萝、芒果、芭乐等，尤以荔枝、龙眼等最具盛名[1]。

据初步调查，东南部以象头山国家级自然保护区为代表，有维管植物（未包括苔藓植物）1 647 种，陆生脊椎野生动物 305 种。西部以北峰山国家森林公园为代表，维管植物种类约 1 184 种。北部以鼎湖山国家级自然保护区为代表，有维管植物 1 993 种，兽类 38 种、爬行类 20 种、鸟类 178 种、蝶类 85 种、昆虫 681 种。[2]

（4）矿产资源

据《2015 珠海年鉴》，珠海市已发现矿 25 种，矿产地 150 处，其中金属矿产 15 种，矿产地 34 处；非金属矿产 7 种，矿产地 77 处；能源矿产（地下热水）1 种，矿产地 5 处；地下水（常温饮用地下水和矿泉水）2 种，矿产地 39 处。珠海市矿产资源种类较少，大型

---

[1] 中国·珠海网站。
[2] 《珠江三角洲地区生态安全体系一体化规划（2014—2020 年）》。

矿床极少，金属矿产均为小型规模或为矿点、矿化点，优势矿产为滨海石英砂矿、建筑用花岗岩和地下热水、矿泉水。

珠海市能源矿产仅有地下热水一种。地下热水矿产地有 5 处，主要分布在斗门下洲、灯笼沙、银村和金湾平沙以及南屏等地，其中平沙和斗门下洲矿点水温较高，达 70℃以上，其余为低温地下热水，总允许开采量为 1.04 万 m^3/t，已开发利用的有平沙地下热水（海泉湾度假城）和斗门下洲地下热水（御温泉度假村），其中平沙地下热水允许开采量 3 250 m^3/t，年开采量 86 万 m^3，水温达 76～81℃；斗门下洲地下热水允许开采量 3 749 m^3/t，年开采量 29.2 万 m^3，水温达 69.0～71.7℃。

（5）海洋资源

珠海海域广阔、滩涂广布、海岸线长、岛屿众多，海洋旅游、海洋生物、海洋可再生能源等资源类型众多、特色鲜明。领海基线内海域面积约 6 000 km^2，是陆域面积的 3.6 倍，其中滩涂面积 227 km^2；大陆海岸线长 224.5 km；海岛 217 个（其中大于 500 m^2 的 147 个）；港口航运条件优越，高栏港区平均水深为 10～15 m，万山岛群拥有 20 m 等深线，大濠水道、蜘洲水道、桂山水道、青洲航道、磨刀门水道等航道纵横其间。由于毗邻港澳，珠海市区位优势明显，发展海洋经济条件优越，是广东省海洋经济发展重点市。在珠海市万山区佳蓬列岛海域生长着一片颇具规模的珊瑚礁区，具有极高的生态和旅游价值，是珠江口一带最大的珊瑚礁群，珊瑚基本保持原始生态，有很高的生态价值和欣赏价值。整个佳蓬列岛海域珊瑚平均覆盖率达到 56%，其中最为密集的庙湾岛水坑湾和北尖岛大函湾覆盖率分别达到 81%和 75%。采集到的珊瑚种类有 19 种，包括霜鹿角珊瑚、盾形陀螺珊瑚、粗糙刺叶珊瑚等，其中霜鹿角珊瑚具有较高的保护价值。珊瑚礁群还被喻为"水下森林"和"海上长城"，具有净化海水、保护海岸、增殖渔业资源等作用。[①]

1.1.1.4　社会经济

（1）行政区划

珠海市原为县建制，1979 年 3 月 5 日经国务院批准撤县改为省辖市建制，1980 年 8 月经第五届全国人民代表大会常务委员会第二十五次会议批准，在珠海设立经济特区。特区面积由最初的 6.81 km^2 扩大到 1988 年的 121 km^2。1983 年 5 月斗门县划归珠海市辖，1984 年 6 月在原珠海县范围管辖区域设立香洲区，为县一级建制。此后，珠海境内由广东省管辖的红旗、平沙农场划归珠海[②]。经过几次行政区划调整，2014 年，珠海市设有香洲区、金湾区、斗门区 3 个行政区，下辖 15 个镇、9 个街道，并设立珠海市横琴新区、珠海（国家）高新技术产业开发区、珠海保税区、珠海高栏港经济区、珠海万山海洋开发试验

---

① 数据来源：《2015 珠海年鉴》。
② 数据来自《珠海市水生态文明城市建设试点实施方案》。

区 5 个管理区或功能区。①

珠海市域见图 1-3。

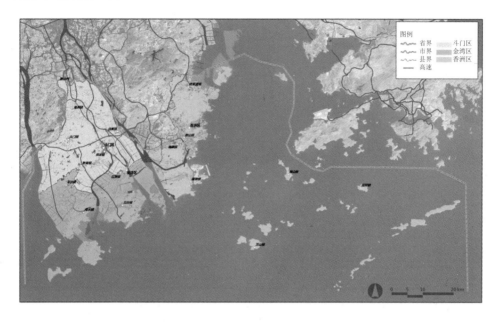

图 1-3 珠海市域

（2）人口构成

2014 年，珠海市年末户籍人口 110.22 万人；常住人口 161.42 万人，其中城镇人口 141.84 万人，人口密度 936 人/km²。户籍人口总户数 30.66 万户，比上年增加 4 690 户。总户籍人口中，男性 56.22 万人、女性 54 万人；年内户籍出生人数 1.31 万人，出生率 11.97 ‰；年内死亡人数 2 576 人，死亡率 2.35‰；人口自然增长率 9.62‰；年内户籍人口迁入人数 1.94 万人，迁出人数 1.06 万人；港澳流动渔民人口 9 960 人。②

（3）经济发展

根据《2014 年珠海市国民经济和社会发展统计公报》：

1）2014 年全市实现地区生产总值（GDP）1 857.32 亿元，同比增长 10.3%（图 1-4）。其中，第一产业增加值 48.79 亿元，增长 3.9%，对 GDP 增长的贡献率为 0.9%；第二产业增加值 939.04 亿元，增长 11.9%，对 GDP 增长的贡献率为 61.8%；第三产业增加值 869.49 亿元，增长 8.7%，对 GDP 增长的贡献率为 37.3%。三次产业的比例为 2.6∶50.6∶46.8（三次产业按 2002 年国民经济行业分类标准划分）。在服务业中，现代服务业增加值 501.07 亿元，增长 9.2%，占 GDP 的 27.0%。在第三产业中，批发和零售业增长 11.5%，住宿和餐

---

① 《2015 珠海年鉴》。
② 《2015 珠海年鉴》《珠海 2015 统计年鉴》。

饮业增长 21.5%，金融业增长 11.5%，房地产业增长 2.4%。民营经济增加值 599.92 亿元，增长 7.9%，占 GDP 的 32.3%。2014 年，珠海市人均 GDP 达 11.59 万元，按平均汇率折算为 1.9 万美元，同比增长 9.2%。

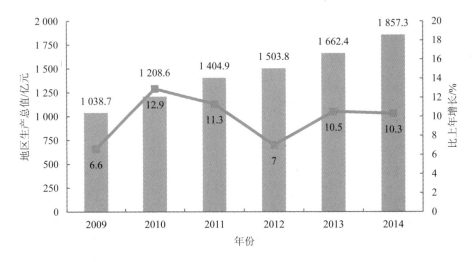

图 1-4 2009—2014 年珠海市地区生产总值及增长速度

2）2014 年珠海工业增加值比上年增长 10.9%（图 1-5）。规模以上工业增加值增长 11.2%。其中，国有及国有控股企业增长 22.3%，民营企业增长 10.6%；港澳台及外商投资企业增长 3.3%，股份制企业增长 22.0%，集体企业增长 5.1%。在规模以上工业增加值中，轻工业增长 5.6%，重工业增长 15.7%，规模以上轻重工业比例由上年的 42.8：57.2 调整为 42.2：57.8。

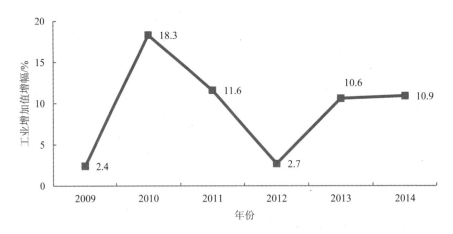

图 1-5 2009—2014 年珠海市工业增加值增幅

3）2014 年珠海农林牧渔业总产值 86.49 亿元，增长 4.2%。其中农业产值 11.95 亿元，增长 1.5%；林业产值 0.16 亿元，增长 3.6%；牧业产值 12.90 亿元，增长 10.0%；渔业产值 53.79 亿元，增长 3.4%；农林牧渔服务业产值 7.69 亿元，增长 3.7%。全年粮食总产量 4.25 万 t，增产 2.8%；甘蔗产量 0.74 万 t，减产 91.2%；油料产量 0.09 万 t，增产 31.3%；蔬菜产量 16.35 万 t，增产 14.8%；水果产量 7.43 万 t，增产 7.7%。

4）2014 年全年接待入境旅游人数 460.43 万人次，增长 15.5%。其中，外国人 68.24 万人次，增长 10.3%；香港、澳门和台湾同胞 392.19 万人次，增长 20.8%。在入境旅游人数中，过夜游客 292.34 万人次，增长 11.1%。国际旅游外汇收入 9.32 万美元，增长 11.2%。接待国内游客 2 890.46 万人次，增长 19.3%，其中过夜游客 1 516.22 万人次，增长 15.8%。国内旅游收入 204.52 亿元，增长 7.7%。酒店平均开房率 61.2%，比上年高 4.7 个百分点。全年各主要旅游景点共接待游客 1 635.47 万人次，增长 58.5%，营业收入 155.1 亿元，比上年增长 228.2%。旅行社组团国内游 92.59 万人次，增长 2.0%；出境游 38.55 万人次，增长 0.1%。实现旅游总收入 261.79 亿元，增长 8.3%。

1.1.1.5　地表水环境质量

2014 年珠海市地表水环境质量处于较好水平，各监测断面每月监测水质达标率均达 100%。珠海市地表水各监测断面为 Ⅱ～Ⅳ 类水质标准，均符合相应功能区水质标准要求。

（1）河流

1）前山河。水质保持稳定，所有监测项目年平均浓度值符合国家地表水 Ⅳ 类水质标准，没有出现超标现象。

2）黄杨河。所有监测项目年平均浓度值符合国家地表水 Ⅲ 类水质标准，没有出现超标现象。

3）跨市边界河流。磨刀门水道布洲断面所有监测项目年平均浓度值符合国家地表水 Ⅱ 类水质标准，前山河南沙湾断面所有监测项目年平均浓度值符合国家地表水 Ⅳ 类水质标准，没有出现超标现象。

2004—2014 年，珠海市所有河流监测断面水质达标率均达 100%，但前山河南沙湾从 2013 年开始由Ⅲ类水降为Ⅳ类水（表 1-1）。

（2）饮用水水源

珠海市现有饮用水水源地主要包括河流型水源地和水库型水源地，河流型水源地分别位于磨刀门水道、黄杨河水道、虎跳门水道，水库型水源地在珠海各区分散式分布。珠海市现有九大取水点，包括大镜山水库、竹仙洞水库、杨寮水库、平岗泵站、广昌泵站、黄杨河泵站、乾务水库、竹银水库和竹洲头泵站，2014 年饮用水水源水质达标率为 100%。

如图 1-6 所示，2006 年至今，各饮用水水源水质保持在较高水平，并呈上升、稳定趋势。2006 年的饮用水水源水质达标率为 99.43%，是因为受咸潮影响，致竹仙洞水库 2006 年 1 月氯化物超标。

表 1-1　2004—2014 年珠海市主要河流水质监测数据

年份	市内河流		跨市边界河流	
	前山河	黄杨河	磨刀门水道布洲	前山河南沙湾
2004	IV	III	II	III
2005	IV	III	II	III
2006	IV	III	II	III
2007	IV	III	II	III
2008	IV	III	II	III
2009	IV	III	II	III
2010	IV	III	II	III
2011	IV	III	II	III
2012	IV	III	II	III
2013	IV	III	II	IV
2014	IV	III	II	IV

数据来源：《珠海市 2004—2014 年环境质量报告书》。

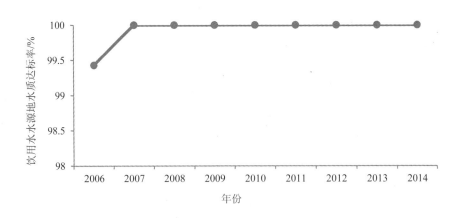

图 1-6　2006—2014 年珠海市饮用水水源地水质达标率

数据来源：《2014 年珠海市饮用水水源水质月报》。

1.1.1.6　大气环境质量

珠海市 2014 年空气质量达标率为 88.4%，全年有效监测天数 363 d，其中 167 d 空气质量级别为优，占 46.0%；154 d 空气质量级别为良，占 42.4%；36 d 空气质量级别为轻度污染，占 9.9%；6 d 空气质量级别为中度污染，占 1.7%（图 1-7）。

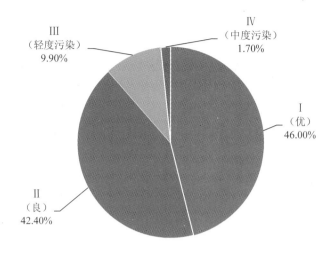

图 1-7　2014 年珠海市空气污染指数（AQI）频率分布

数据来源：《2014 年珠海市环境质量报告书》。

从珠海全年来看，5 月、6 月、7 月、8 月 4 个月的空气质量级别为优，其余 8 个月的空气质量级别为良（表 1-2）。在环保部公布的全国 74 个重点城市年度空气质量排名中，位居第 5 位，较 2013 年提升 1 位。2014 年空气质量相对较好的前 10 位城市分别是海口、舟山、拉萨、深圳、珠海、惠州、福州、厦门、昆明和中山。

表 1-2　2014 年珠海市每月空气质量统计表

污染指数	0～50	51～100	101～150	151～200	>200	平均污染指数	平均对应级别	平均对应状况
对应状况	优	良	轻微污染	轻度污染	中度以上污染	—	—	—
对应级别	I	II	III 1	III 2	IV以上	—	—	—
统计单位	%	%	%	%	%	—	—	—
1 月	0.00	63.33	30.00	6.67	0.00	98.3	II	良
2 月	32.14	67.86	0.00	0.00	0.00	56.1	II	良
3 月	45.16	54.84	0.00	0.00	0.00	53.9	II	良
4 月	50.00	46.67	3.33	0.00	0.00	54.2	II	良
5 月	87.10	12.90	0.00	0.00	0.00	33.4	I	优
6 月	83.33	10.00	6.67	0.00	0.00	44.0	I	优
7 月	74.19	25.81	0.00	0.00	0.00	38.8	I	优
8 月	93.55	6.45	0.00	0.00	0.00	34.9	I	优
9 月	50.00	23.33	20.00	6.67	0.00	68.4	II	良

污染指数	0~50	51~100	101~150	151~200	>200	平均污染指数	平均对应级别	平均对应状况
10 月	3.23	58.06	32.26	6.45	0.00	94.5	II	良
11 月	23.33	73.33	3.33	0.00	0.00	69.3	II	良
12 月	6.45	67.74	25.81	0.00	0.00	86.1	II	良

数据来源：《珠海市环保局 2014 年每月空气质量监测数据》。

从大气污染物来看，2014 年珠海市大气中主要污染物及城市降水情况如下：

（1）二氧化硫

二氧化硫日均质量浓度值在 4~46 µg/m³，年均值为 11 µg/m³（图 1-8），比 2013 年同比下降 15.4%。其中唐家和斗门两个监测站点的二氧化硫质量浓度均高于吉大和前山站点，主要是由于唐家和斗门两个监测站点附近工业区较多。

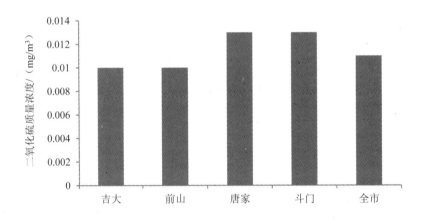

图 1-8　2014 年珠海市各大气质量监测站点二氧化硫质量浓度情况

数据来源：《2014 年珠海市环境质量报告书》。

（2）二氧化氮

二氧化氮日均质量浓度值在 14~91 µg/m³，年均值为 33 µg/m³（图 1-9），比 2013 年同比下降 10.8%。其中吉大和前山两个站点二氧化氮质量浓度均高于唐家、斗门两个站点，主要是因为市区机动车氮氧化物排放。

（3）一氧化碳

一氧化碳日均值第 95 百分位数质量浓度为 1.4 mg/m³（图 1-10），比 2013 年同比下降 6.7%。其中，吉大监测站点一氧化碳日均质量浓度最小。

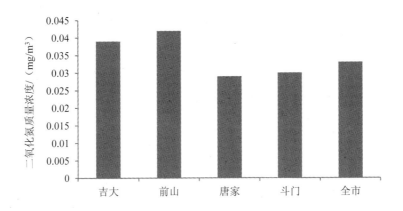

图 1-9 2014 年珠海市各大气质量监测站点二氧化氮质量浓度情况

数据来源：《2014 年珠海市环境质量报告书》。

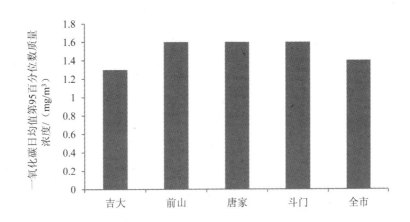

图 1-10 2014 年珠海市各大气质量监测站点一氧化碳日均值第 95 百分位数质量浓度情况

数据来源：《2014 年珠海市环境质量报告书》。

（4）臭氧日最大 8 h 平均值

臭氧日最大 8 h 平均值第 90 百分位数质量浓度为 138 μg/m³（图 1-11），比 2013 年同比上升 8.7%，其中吉大监测站点均高于其他站点。

（5）细颗粒物（PM$_{2.5}$）

细颗粒物日均质量浓度值在 6～133 μg/m³，年平均值为 34 μg/m³（图 1-12），比 2013 年同比下降 10.5%，各监测站点质量浓度水平相当。

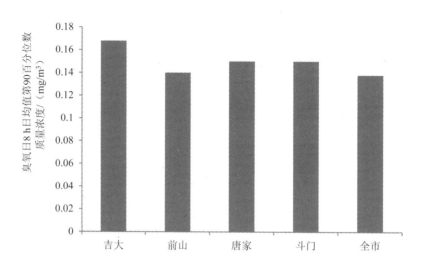

图 1-11　2014 年珠海市各大气质量监测站点臭氧日最大 8 h 平均值第 90 百分位数质量浓度情况

数据来源:《2014 年珠海市环境质量报告书》。

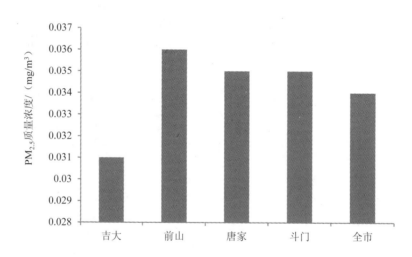

图 1-12　2014 年珠海市各大气质量监测站点 $PM_{2.5}$ 质量浓度情况

数据来源:《2014 年珠海市环境质量报告书》。

2013 年、2014 年珠海市一氧化碳、臭氧、$PM_{2.5}$ 质量浓度对比见图 1-13。

2006—2014 年,珠海市大气环境质量整体较为稳定,并保持在较高水平,但在 2013 年出现明显下降,级别为优的天数减少,并出现了中度污染的情况,空气质量达标率仅为 87.90%(表 1-3),主要污染物为 $PM_{2.5}$。从近 10 年来看,酸雨发生率有下降的趋势,但 2014 年较 2013 年有所上升。

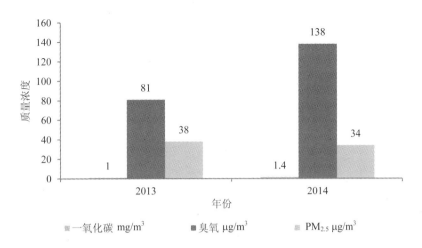

图 1-13　2013 年、2014 年珠海市大气中部分污染物质量浓度对比

数据来源：《2013—2014 年珠海市环境质量报告书》。

表 1-3　2006—2014 年珠海市空气质量达标情况

监测年份	监测天数	空气质量达标率/%	I 级（优）比例/%	II 级（良）比例/%	III 级（轻度污染）比例/%	IV 级（中度污染）比例/%	主要污染物
2006	365	100	66.03	33.97	0	0	PM_{10}
2007	365	100	59.18	40.82	0	0	PM_{10}
2008	366	100	56.56	43.44	0	0	PM_{10}
2009	365	100%	62.47	37.53	0	0	PM_{10}
2010	365	100%	61.60	38.40	0	0	PM_{10}
2011	365	100	55.07	44.93	0	0	PM_{10}
2012	366	100	64.20	35.80	0	0	PM_{10}
2013	365	87.90	41.10	46.80	10.7	1.4	$PM_{2.5}$
2014	363	88.40	46.00	42.40	9.9	1.7	$PM_{2.5}$

数据来源：《2006—2014 年珠海市环境质量报告书》。

2006—2014 年珠海市二氧化硫、二氧化氮、PM_{10} 质量浓度变化情况见图 1-14。

（6）城市降水

降水 pH 范围在 4.01~7.24，pH 年平均值为 5.00；酸雨发生率为 44.9%（图 1-15），比 2013 年同比上升了 6.5 个百分点。

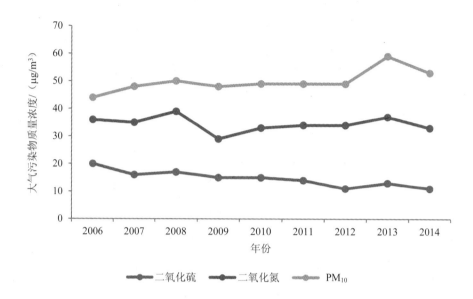

图 1-14　2006—2014 年珠海市大气中部分污染物质量浓度变化

数据来源：《珠海市环境质量报告书》。

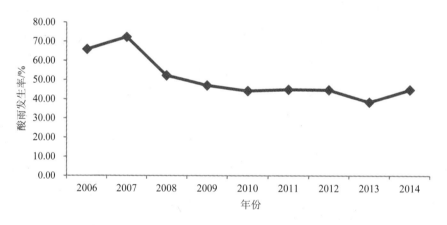

图 1-15　2006—2014 年珠海市酸雨发生率变化

数据来源：《珠海市环境质量报告书》。

1.1.1.7　土壤环境质量

（1）土壤特性分析

1）土壤类型。

珠海市属于亚热带季风气候，地形、气候、植被、成土母质、时间等五大成土因素不同，对土壤的形成和演化均有明显影响，加之人为因素的作用，形成了珠海市复杂的土壤类型。珠海市土壤分类系统的分级采用土类、亚类、土属、土种四级分类制，有 3 个土类（滨海盐土、赤红壤和水稻土），8 个亚类，13 个土属。

珠海的土壤有红壤、赤红壤、石质土、海滨砂土、盐渍沼泽土、冲积土。珠海红壤面积较少，分布不广。赤红壤分布在 300 m 以上的丘陵台地。石质土分布在岩石裸露的水蚀浪蚀强烈地区。海滨沙土分布在海岸和较大海岛周围，储量十分丰富，仅唐家、淇澳、横琴、南水、三灶等海岸边，据不完全统计，可供挖掘填海和建筑用的沙土沉积量在 6 000 万 m³ 以上。盐渍沼泽土主要分布在潮间带滩涂。冲积土分布在河流两岸和出海口，耕作区表层有机质含量 3%左右。

珠海市土壤分类系统见表 1-4。

表 1-4 珠海市土壤（耕型）分类系统

土类名称	亚类名称	土属名称	面积/亩[①]	比例/%
滨海盐土	滨海潮间盐土	泥滩	72	0.03
赤红壤	赤红壤	花岗岩赤红地	2 915	1.33
		砂页岩赤红地	204	0.09
水稻土	漂洗型水稻土	白鳝泥田	5 636	2.57
	潜育型水稻土	油格田	14 922	6.81
	渗育型水稻土	洪积黄红泥田	625	0.29
		花岗岩红泥田	1 861	0.85
		砂页岩红泥田	1 470	0.67
	咸酸型水稻土	反酸田	27 102	12.37
		咸酸田	35 817	16.34
	盐渍型水稻土	咸田	63 053	28.77
	潴育型水稻土	宽谷冲积土田	4 442	2.03
		三角洲沉积土田	61 039	27.85

① 1 亩=1/15 hm²。

数据来源：《广东省珠海市测土配方施肥补贴项目——耕地地力评价成果报告》。

2）土壤质地。

土壤质地对耕地土壤的通透性、保水保肥、宜耕性及养分含量等有较大影响，珠海市耕地耕作层土壤质地主要是轻黏土和轻壤土，其面积分别占农用地总面积的 70.22%和 24.98%（表 1-5），砂壤土较少，所占比例为 4.80%。由此可知，珠海市耕地土壤质地偏黏。

表 1-5　不同质地的耕地土壤面积统计

质地	轻壤土	轻黏土	砂壤土	总计
面积/亩	54 756	153 884	10 518	219 158
比例/%	24.98	70.22	4.8	100

数据来源：《广东省珠海市测土配方施肥补贴项目——耕地地力评价成果报告》。

珠海市耕地中水稻面积占耕地总面积 86.7%，水稻土以种植水稻、甘蔗为主，其中，种植甘蔗面积约占水稻土面积的 55%，其余种植水稻。堆叠土以种植甘蔗、蔬菜、水果等为主。水稻土的绝大部分和堆叠土都是三角洲沉淀物，所以珠海市的土壤肥力较高。耕型赤红壤分布在丘陵山地上，香洲区占比例较大。耕型赤红壤肥力较低，以种植花生、黄豆、番薯、水薯等经济作物、荔枝等水果和茶叶为主。

3）土壤分布规律。

珠海市黄杨山系低山丘陵到平原地区土壤分布情况是：3 m 以下的平原地区是珠江三角洲冲积母质发育的土壤，是潜育型或潴育型水稻土；3～15 m 为宽谷冲积、洪积物母质发育的土壤，是潴育型或渗育型水稻土；15～30 m 为坡积、残积母质发育的土壤，一般是旱作地或果园、茶园、林地等，属耕型赤红壤；30 m 以上除小部分为人工针叶林（马尾松）外，大部分为自然植被所覆盖，土壤为赤红壤（自然土壤）。

珠海市黄杨山系的黄杨山、鹤兜山、锅盖栋、大岭髻，孖髻山以及白蕉第一峰等是花岗岩山体，为花岗岩赤红壤，质地较厚，土壤一般比较深厚。东北部几座孤立山丘如马山、獭山、长山、莲花山（有小部分为花岗岩）、五指山、仙人骑鹤、竹洲山、竹篙岭以及尖锋山，是砂页岩山体，发育为砂页岩赤红壤，土层一般较薄，土层中碎石块较多。

珠海市斗门区围垦造田的历史是随珠江三角洲冲积物延伸的速度由北向南逐渐推进的，位于斗门区中心的黄杨山，其北面的上横、莲溪、六乡、斗门等以及白蕉北半部（即天生河以北），成土时间较早，耕种时间较长，排灌条件较好，土壤干湿交替明显，主要分布着潴育型水稻土。其南面的五山、乾务、泥湾、黄金以及白藤湖、白藤农场比较靠近南海，成土时间较晚，耕作时间较短，受咸湖影响较大，主要分布着盐渍型水稻土。贯通境内南北的荷麻溪、螺洲河—黄杨海—鸡啼门水道，以及流经西东两侧的虎跳门水道、磨刀门水道沿岸地势比较低洼、排水条件不够好的局部地段分布着潜育型水稻土。黄杨山系四周的宽谷大垌，主要分布着潴育型水稻土和渗育型水稻土。

（2）典型区域土壤环境污染现状

1）耕地土壤环境质量。

依据《珠海市耕地土壤现状调查及防治研究报告书（2014 年）》，采集耕地土壤表层样品 10 个，采样点分别为香洲区会同村（ZH-01）、斗门区东新村（ZH-02）、斗门区木丰村（ZH-03）、斗门区白石村（ZH-04）、斗门区黄金村（ZH-05）、斗门区白藤湖（ZH-06）、斗门区灯笼沙（ZH-07）、高栏港区平沙镇（ZH-08）、高栏港区南水镇（ZH-09）、金湾区红旗矿山（ZH-10），测试分析了耕地土壤采样点样品中铅、镉、砷、铬、汞、铜、锌、镍 8 种重金属元素含量。调查数据分析显示（表 1-6、图 1-16），根据《土壤环境质量标准》（GB 15618—1995），珠海市土壤总体污染状况比较普遍，重金属超过二级标准（农用地标准）的超标元素分别为镉、铜、镍、汞和锌 5 种元素，其中镉和铜含量超标最严重，超标率均为 50%，其次是镍，超标率均为 40%。铅、铬、砷不存在超标现象。另外，虽然部分采样点位超标率较高，但污染程度不高，没有超过三级标准的点位存在，即以轻度污染为主。

表 1-6　珠海市农用地土壤采集样品监测数据

编号	pH	监测结果/（mg/kg）									
		铜	锌	镉	铅	汞	砷	镍	总铬	六六六	滴滴涕
ZH-01	6.1	11.5	36.3	0.19	50.3	0.324	4.69	<2	8.6	<0.01	<0.01
ZH-02	6	74.2	161	0.42	60.9	0.181	25.7	46.6	101	<0.01	<0.01
ZH-03	6.2	48.8	97.2	0.31	45.8	0.126	19.4	31.6	65.2	<0.01	<0.01
ZH-04	5.7	60.9	102	0.19	53.2	0.131	20.5	36.4	69.1	<0.01	<0.01
ZH-05	5.6	134	119	0.31	51.6	0.125	23.9	40.5	83	<0.01	<0.01
ZH-06	7.2	55.9	102	0.39	49.9	0.158	24.7	35.3	76.6	<0.01	<0.01
ZH-07	6	67.7	145	0.62	54.8	0.133	23.3	41.1	96.6	<0.01	<0.01
ZH-08	6.1	77.2	191	0.24	53.2	0.118	27	46.8	93.4	<0.01	<0.01
ZH-09	6.4	5.2	36	0.12	97.2	0.038	3.33	<2	<5	<0.01	<0.01
ZH-10	5.2	57.7	284	0.21	110	0.074	16.7	29.7	54.3	<0.01	<0.01

数据来源：《珠海市耕地土壤现状调查及防治研究报告书（2014 年）》。

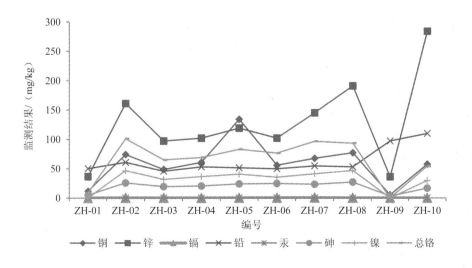

图 1-16　珠海市耕地土壤重金属含量分析

根据《全国土壤污染状况评价技术规定》（环发〔2008〕39号），土壤重金属污染情况采用内梅罗污染指数法分析，即运用内梅罗污染指数法分别计算土壤的单因子污染指数和综合污染指数，并对土壤环境进行分级。

重金属污染单因子评价结果表明，调查土壤样品中重金属污染以镉、铜和镍为主，其中镉和铜污染比例均为50%，其中轻微污染占40%，轻度污染占10%；镍污染比例为40%，均为轻微污染；汞和锌污染比例为10%，为轻微污染。铅、砷和铬含量均符合土壤环境质量二级标准（农用地标准），为无污染。

重金属污染综合评价结果表明，重金属污染综合指数在0.31~2.00，平均值为1.10。其中安全样品有1个，占10%；警戒级样品有3个，占30%；受轻污染样品有6个，占60%；无中度污染和重度污染样品。

对有机农药六六六和滴滴涕的监测结果表明，检测的样品中均未检出六六六和滴滴涕。

针对不同地区耕地土壤环境质量差异化方面，根据文献获得其他地区蔬菜重金属污染数据，对珠海市与广东、福建、福州、西安、青岛、成都、重庆、北京、乌鲁木齐等城市蔬菜重金属污染情况进行对比分析（表1-7）。总体而言，珠海市蔬菜含量中铅、镉、砷、汞和铬含量较低，其中，珠海市蔬菜中Pb含量略高于乌鲁木齐；Cd含量略高于广东、重庆地区；As含量略高于西安、成都、重庆、北京地区；Hg含量略高于福建地区。究其原因，一方面，由于珠海市耕地采样点基数较大，在比较过程中存在客观误差；另一方面，可能是南方地区的土壤有机质含量较低，土壤酸性大，导致土壤对重金属的固定能力差，从而重金属容易被植物吸收。

表1-7 不同省、市蔬菜重金属污染特征分析

研究区域	样品量/个	重金属元素/（mg/kg）					资料来源
		Pb	Cd	As	Hg	Cr	
广东	171	0.078	0.021	0.083	0.002	0.145	杨国义等，2008
珠海	120	0.041	0.021	0.017	0.002	0.014	胡小林等，2006
福建	62	0.073	0.036	0.068	0.002	0.166	许静等，2011
福州	59	1.020	1.270	—	0.271	—	刘景红等，2003
西安	50	0.395	0.035	0.110	0.016	—	马往校等，2000
青岛	120	0.207	0.061	—	—	0.042	钱翌等，2011
成都	152	0.135	0.042	0.002	0.041	—	黄昀等，2003
重庆	52	0.138	0.014	0.003	0.002	—	陈玉成等，2003
北京	416	0.046	0.061	0.013	—	0.023	Song et al.，2009
乌鲁木齐	40	0.405	0.083	0.317	0.006	—	胡惠玲等，2003

注："—"为无数据。

2）工业园区周边土壤环境质量。

珠海市主要工业产业以电子信息、电气机械及器材制造、装备制造业、生物医药和石油化工为主，形成产业园区的规划布局，如富山工业园、新青科技园、三灶科技园、南屏科技工业园等。对于产业园区工业企业废水、废渣和废气的排放，可能会对园区及周边土壤环境质量造成潜在污染源。

珠海市的所有环境统计行业全部为重金属重点排放行业，即重点排放行业占总排放量的 100%，其中电气机械及器材制造业占 50%，电子及通信设备制造业占 33.33%，化学纤维制造业占 16.67%（表 1-8）。

表 1-8 珠海市重点排放企业情况

行业	全市（规模以上企业）工业总产值（现价）/亿元	汇总企业工业总产值（现价）/亿元	废水中污染物排放量/t		汇总企业重金属排放总量/t	各行业贡献度/%	单位工业总产值排放量/（kg/亿元）	全市规模以上企业排放量/t
			Cr^{6+}	Pb				
各类重金属贡献度/%			66.67	33.33				
电子及通信设备制造业	128.74	23.72	0.01	0.01	0.02	33.33	0.84	0.11
电气机械及器材制造业	129.86	102.6	0.03	0	0.03	50	0.29	0.04
化学纤维制造业	3.98	12.63	0	0.01	0.01	16.67	0.79	0
重点排放行业合计	262.58	138.95	0.04	0.02	0.06	100	1.92	0.15

数据来源：胡振宇：《珠江三角洲重金属排放及空间分布研究规律》，广州：中国科学院广州地球化学研究所，2004 年。

从单位工业产值排放量来看，电子及通信设备制造业最高，为 0.84 kg/亿元；其次为化学纤维制造业，为 0.79 kg/亿元；再次为电气机械及器材制造业，为 0.29 kg/亿元；总体而言，重点排放行业单位产值的排放强度是全市平均水平的 2.6 倍。

从各类重金属的贡献看，Cr^{6+} 占了排放总量的大部分，为 66.67%，主要排放行业是电气机械及器材制造业、电子及通信设备制造业；其次为 Pb，占 33.33%，主要排放行业为电子及通信设备制造业、化学纤维制造业。

按规模以上企业工业产值调整后的重金属排放量是按环境统计汇总企业排放的 1.84 倍。化学纤维行业按规模以上企业调整后的排放量小于环境统计汇总企业的排放量，说明化学纤维制造业的 Pb 排放主要是由规模以下企业产生的。

珠海市工业废水排放企业主要有市直属红塔仁恒纸业等 10 家企业的废水排放量为最多，主要废水排放企业情况如表 1-9 所示。

表 1-9   珠海市工业废水排放重点企业名单

序号	废水排放重点企业
1	市直属红塔仁恒纸业有限公司
2	斗门区德丽科技（珠海）有限公司
3	斗门区恒信糖业有限公司
4	市直属美星制鞋有限公司
5	斗门区联业织染（珠海）有限公司
6	斗门区超毅电子有限公司
7	金湾区粤侨实业股份有限公司
8	金湾区励联纺织工业有限公司
9	市直属麒麟统一啤酒有限公司
10	市直属方正科技多层电路板有限公司

数据来源：邱桔：《城市生态风险评价研究——以珠海市为例》，长沙：中南林业科技大学，2006 年。

3）企业搬迁污染场地土壤环境质量。

根据《珠海市重污染高耗能企业搬迁三年行动计划》，珠海市重污染、高耗能 3 年行动计划从 2015 年开始启动，力争到 2018 年完成首批粤裕丰钢铁、红塔仁恒纸业两家重点搬迁任务，实现上述两家企业搬迁至珠海市对口帮扶阳江产业转移园，促进珠海市对口帮扶产业转移园经济总量的整体提升和快速发展。粤裕丰、红塔仁恒企业搬迁后场地重点为现有的装备制造业、现代服务业等重点产业引进产业链补充和配套设施建设，其中，红塔仁恒纸业搬迁后场地将整体作为格力产业发展用地。

2014—2015 年珠海市污染源工业企业搬迁情况统计见表 1-10。

表 1-10   珠海市污染源工业企业搬迁情况统计（2014—2015 年）

序号	辖区	企业名称
1	香洲区	珠海华美汽车制动工业有限公司
2	香洲区	珠海许瓦兹制药有限公司
3	香洲区	佳能珠海有限公司
4	香洲区	传美讯电子科技（珠海）有限公司
5	金湾区	珠海经济特区前山达通保龄球厂
6	金湾区	珠海市铭泰环保纸塑制品有限公司
7	高新区	珠海许瓦兹制药有限公司

依据《关于加强工业企业关停、搬迁及原址场地再开发利用过程中污染防治工作的通知》（环发〔2014〕66 号）文件，珠海市于 2011 年 6 月对珠海三阳蓄电池有限公司停顿并拆除搬迁了车间内所有生产设备及配套设施，并委托广东森海环保装备工程有限公司编写了《珠海市三阳蓄电池有限公司原址场地环境调查报告》，于 2014 年由珠海中珠三灶投资有限公司全资购买后对场地进行了整理，并经金湾区住建局同意将其作为临时的商业广场。

珠海三阳蓄电池有限公司原址位于珠海市金湾区三灶镇榕月路 158 号，占地面积 28 542.23 m²，建筑面积 10 454.36 m²，原公司主要从事生产和销售各类铅酸蓄电池成品、半成品、零配件及其相关原辅料。对原厂地土壤样品进行采集分析，共采集 36 个土壤样品，分析项目包括 pH、铅、镉、汞、砷、铬、铜、锌、镍等重金属指标，依据《监测报告》（报告编号：TR1507047-901）各监测指标都达到《土壤环境质量标准》（GB 15618—1995）三级标准要求，经过分析，pH 监测结果都大于 6.5，其余污染因子的单因子指数都小于 1，场地污染检测值远低于标准值，均未受到污染，因此满足临时商业用地的要求。

1.1.1.8 声环境质量

珠海市 2014 年 1、2、3、4 类环境噪声功能区昼、夜平均等效声级基本保持稳定，4 类区环境噪声第一季度夜平均等效声级超标。功能区噪声、区域环境噪声和道路交通噪声昼间平均等效声级均为二级，结果为较好。声源构成以生活噪声源为主。

（1）区域环境噪声

区域环境噪声昼间平均等效声级为 54.2 dB，昼间城市区域环境噪声总体水平等级为二级，评价结果为较好。

（2）道路交通噪声

道路交通噪声昼间平均等效声级为 68.2 dB。道路交通噪声强度等级为二级，评价结果为较好。

（3）功能区噪声

1、2、3、4 类功能区环境噪声昼间平均等效声级均符合《声环境质量标准》的要求。2006—2014 年，珠海历年噪声情况变化不大，基本持平（表 1-11）。噪声总体水平等级为二级，评价结果较好。

表 1-11 2006—2014 年珠海市区域、交通噪声声级水平统计

监测年份	区域环境噪声		道路交通噪声	
	昼间平均等效声级/dB	昼间城市区域环境噪声水平	昼间平均等效声级/dB	昼间城市区域环境噪声水平
2006	54.8	二级	67.9	二级
2007	55.0	二级	67.6	二级
2008	55.1	二级	6.9	二级
2009	55.0	二级	67.9	二级
2010	54.9	二级	67.9	二级
2011	55.1	二级	68.0	二级
2012	53.2	二级	66.6	二级
2013	53.8	二级	67.2	二级
2014	54.2	二级	68.2	二级

数据来源：《2006—2014 年珠海市环境质量报告书》。

1.1.1.9 海洋环境质量

（1）海域海水环境质量

2014 年珠海市海域海水环境状况总体较好，各监测要素均处于《海水水质标准》一、二类水平，主要污染物为无机氮，其次为活性磷酸盐（表 1-12）。

表 1-12　2014 年珠海市海洋主要监测指标年平均值和海水一类水质标准

监测项目	国家海水一类水质标准 （GB 3097—1997）	年平均值/（mg/L）
溶解氧	＞6	7.09
化学需氧量	≤2	1.21
无机氮	≤0.2	0.43
磷酸盐	≤0.015	0.022
石油类	≤0.05	0.024

数据来源：《2014 年珠海市海洋质量公报》。

珠海市全年第四类和劣四类海域面积较高，如图 1-17～图 1-19 所示，5 月、8 月和 10 月符合一、二类海水水质标准的海域面积占全市所辖海域面积的 39.6%、38.6%、66.9%；符合四类海水水质标准和劣于四类海水水质标准的海域面积分别占全市所辖海域面积的 8.8%、52.4%和 28.2%。

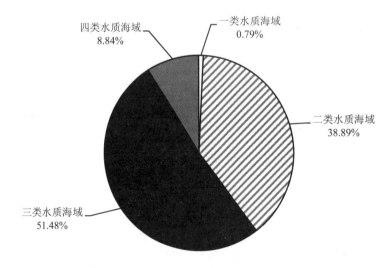

图 1-17　2014 年 5 月珠海市海域各类水质海域面积比例

数据来源：《2014 年珠海市海洋质量公报》。

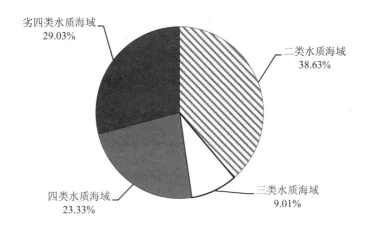

图 1-18 2014 年 8 月珠海市海域各类水质海域面积比例

数据来源:《2014 年珠海市海洋质量公报》。

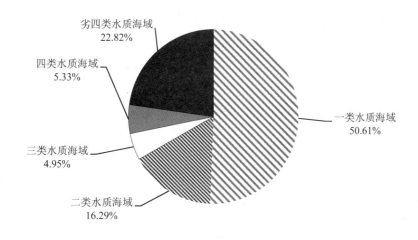

图 1-19 2014 年 10 月珠海市海域各类水质海域面积比例

数据来源:《2014 年珠海市海洋质量公报》。

1)溶解氧。

2014 年珠海海域溶解氧含量在 4.68～10.51 mg/L,平均值为 7.09 mg/L,最小值出现在 5 月珠海群岛海域桂山岛南部海域。全年监测结果显示:5 月、8 月和 10 月溶解氧含量符合一类(>6 mg/L)海水水质标准的海域面积分别占珠海海域总面积的 99.3%、94.9%和 90.7%。2009—2014 年溶解氧平均含量比较稳定,没有太大变化(图 1-20)。

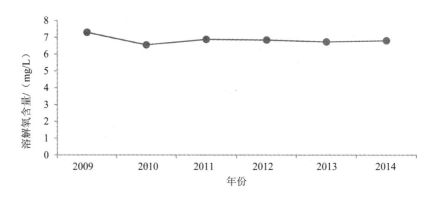

图 1-20   2009—2014 年珠海海域溶解氧含量变化

数据来源：《珠海市海洋质量公报》。

2）无机氮。

2014 年，无机氮是珠海海域的主要污染物，含量在 0.029～1.27 mg/L，平均值为 0.43 mg/L，最大只出现在 10 月珠海北部海域淇澳岛北部海域。全年监测结果显示：5 月、8 月和 10 月无机氮含量符合一类（≤0.2 mg/L）、二类（≤0.3 mg/L）海水水质标准的海域面积占珠海海域总面积的 40.6%、48.9% 和 66.4%，均较 2013 年有所增加。2009—2011 年无机氮平均含量呈下降趋势，2011—2013 年出现了较大的上升趋势，2014 年无机氮平均含量较 2013 年减少显著，6 年间整体上有所下降（图 1-21）。

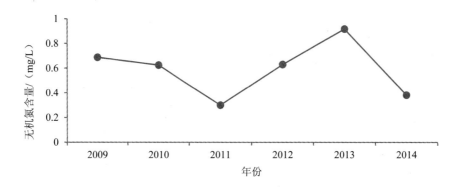

图 1-21   2009—2014 年珠海海域无机氮含量变化

数据来源：《珠海市海洋质量公报》。

3）磷酸盐。

珠海海域磷酸盐含量在 0.007 5～0.051 mg/L，平均值为 0.022 mg/L，最大值出现在 8 月珠海西部海域荷包岛南部海域。全年监测结果显示：5 月、8 月和 11 月磷酸盐含量符合一类（≤0.015 mg/L）、二类、三类（≤0.030 mg/L）海水水质标准的海域面积占珠海海域总面积的 100%、58.2%和 99%。2009—2013 年磷酸盐平均含量呈逐年下降趋势，2014 年较 2013 年含量又显著增加，2009—2014 年整体上有所下降（图 1-22）。

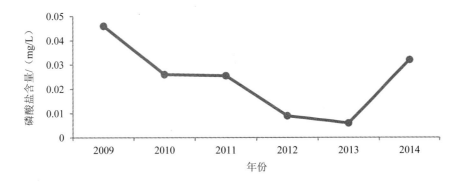

图 1-22　2009—2014 年珠海海域磷酸盐含量变化

数据来源：《珠海市海洋质量公报》。

4）石油类。

珠海海域石油类含量在 0.004 0～0.049 mg/L，平均值为 0.024 mg/L，最大值出现在 5 月珠海北部海域淇澳岛北部海域。全年监测结果显示：5 月、8 月和 10 月石油类含量符合一类、二类（≤0.05 mg/L），达到海水水质标准的海域面积占珠海海域总面积的 100%。2009—2014 年，石油类平均含量整体上呈下降趋势（图 1-23）。

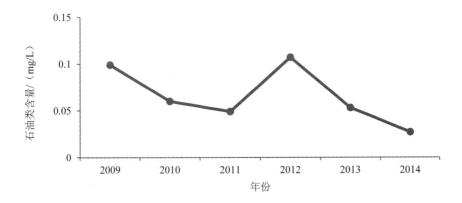

图 1-23　2009--2014 年珠海海域磷酸盐含量变化

数据来源：《珠海市海洋质量公报》。

总的来说，2009—2014 年，溶解氧平均含量比较稳定；无机氮 6 年间波动较大，但都超过一类标准；磷酸盐有增加的趋势，与 2013 年相比增速明显且超过一类标准；石油类下降明显，在 2013 年后符合一类标准。

（2）海洋功能区环境

珠海市海洋功能区划继承广东省省级海洋功能区划的分类体系，工业与城镇用海区、特殊利用区和保留区完全继承广东省海洋功能区划的分区方案，不划分二级类海洋基本功能区；农渔业区、港口航运区、旅游休闲娱乐区和海洋保护区进一步划分二级类海洋基本功能区。

2014 年，5 月、8 月和 10 月实施监测的海洋功能区水质符合该功能要求的比例分别为55.2%、20.7% 和 41.4%。从海洋功能区水质达标情况可以看出，工业与城镇用海区和农渔业用海区的达标率整体较差，尤其是工业与城镇用海区监测月均未达标，工业与城镇用海区、海港航运区和保留区超标因子为无机氮，农渔业区和海洋保护区主要超标因子为无机氮和磷酸盐（表 1-13）。

表 1-13　珠海市 2014 年海洋功能区水质达标情况

序号	主要海洋功能区	要求水质类别	达标率				主要超标因子
			5 月	8 月	10 月	年平均	
1	工业与城镇用海区	第三类	0	0	0	0	无机氮
2	农渔业区	第二类	33.3	0	33.3	22.2	无机氮、磷酸盐
3	海洋保护区	第一类	0	0	16.7	5.6	无机氮、磷酸盐
4	海港航运区	第四类	100	50	0	50	无机氮
5	保留区	第三类	88.9	55.6	66.7	70.4	无机氮

数据来源：《2014 年珠海市海洋质量公报》。

（3）近海岸域环境

1）近岸海域海水水质状况。

2014 年及近 10 年来近岸海域水环境功能区设置了 4 个监测点，4 个测点污染物平均浓度值符合国家海水水质标准。其余监测点海水水质保持稳定。

2）近岸海域沉积物质量状况。

珠海市近岸海域沉积物质量状况总体一般，主要的污染因子是汞、铜、砷等重金属类，尤其是淇澳岛南和香洲湾，情况比较明显（表 1-14）。

表 1-14　2014 年珠海市近岸海域沉积物质量等级

海域名称	质量等级	主要污染因子	珠海近岸海域沉积物综合质量等级
淇澳岛南	一般	铬、锌、砷、铜、镉、汞	一般
香洲湾	一般	铬、砷、铜、	
桂山岛北	一般	砷、铜、	
宽河口	一般	铜、汞	

数据来源：《2014 年珠海市海洋质量公报》。

2014 年监测的所有站点石油类、有机碳、硫化物和铅的含量均处于第一类海洋沉积物质量标准水平，铜的含量均处于《海洋沉积物质量标准》第二类水平，汞的含量处于《海洋沉积物质量标准》第一类、第二类水平的站点各有 50%。香洲湾、桂山岛北海域沉积物中汞的含量处于《海洋沉积物质量标准》第一类水平，北部淇澳岛南海域和西部宽河口海域沉积物中汞的含量处于《海洋沉积物质量标准》第二类水平。

1.1.2　压力预测

1.1.2.1　水污染物

（1）工业源排放量预测

工业化学需氧量、氨氮排放新增量采用单位 GDP 排放强度法计算。

$$E_{增} = \text{GDP}_i \times e \times 10$$

式中：$E_{增}$——预测年 i 年工业化学需氧量（氨氮）新增量，t；

GDP$_i$——预测年 i 年的 GDP，亿元；

e——基准年工业化学需氧量（氨氮）排放强度，kg/万元。

以 2014 年珠海工业化学需氧量和氨氮排放量为基准，化学需氧量和氨氮排放强度分别为 0.33 kg/万元、0.02 kg/万元。近两年珠海 GDP 年增长率稳定在 10%，经预测（表 1-15），到 2020 年，珠海 GDP 为 3 290.36 亿元，工业化学需氧量排放与 2014 年相比新增 11 304.29 t，氨氮将增加 398.25 t；到 2030 年，珠海 GDP 为 8 534.34 亿元，工业化学需氧量排放与 2014 年相比新增 52 670.67 t，氨氮将新增 1 855.58 t。

表 1-15　珠海 2020 年、2030 年工业污染物排放量预测

年份	2014	2020	2030
GDP/亿元	1 857.32	3 290.36	8 534.34
COD/t	14 651.20	25 955.49	67 321.87
氨氮/t	516.16	914.41	2 371.74

2014 年数据来源：《2014 年珠海市国民经济和社会发展统计公报》《2014 年度环境质量报告书（公众版）》。

（2）生活源排放量预测

城镇生活化学需氧量和氨氮排放量采用综合产污系数法计算。

$$E_{生i} = P_i \times e \times D \times 10^{-2}$$

式中：$E_{生i}$——预测年 i 年的城镇生活污水化学需氧量（氨氮）排放量，t；

P_i——预测年 i 年的人口数量，万人；

e——基准年城镇生活污水化学需氧量（氨氮）综合产污系数，g/（人·d）；

D——天数，d，一年按 365 d 计。

根据 2014 年城镇生活污水污染物排放量和人口，化学需氧量综合产污系数为 24.87 g/（人·d），氨氮综合产污系数为 5.08 g/（人·d）。经预测（表 1-16），到 2020 年，珠海人口可达 285.97 万人，城镇生活化学需氧量排放量较 2014 年将增加 11 304.29 t，氨氮排放量新增 2 307.74 t；到 2030 年，珠海人口可达 741.72 万人，城镇生活化学需氧量排放量较 2014 年将增加 52 670.67 t，氨氮排放量新增 10 752.56 t。

表 1-16　珠海 2020 年、2030 年生活污染物排放量预测

年份	2014	2020	2030
人口/万人	161.42	285.97	741.72
COD/t	14 651.20	25 955.49	67 321.87
氨氮/t	2 991.00	5 298.74	13 743.56

2014 年数据来源：《2014 年珠海市国民经济和社会发展统计公报》《2014 年度环境质量报告书（公众版）》。

综合工业、城镇生活污染物和农业源，预计到 2020 年，化学需氧量将新增 16 039.44 t，氨氮新增 2 705.99 t；到 2030 年，化学需氧量将新增 74 733.38 t，氨氮新增 12 608.45 t（表 1-17）。城镇生活污水将一直是化学需氧量和氨氮的最主要来源。

表 1-17　珠海 2020 年、2030 年水污染物排放量预测

污染物	来源	2014	2020	2030
COD	工业源/t	6 137.10	10 872.25	28 199.81
	生活源/t	14 651.2	25 955.49	67 321.87
	农业源/t	10 734.78	10 734.78	10 734.78
	总计/t	31 523.08	47 562.52	106 256.46
氨氮	工业源/t	516.16	914.41	2 371.74
	生活源/t	2 991.00	5 298.74	13 743.56
	农业源/t	914.30	914.30	914.30
	总计/t	4 421.46	7 127.45	17 029.61

2014 年数据来源：《2014 年珠海市国民经济和社会发展统计公报》《2014 年度环境质量报告书（公众版）》。

1.1.2.2　大气污染物

（1）二氧化硫排放量预测

二氧化硫排放量采用宏观测算方法，该方法主要分为电力和非电力两部分。珠海一共

有 4 个电力行业。

1）电力行业二氧化硫排放量预测。

电力行业二氧化硫排放量采用全口径核算方法。

$$E_{电i} = M_i \times S \times \alpha \times (1-\beta) \times 10^4$$

式中：$E_{电i}$——预测年 i 年的二氧化硫排放量，t；

　　　M_i——预测年 i 年煤炭消耗量，万 t；

　　　S——煤炭平均硫分，%；

　　　α——二氧化硫释放系数，取 1.7；

　　　β——综合脱硫效率，%。

从《2014 年珠海环境统计年报》中获得珠海电力行业 2014 年污染排放情况，煤炭平均硫分 51%，综合脱硫效率 99%。估算年燃料煤消耗量年下降率为 1%，若按此年下降率，经预测，到 2020 年、2030 年，燃料煤消耗量将减少到 512.79 万 t、463.75 万 t（表 1-18）。到 2020 年，二氧化硫排放量将下降 684.53 万 t，到 2030 年将下降 1 279.68 万 t。

表 1-18　2020 年、2030 年珠海电力行业二氧化硫排放量预测

年份	2014	2020	2030 年
燃料煤消耗量/万 t	550.16	512.79	463.75
二氧化硫/t	6 908.72	6 224.19	5 629.04

2014 年数据来源：《2014 年珠海环境统计年报》。

2）非电力行业二氧化硫排放量预测。

非电力行业二氧化硫新增排放量根据非电力行业二氧化硫排放强度计算。

$$E_{非电增} = M_{非电增} \times q \times (1-\tau)^i \times 10$$

式中：$E_{非电增}$——非电力行业二氧化硫排放新增量，t；

　　　$M_{非电增}$——非电力行业燃料煤消费增量，万 t；

　　　q——非电力行业单位燃料煤（标煤）二氧化硫排放强度，kg/t，$q = \dfrac{E_{非电}}{M_{非电}} \times 10^{-1}$；

　　　$E_{非电}$——基准年非电力行业二氧化硫排放量，t；

　　　$M_{非电}$——基准年非电力行业燃料煤消费量，万 t；

　　　τ——非电力行业二氧化硫排放强度年均下降比例，%；

　　　i——目标预测年距基准年数。

基于《2014 年珠海环境统计年报》非电力行业二氧化硫排放情况，得到 2014 年非电

力行业单位燃料煤二氧化硫排放强度为 13.01 kg/t，非电力行业二氧化硫排放强度年均下降比例为 17.93%。估算燃料煤消费量年增长率为 1%，预测到 2020 年、2030 年非电力行业燃料煤消耗量分别为 112.89 万 t、124.70 万 t（表 1-19）。经预测，到 2020 年，非电力行业二氧化硫排放量将新增 249.14 t；到 2030 年，非电力二氧化硫排放量将新增 452.50 t。

表 1-19　珠海 2020 年、2030 年非电力行业二氧化硫排放量预测

年份	2014	2020	2030
燃料煤消耗量/万 t	105.30	112.89	124.70
二氧化硫/t	13 772.13	14 021.27	14 224.63

2014 年数据来源：《2014 年珠海环境统计年报》。

综合以上电力行业和非电力行业二氧化硫排放量，经预测，到 2020 年，燃料煤消耗量将减少到 625.68 万 t，二氧化硫排放量将为 20 245.46 t；到 2030 年，燃料煤消耗量将下降到 588.46 万 t，二氧化硫排放量将为 19 853.67 t（表 1-20）。

表 1-20　珠海 2020 年、2030 年二氧化硫排放量预测

	项目	2014 年	2020 年	2030 年
火电厂	燃料煤消耗量/万 t	550.16	512.79	463.75
	二氧化硫/t	6 908.72	6 224.19	5 629.04
非火电厂	燃料煤消耗量/万 t	105.30	112.89	124.70
	二氧化硫/t	13 772.13	14 021.27	14 224.63
总计	燃料煤消耗量/万 t	655.46	625.68	588.46
	二氧化硫/t	20 680.86	20 245.46	19 853.67

2014 年数据来源：《2014 年珠海环境统计年报》。

（2）二氧化氮排放量预测

1）工业和生活二氧化氮排放量。

工业和生活二氧化氮排放新增量采用二氧化氮排放强度计算。

$$E_{\text{工生NO}_x} = M_{增} \times q_{\text{NO}_x} \times 10$$

式中：$E_{\text{工生NO}_x}$——预测年 i 年新增二氧化氮排放量，t；

　　　$M_{增}$——预测年 i 年新增燃料消费量，万 t；

　　　q_{NO_x}——基准年单位二氧化氮排放强度，kg/t 标煤。

2014 年较 2013 年生活煤炭消费量下降了 6.54%，因此，经预测，到 2020 年、2030 年工业和生活煤炭消费总量强分别为 1 009.07 万 t、783.46 万 t（表 1-21）。经预测，到

2020 年，工业二氧化氮排放下降 0.20 万 t，生活二氧化氮排放下降 1.24 t，排放总量将达到 4.11 万 t；到 2030 年，工业二氧化氮排放下降 0.44 万 t，生活二氧化氮排放下降 2.25 t，排放总量为 3.87 万 t。

表 1-21　2020 年、2030 年珠海工业和生活二氧化氮排放量预测

	项目	2014 年	2020 年	2030 年
工业	煤炭消耗量/万 t	655.46	625.68	588.46
	二氧化氮/万 t	4.31	4.11	3.87
生活	煤炭消费总量/万 t	615.41	383.39	195.00
	二氧化氮/t	3.30	2.06	1.05
总计	煤炭消耗量/万 t	1 270.87	1 009.07	783.46
	二氧化氮/万 t	7.61	5.17	4.92

2014 年数据来源：《2014 年珠海环境统计年报》。

2）机动车二氧化氮排放量。

对于珠海机动车二氧化氮排放量预测采用单位氮氧化物排放强度计算。摩托车年增长率按 21.18%，其他类型机动车年增长率按 10.12% 计算。经预测，到 2020 年，珠海机动车保有量将达 149 万辆，机动车二氧化氮排放量将新增 4.32 万 t；到 2030 年机动车保有量将达 726 万辆，二氧化氮排放量将新增 28.13 万 t（表 1-22）。

表 1-22　2020 年、2030 年珠海机动车二氧化氮排放量预测

机动车	2014 年	2020 年	2030 年
摩托车/万辆	9.14	44.23	346.25
其他类型车辆/万辆	35.40	104.89	379.86
机动车保有量/万辆	44.54	149.13	726.11
二氧化氮/万 t	1.84	6.16	29.97

2014 年数据来源：《2014 年珠海环境统计年报》。

综合以上大气二氧化硫、二氧化氮排放源，预计到 2020 年，二氧化硫排放量下降为 2.02 万 t，二氧化氮排放量增加至 10.27 万 t；到 2030 年，二氧化硫排放量为 1.99 万 t，二氧化氮将达到 33.84 万 t（表 1-23）。二氧化氮排放量增大主要由于机动车保有量增加。

表 1-23　2020 年、2030 年珠海大气污染物排放量预测

大气污染物	排放源	2014 年	2020 年	2030 年
二氧化硫	火电厂/万 t	0.69	0.62	0.563
	非火电厂/t	1.38	1.40	1.42
	总计/万 t	2.07	2.02	1.99

大气污染物	排放源	2014 年	2020 年	2030 年
二氧化氮	工业源/万 t	4.31	4.11	3.87
	生活源/t	3.30	2.06	1.05
	机动车/万 t	1.84	6.16	29.97
	总计/万 t	6.15	10.27	33.84

2014 年数据来源：《2014 年度珠海市固体废物污染防治信息公告》。

1.1.2.3 固体废物

（1）工业固体废物排放量预测

工业固体废物的预测采用产值系数分析法。

$$E_{si} = \text{GDP}_i \times \gamma$$

式中：E_{si}——预测年 i 年的工业固体废物产生量，t/a；

GDP$_i$——预测年 i 年工业增加值，万元/a；

γ——基准年单位工业增加值工业固体废物产生量，t/万元。

2014 年单位一般工业增加值工业固体废物产生量为 0.32 t/万元，单位工业增加值工业危险废物产生量为 0.012 t/万元，工业增加值年增长率按 10%计算。经预计，到 2020 年工业增加值为 1 590.65 亿元，一般工业固体废物新增 227.71 t，工业危险废物新增 8.11 万 t；到 2030 年，工业增加值为 4 125.73 亿元，固体废物新增 1 060.98 万 t，工业危险废物新增 37.78 万 t（表 1-24）。

表 1-24　2020 年、2030 年珠海工业固体废物排放量预测

年份	2014	2020	2030
工业增加值/亿元	897.88	1 590.65	4 125.73
一般工业固体废物/万 t	295.13	522.84	1 356.11
工业危险废物/万 t	10.51	18.62	48.29

2014 年数据来源：《2014 年度珠海市固体废物污染防治信息公告》《2014 年珠海市国民经济和社会发展统计公报》。

（2）生活垃圾产生量预测

预测年生活垃圾产生量采用人均生活垃圾产生强度法估算。

$$E_{生活垃圾 i} = P_i \times \delta$$

式中：$E_{生活垃圾 i}$——预测年 i 年生活垃圾产生量，万 t；

P_i——预测年 i 年的人口数，万人；

δ——基准年人均生活垃圾产生强度，kg/人。

2014 年人均生活垃圾产生强度为 0.5 t/人，经预测，到 2020 年，新增生活垃圾 61.85 万 t，到 2030 年，新增生活垃圾 288.17 万 t（表 1-25）。

表 1-25 2020 年、2030 年珠海生活垃圾排放量预测

年份	2014	2020	2030
人口/万人	161.42	285.97	741.72
生活垃圾/万 t	80.16	142.01	368.33

2014 年数据来源:《2014 年度珠海市固体废物污染防治信息公告》《2014 年珠海市国民经济和社会发展统计公报》。

(3)污泥产生量预测

预测年污泥产生量采用人均污泥产生强度法估算。

$$E_{污泥i} = P_i \times D \times 365 / T$$

式中:$E_{污泥i}$——预测年 i 年污泥产生量,万 t;

P_i——预测年 i 年的人口数,万人;

D——典型人均日产污泥量,50 g/(人·d);

T——脱水污泥含固率,20%。

经预测,到 2020 年,污泥产生量新增 17.66 万 t,到 2030 年新增 59.25 万 t(表 1-26)。

表 1-26 2020 年、2030 年珠海污泥排放量预测

年份	2014	2020	2030
人口/万人	161.42	285.97	741.72
污泥量/万 t	8.43	26.09	67.68

2014 年数据来源:《2014 年度珠海市固体废物污染防治信息公告》《2014 年珠海市国民经济和社会发展统计公报》。

1.2 工作基础

近年来,珠海市以创建全国生态文明示范市为重要抓手,实施"三步走"战略,扎实推进生态文明建设,推动资源节约型和环境友好型社会建设,并取得明显成效。

1.2.1 绿色发展方针得到巩固

中共珠海市委、珠海市人民政府高度重视生态文明建设,始终坚持绿色发展、生态优先的战略方针。2012 年,印发了《关于创建全国生态文明示范市的决定》;2013 年,修编了《珠海市生态文明建设规划》;2014 年,印发了《珠海市生态文明体制改革工作方案》《珠海市生态文明建设考核实施方案》;2015 年,印发了《珠海市创建全国生态文明示范市实施方案(2015—2016)》《珠海市创建全国生态文明示范市考核实施办法》《关于珠海市海绵城市建设工作三年行动计划(2015—2017 年)的通知》等文件。节能减排、环境质量、生态建设等方面指标作为经济社会发展考核体系的核心指标,成为各级党政领导干部政绩

考核的重要内容。保护生态环境、建设美丽珠海，成为全社会的普遍共识，为推进生态文明建设奠定了较为坚实的工作基础。

1.2.2 产业绿色转型高端化发展

经济结构逐步优化，高端产业成为新动力。出台现代产业体系、高端服务业、先进装备制造业等产业规划，绿色高端产业发展迅猛，已成为推动珠海市地税收入的新引擎和主力军。经济结构逐步优化，三次产业比重由 2010 年的 2.7∶54.7∶42.6 调整为 2015 年的 2.3∶49.7∶48.0。工业呈现高端化发展态势，建成高栏港中海油系列海洋工程项目、富山工业园北车和中低速柴油发动机项目、航空产业园水陆两栖大型飞机总装项目，先进装备制造产业带初具规模，高技术制造业增加值占规模以上工业增加值比重 27.3%，高新技术产品产值占规模以上工业总产值 55.0%。服务业快速发展，以横琴为龙头的金融业实现跨越式发展，金融业增加值占地区生产总值比重达 6.7%。生态农业发展亮点纷呈，斗门生态农业园成为国家级农业科技园区。重点领域节能降耗扎实有效，能耗水平不断下降，单位生产总值能源消耗降幅超过年度预期目标值 1.64%，完成节能降耗目标。2011—2015 年万元 GDP 用水量累计降低 37.5%。化学需氧量、二氧化硫、氨氮、氮氧化物等主要污染物排放减少，完成省下达任务。碳排放交易试点稳步推进，成为全国首批"中欧低碳生态城市合作项目"综合试点城市。深入开展清理闲置土地，落实最严格的耕地保护制度，节约集约用地水平显著提高。

1.2.3 生态环境质量优中趋好

近年来，珠海市颁布实施了《珠海市大气污染防治行动方案（2014—2017 年）》《珠海市水污染防治行动计划实施方案》《珠海市实施南粤水更清行动计划工作方案（2013—2020年）》《珠海市生态控制红线划定工作方案》等文件，不断加大生态环境治理力度，生态环境质量总体良好。率先发布"生态指数"，环境空气质量 2015 年 6 月荣登全国重点城市榜首。2015 年空气质量达标率为 90.0%，较 2014 年提升 1.6 个百分点，其中，PM$_{2.5}$年平均质量浓度为 31 μg/m³，比 2014 年下降 8.8%；污染防治设施建设成效显著，全力推动前山河、黄杨河流域环境综合提升工程，前山河、黄杨河、跨市边界河流以及近岸海水均未出现超标现象，全年的饮用水水源水质达标率为 100%；功能区噪声、区域环境噪声和道路交通噪声昼间平均等效声级与 2014 年相比基本保持稳定。自然植被保护良好，受保护地区占国土面积比例为 27.1%，森林覆盖率为 35.9%。

1.2.4 示范创建活动全国领跑

珠海市大力推动生态工程建设，以生态文明示范创建为载体，统筹推进"天更蓝""水更清""城更美""环境更安全"四大生态工程，建设美丽珠海。成功创建国家生态市和国家生态园林城市，成为首批国家级海洋生态文明示范区、全国第二批水生态文明城市建设试点市和广东省海洋经济生态示范市。连续多年被评为中国宜居城市第一名。2012 年，珠海市通过了国家环保模范城市复核，被考核组誉为"全国环保模范城标杆"。2014 年，珠海市实施了新型城镇化战略；成功创建全国文明城市，成为中欧低碳生态城市综合试点。先后建成国家级生态乡镇（村）13 个，广东省生态示范乡镇（村、社区）25 个，市生态示范村（社区）271 个。2016 年，获国家生态市、国家首批生态园林城市称号，珠海市创建全国生态文明示范市领导小组办公室获得首届"中国生态文明奖——先进集体"，也是广东唯一获奖城市。

专栏 1-1　珠海"城市名片"

1. 中国旅游胜地四十佳：1991 年，珠海因其生态环境优美、山水相间、陆岛相望、气候宜人等特点入选"中国旅游胜地四十佳"。

2. 全国双拥模范城市：1991 年，珠海被授予"全国双拥模范城"称号。2012 年，珠海再次荣获"全国双拥模范城"称号，实现了全国双拥模范城"七连冠"。

3. 国家园林城市：1992 年，珠海荣获首批"国家园林城市"称号。

4. 国家卫生城市：1992 年，珠海市荣获"国家卫生城市"称号。表彰其在爱国卫生组织管理、健康教育、市容环境卫生、环境保护等方面取得的卓越成就。

5. 国家环保模范城市：1997 年，首届评比入选"国家环保模范城市"。

6. 中国优秀旅游城市：1998 年，珠海市入选第一批 54 个"中国优秀旅游城市"之一。

7. 改善居住环境最佳范例奖：1998 年，被联合国人居中心授予"改善居住环境最佳范例奖"，并且在获奖的 10 个城市中名列榜首。

8. 国家级生态示范区：2000 年，珠海入选首批"国家级生态示范区"。

9. 中国特色魅力城市：2005—2012 年，珠海连续 8 年荣获"中国特色魅力城市"。

10. 中国最具幸福感城市：2007 年，珠海荣获"中国最具幸福感城市"，并在 2011 年、2014 年、2015 年再次被确认为"中国最具幸福感城市"。

11. 中国十佳和谐可持续发展城市：2013 年，被评为"中国十佳和谐可持续发展城市"。

12. 中国十佳宜居城市：2014 年，再次获得"中国十佳宜居城市"称号。

13. 全国文明城市：2014 年，珠海荣获"全国文明城市"称号，该称号是目前我国综合评价城市发展水平的最高荣誉，也是最具价值的城市品牌。

14. 中国最美城市：2014 年，珠海以城市规划设计合理、基础设施完善、建筑个性鲜明、文化底蕴深厚、自然环境优美等特征，荣获第 7 批"中国最美城市"称号。

15. 国家生态园林城市：2016 年，获国家首批生态园林城市称号，也是广东省唯一一个获得该称号的城市。

16. 国家生态市：2016 年，获国家生态市称号，斗门区和金湾区被授予国家生态区称号。

17. 中国生态文明奖：2016 年，珠海市创建全国生态文明示范市领导小组办公室获得首届"中国生态文明奖——先进集体"，珠海也是广东唯一获奖城市。

1.2.5 特区环境公共服务水平大幅提升

城乡环境基础设施建设力度加大，公共服务范围逐步实现城乡全覆盖。全面实施"一河一带两轴两镇三心三港"等 57 个环境宜居重点项目，污染防治设施建设成效显著，2015 年，城镇污水处理率达 95.7%，城镇生活垃圾无害化处理率达 100%。生态建设不断强化，城市人均公园绿地面积达 19.5 m²。创新生态补偿机制，饮用水水源得到有效保护。新农村建设实现三年大变化目标，农村生活垃圾和污水处理设施基本覆盖所有行政村，基本解决农村"垃圾围村、污水横流"的问题，成为"美丽中国"建设在乡村的生动实践。"一村一品""一品多村"特色产业加速发展，十里莲江乡村旅游风情带入选全国十大乡村游精品线路。

1.2.6 生态文明体制机制不断改革创新

在法制建设上，珠海市率先开展生态文明地方立法工作，颁布了党的十八大以后全国首部生态文明建设地方性法规——《珠海经济特区生态文明建设促进条例》，并荣获"全国生态环境法治保障制度创新最佳事例奖"。在体制上，与北京大学共建了全省首个地市级生态文明研究机构——生态文明珠海研究院，指导珠海市的生态文明建设工作。同时，成立了全省首个生态文明建设地方议事机构——环境宜居委员会，公务人员、专业技术人员和公众代表各占组成人员的 1/3。在机制上，建立了市委领导、市人大和政协督导、市政府实施的生态创建机制，完善了生态文明考核、生态补偿、环境污染责任保险等系列生态文明制度。建立了珠海生态环境指数发布机制，成为全国首个以区为单位每周发布生态环境指数的城市。探索发布生态文明指数。

1.2.7 公众生态文明意识得到加强

珠海市开展形式多样、内容丰富的生态文明宣教活动，全面培育生态文化。邀请北京大学专家为政府机关授课培训，为市民举行专题讲座；多次组织开展了环保先锋夏令营、绿色学校和绿色社区创建、组织市民群众参观生态文明示范基地、生态旅游等活动，在学校、社区全面普及生态文明知识。万人公交拥有率达 14.5 标台，公交车使用清洁能源比例为 77.5%。培育各种社会绿色社团达 148 个，环保志愿者队伍不断壮大，人数已经超过了

7 万人，环保志愿者已经成为珠海市生态文明建设不可或缺的力量。

1.3 重大机遇

未来一段时期，在国际上推进产业绿色转型升级、国内致力新常态下低碳绿色循环发展和美丽中国建设的大背景下，珠海市生态文明建设迎来大有可为的难得机遇。

1.3.1 国际产业绿色转型升级迎来契机

以高端制造业和现代服务业为特征的新一轮国际产业转移扩张加快，为珠海高新技术产业发展提供难得的空间。国外制造业正逐步向我国特别是广东省转移，这将使珠海能够保持产业结构的高级化过程不中断，加快形成以智能制造为龙头的高端产业体系。国家积极参与全球经济治理、推进"一带一路"建设，使得珠海成为国家 21 世纪海上丝绸之路沿线国家合作发展的重要支点城市，有力助推国家"一带一路"战略。随着港珠澳大桥时代的来临，港珠澳国际都会区建设将促进珠港澳共建共享。

1.3.2 国家和广东省生态文明建设全面部署

2015 年，党中央、国务院印发了《关于加快推进生态文明建设的意见》和《生态文明体制改革总体方案》，推出了"1+6"生态文明改革组合拳；新发布的国家"十三五"规划纲要又将绿色发展作为五大新发展理念之一。为落实国家关于加快推进生态文明建设的总体部署，广东省制定出台了《广东省生态文明建设规划纲要（2015—2030 年）》，提出了"建设天蓝、地绿、水净的美好家园"的宏伟战略。这些生态文明建设的总体要求和战略部署，为进一步加快推进珠海生态文明建设指明了努力的方向，提供了基本遵循和有力保障。

1.3.3 区域战略优势抢占绿色发展先机

珠海较早运用新常态思维指导经济社会发展，没有走过度消耗资源和损害环境的道路，具备适应新常态、把握新常态和引领新常态的先发优势。同时，横琴自贸片区、珠三角国家自主创新示范区和高栏港国家经济技术开发区的设立，港珠澳大桥、深中通道和珠港澳国际都会区的建设，珠江西岸先进装备制造产业带战略的实施，是珠海市新常态下难得的历史性机遇。"十三五"期间，区位优势、开放优势、后发优势、战略优势将得到重构，珠海的国家战略地位将进一步提升。

1.3.4 城市综合实力奠定坚实基础

珠海城市综合实力不断增强，宜居城市加快发展，生态环境优美、土地开发适度、社会和谐稳定,为加快推进生态文明建设奠定了坚实基础。2015 年,地区生产总值达 2 024.98 亿元,同比增长 10%,居全省首位,"十二五"期间年均增长 10%。实施创新驱动核心战略,自主创新能力不断增强,研究与发展经费支出占地区生产总值比例达 2.7%,每万人发明专利拥有量达 22 件,均居全省第 2 位。市级和区级财政用于生态文明建设的投入不断增加,全社会在生态环保、循环经济、科技创新等领域的投资活力不断增强,为生态文明建设提供了坚实的物质基础。

1.4 严峻挑战

当前和今后一个时期,国内外发展形势均发生着深刻变化,珠海既迎来重大机遇,又面临着严峻挑战,在率先全面建成小康社会进程中,生态文明建设依然是"短板"和薄弱环节。

1.4.1 体制机制改革创新尚无成功案例

目前我国的生态文明体制改革仍然处于起步期,很多体制机制改革缺乏成熟的实施办法和成功案例。《生态文明体制改革总体方案》提出了 47 项体制机制改革要求,除了探索建立分级行使所有权的体制等 6 项不属于珠海市需完成的任务外,其他 41 项任务中大部分珠海市仍缺乏工作基础。生态文明体制机制仍不完善。生态文明建设考核及奖惩机制不够完善,环保责任追究和环境损害赔偿制度尚未建立,资源有偿使用制度、排污权交易、绿色信贷和环境责任保险等制度仍处于试点阶段,尚未全面覆盖。

1.4.2 产业与资源环境承载仍不协调

第二产业增加值比重较高,产业结构有待优化。2015 年,三次产业的比例为 2.3∶49.7∶48.0,第三产业增加值比重仅为 48%,低于广东 50.8%的全省平均水平,与国际同等收入国家和地区相比明显偏低。产业布局仍存优化空间。珠海市的重点工业区主要分布在西部及西南部,高栏港距西部新城比较近。高栏港经济区、航空产业园等园区均沿海发展,有些重化工项目在成为当地经济重要推动力的同时,也对近海环境产生一定环境风险。工业用地增加值偏低,单位工业用地工业增加值为 77.4 万元/亩,与国家生态文明建设示范市要求的指标(85 万元/亩)差距较大。

1.4.3 生态环境提升进入瓶颈阶段

环境整治进入瓶颈期,环境质量改善难度大、速度慢。大气环境臭氧、VOCs 污染凸显。2015 年,臭氧日最大 8 h 平均值第 90 百分位数质量浓度为 142 μg/m³,比 2014 年上升 2.9%。2015 年珠海市年度空气质量在全国 74 个重点城市中排名第 9，较 2014 年下降四位。水库富营养化现象和冬春两季咸潮事件时有发生，饮用水水源水质受到污染威胁；内河涌和近岸海域水环境形势不容乐观，全市仍有 37 条黑臭河涌（排洪渠），近岸海域富营养化有加重趋势，偶尔发生小面积死鱼事件。土壤环境监管能力薄弱，涉及重金属污染企业周边土壤存在潜在安全隐患。危险废物存在转移难、处置难的困境。生态保护红线尚未划定，重点生态功能区、生态环境敏感区和脆弱区等边界有待勘探。城镇化和工业化建设对区域自然生态系统扰动比较大，自然岸线固化、填海造地等现象时有发生，部分区域生态景观呈现破碎化现象。

1.4.4 美丽珠海国际影响力有待提升

一是国际上珠海与美国圣地亚哥市、新加坡等在宜居城市、创新性、国际交流等方面可对标发展。珠海连续多年获得中国宜居城市榜首，圣地亚哥为美国十大最宜居城市之一，新加坡为全球最宜居城市之一。珠海全面实施创新驱动战略，2015 年高新技术产业占工业总产值比重达 27.3%；圣地亚哥为国际化创新型产业城市，仅在生物医药领域，就拥有多所美国最尖端的大学、过半数全美前十的生物医药研究所；新加坡在 2015 年度"全球创新指数"排名中保持第七位，是亚太地区最具创新能力的经济体。珠海是我国"一带一路"重要节点城市，将加强国际交流与合作；圣地亚哥拥有国际航线，新加坡则为亚洲重要的金融、服务和航运中心之一。

二是从国内主要海滨城市来看，珠海在宜居城市、水环境质量、科技创新和人均预期寿命等方面具有优势，但在大气环境质量、产业结构、单位 GDP 能耗等方面与深圳、厦门等城市还有一定差距。珠海在全国 74 个城市空气质量排名由 2014 年的第五名降为 2015 年的第九名，2015 年空气质量优良天数为 323 d，低于深圳、厦门和汕头（340 d 以上）；PM$_{2.5}$ 年均质量浓度高于深圳和厦门。珠海第三产业增加值比重为 48.0%，低于广东省 50.8% 的平均水平，远低于深圳、厦门、青岛和大连的比重。从珠海单位 GDP 能耗来看，珠海为 0.28 t 标煤/万元，低于深圳但高于汕头和大连的水平。

三是珠海传统的社会生活方式和消费观念尚未根本转变，节水、节能、绿色消费、绿色出行等还没有真正成为人们自觉行为。生态文化培育和弘扬不够，整体文化发展战略模糊，文化产业竞争力偏弱，文化设施建设有待加强（表 1-27）。

表 1-27 珠海与其他沿海城市对比分析

对比内容	珠海	深圳	厦门	汕头	青岛	大连
空气质量优良天数/d	323	340	362	342	293	270
PM$_{2.5}$/（μg/m^3）	31	30	29	33	51	48

对比内容	珠海	深圳	厦门	汕头	青岛	大连
PM_{10}/（$\mu g/m^3$）	51	49	48	52	94	81
达到或好于Ⅲ类水体比例/%	63.1（2014）	—	60.0	50.0	—	76.0
劣Ⅴ类水体比例/%	15.5	—	20.8	16.7	—	5.0
三次产业比重	2.3：49.7：48.0	0.03：41.2：58.8	0.7：43.8：55.5	5.3：51.7：43	4：44.8：51.2（2014）	3.9：10.6：85.5
单位 GDP 能耗/（t 标煤/万元）	0.28	—	—	0.24	0.16	—
高技术制造业增加值占规模以上工业增加值比重/%	27.3	66.2	—	13.1	—	—
每万人有效发明专利拥有量/件	22.0	15.3	14.1	1.9	13.0	12.2
人均预期寿命/岁	82.5	79.9	80.4	76.3	81	80.8

综合判断，未来一段时期，珠海在大力推进生态文明建设的过程中，既面临严峻挑战，也存在重大机遇。在新的起点上，必须紧紧抓住机遇，勇于面对挑战，切实破解难题，推动全市生态文明建设不断取得新的成效。

第 2 章 生态文明建设总体战略研究

在"十三五"面临形势分析基础上，明确"十三五"时期生态文明建设的指导思想、原则和目标，制定任务分解、措施可行的时间表和路线图，突出绿色发展，着力实施"1588"战略（1条主线、5大行动、8大制度、8大工程），全面推进珠海生态文明建设。

2.1 指导思想和战略方针

2.1.1 指导思想

坚持以科学发展观为指导，全面贯彻落实党的十八大、十八届三中、四中、五中全会和广东省委十一届五次全会精神，深入贯彻习近平总书记系列重要讲话精神，坚持"四个全面"战略布局，坚持创新、协调、绿色、开放、共享的发展理念，把生态文明建设放在突出的战略位置，融入经济建设、政治建设、文化建设、社会建设各方面和全过程，以绿色发展为主线，以创新生态文明体制机制为突破口，优化城市空间格局，构建绿色产业体系，提升生态环境质量，增强生态文明软实力，把珠海打造为全国生态文明建设示范市标杆，加快建设美丽珠海，使蓝天常在、青山常在、绿水常在。

2.1.2 战略方针

（1）站位高远，世界领先

不拼资源、不拼土地、不拼总量，把科学发展贯穿始终，把创新驱动具体到发展项目、体现在质量效益，以全球视野和战略眼光，引进高端产业项目，集聚高素质人口，营造高品质生活。

（2）生态为基，民生为先

坚定生态文明的道路自信和发展自觉，把绿水青山、蓝天白云当作最宝贵的财富，把以人为本作为生态文明建设的出发点和落脚点。

（3）改革引领，创新驱动

改革开放是特区的魂。充分发挥市场配置资源的决定性作用和更好发挥政府作用，不断深化制度改革和科技创新，建立系统完整的生态文明制度体系，强化科技创新引领作用。

（4）立足市情，彰显特色

牢固树立目标导向、问题导向的理念和方法，从实际出发，突出山海相拥、陆岛相望、城田相映的特色，努力建成特色鲜明的生态文明示范市。

（5）党政主导，全民参与

按照"党政同责"的原则，强化各级党委、政府对生态文明建设的主导作用。坚持群策群力、全民参与，形成生态文明建设的强大合力。

2.2 战略目标

2.2.1 总体目标

到 2020 年，资源节约型、环境友好型、人口均衡型社会取得重大进展，主体功能区布局基本形成，经济发展质量和效益显著提高，生态文明主流价值观在全社会得到推行，生态文明建设水平与全面建成小康社会目标相适应，努力建成国家生态文明建设示范市标杆，并成为中国生态文明建设成就国际窗口城市。

（1）国土空间开发布局明显优化

划定并严守生态保护红线，受保护地区占国土面积比例（陆域）不低于 27.1%。产业发展布局和城镇化格局科学合理，经济、人口布局向均衡方向发展，城乡结构和空间布局明显优化，城市开发边界面积控制在 418 km^2。

（2）生态环境质量全国领跑

生态环境质量稳中提升，城市空气质量优良天率不低于 90%，PM$_{2.5}$ 质量浓度保持在 30 μg/m^3 以下，力争达到 29 μg/m^3；全市集中式饮用水水源水质持续保持或优于Ⅲ类，地表水质量达到或好于Ⅲ类水体比例不低于 75%，地下水和近岸海域水质保持稳定；土壤环境质量持续改善；森林覆盖率达到 38.2%，自然岸线保有率不低于 11.1%，生态系统稳定性和功能明显增强。其中，2018 年年底前基本消除全市范围内 37 条黑臭水体。

（3）绿色低碳循环产业体系基本确定

低碳生态发展模式基本形成，综合管廊和海绵城市建设走在全国前列。能源和水资源消耗、建设用地等总量和强度控制水平处于全国前列，主要污染物排放逐年下降。万元

GDP 用水量累计降低 20%，单位工业用地工业增加值不低于 87 万元/亩，城镇生活垃圾无害化处理率达到 100%，城镇生活污水集中处理率不低于 96%。全面完成省里下达的单位国内生产总值二氧化碳排放强度、能源消耗强度、用水总量、万元工业增加值用水量等约束指标。

（4）全社会生态文明意识显著增强

全社会节约意识、环保意识、生态意识显著提高，勤俭节约、绿色低碳、文明健康的生活方式和消费模式普遍推广。实现公交车 100%使用清洁能源，节能、节水器具普及率不低于 90%，城镇新建绿色建筑比例不低于 52%，政府绿色采购比例不低于 85%。

（5）生态文明制度基本完善

基本形成源头预防、过程控制、损害赔偿、责任追究的生态文明制度体系。在自然资源资产产权和用途管制、生态保护红线、市场化机制、生态文明建设绩效考核评价等方面取得决定性成果。生态文明建设工作占党政实绩考核的比例不低于 20%，建立生态环境损害责任追究制度，固定源排污许可证覆盖率达 100%。

（6）示范市建设水平全国领先

2017 年年底前，全市 80%乡镇（不低于 12 个）创建成为国家生态文明建设示范镇，香洲区、金湾区、斗门区三个区创建成为国家生态文明建设示范区。到 2018 年，创建成为全国首批国家生态文明建设示范市。

2.2.2　具体指标

珠海"十三五"生态文明建设指标包括绿色空间、生态环境、生态经济和生态社会4 大类，共计 48 项指标。其中，基础指标 35 项，特色指标 13 项。基础指标为《国家生态文明建设示范市指标（实行）》，特色指标为结合珠海特点设立的指标。主要指标见表 2-1。

表 2-1　珠海"十三五"生态文明建设指标

大类	小类	序号	指标名称	单位	2014 年现状值	2020 年目标值
绿色空间	生态空间	1	生态保护红线	—		划定并遵守
		2	受保护地区占国土面积比例（陆域）	%	27.1	≥27.1
	生产生活空间	3	耕地红线	—	—	遵守
		4	人均公园绿地面积	m²/人	19.5*	≥22（≥20）
		5	规划环评执行率	%	—	100（100）
		6	城市开发边界面积	km²	396.9*	418

大类	小类	序号	指标名称		单位	2014年现状值	2020年目标值
生态环境	生态环境质量	7	生态环境状况指数（EI）		%	71.8	≥75（≥73）
		8	环境空气质量 质量改善目标		—	—	不降低且达到考核要求
			优良天数比例		%	90*	92
			严重污染天数		d	0	消除（基本消除）
		9	臭氧8 h平均浓度达到二级天数比例		%	93.6	≥93.6
		10	PM$_{2.5}$质量浓度		μg/m³	31*	≤30
		11	水环境质量 地表水水环境质量达到或优于III类水体的比例		%	—	≥75
			劣V类水体			—	0
			近岸海域环境功能区水质达标率			100	100（100）
		12	集中式饮用水水源水质达标率		%	100	100（100）
		13	土壤环境质量 质量改善目标		—	持续改善	不降低且达到考核要求
		14	黑臭河涌（渠）整治率		%	—	100（100）
	自然生态保护	15	森林覆盖率		%	35.9*	≥38.2
		16	生物物种资源保护 重点保护物种受到严格保护		—	—	执行
			本地物种受保护程度		%	98.5	≥99（≥99）
			外来物种入侵		—		不明显
		17	自然湿地净损率		%	2.9	0
		18	自然岸线保有率		%	—	≥11.1
		19	生态资产保持率		%	1	≥1
	环境污染治理	20	主要污染物总量减排	COD	—	完成，优秀	完成省下达任务
				氨氮	—		
				SO$_2$	—		
				氮氧化物	—		
		21	城镇污水处理率		%	95.7*	≥96
		22	城镇生活垃圾无害化处理率		%	100	100（100）
	生态环境风险防控	23	危险废物安全处置率		%	100	100（100）
		24	重、特大突发环境事件数		件	未发生	未发生
		25	污染场地环境监管体系		—	未建立	建立
生态经济	产业转型	26	单位工业用地工业增加值		万元/亩	77.4	≥87（≥85）
		27	单位地区生产总值用水量		m³/万元	25*	≤20（≤23）
		28	单位GDP能耗		t标煤/万元	0.4	完成省下达任务
		29	应当实施强制性清洁生产企业通过审核的比例		%	100	100（100）

大类	小类	序号	指标名称	单位	2014 年现状值	2020 年目标值
生态经济	结构优化	30	第三产业占比	%	48*	≥48.1
		31	主要农产品中有机、绿色及无公害产品种植面积的比重	%	≥70（2010）	≥75
		32	高新技术产品产值占规模以上工业总产值	%	55*	≥60
生态社会	文化	33	党政领导干部参加生态文明培训的人数比例	%	—	100（100）
		34	生态文明知识知晓度	%	60.6	≥85（≥80）
		35	公众对生态文明建设的满意度	%	93.3	≥95（≥94）
	生活	36	节能、节水器具普及率	%		≥85（≥80）
		37	公众绿色出行率	%	68.2	≥75（≥70）
		38	城镇新建绿色建筑比例	%	15.8	≥52（≥50）
		39	政府绿色采购比例	%		≥85（≥80）
		40	城镇居民生活垃圾分类收集率	%	—	≥50
	制度	41	生态文明建设工作占党政实绩考核的比例	%	—	≥20（≥20）
		42	生态环境损害责任追究制度	—	尚未建立	建立
		43	环境信息公开率	%	100	100
		44	固定源排污许可证覆盖率	%	—	100
		45	国家生态文明建设示范县占比	%	—	100
		46	生态文明建设规划	—	通过修编	制定实施
	科技	47	研究与发展（R&D）经费支出占地区生产总值比例	%	2.7*	≥4.0
		48	每万人发明专利拥有量	件	22*	≥25

注：2020 年目标值一列括号内数据为 2018 年目标值，即国家生态文明建设示范区目标值。

* 珠海市"十三五"经济社会发展主要指标表中的数值，现状值为 2015 年数据。

　　展望 2030 年，国家生态文明建设示范市成效得到巩固提高，资源节约型、环境友好型社会基本建成，经济发展和社会事业达到主要发达经济体水平，尊重自然、顺应自然和保护自然的意识得到牢固树立，生态文明建设水平与经济社会发展相适应，基本实现社会主义现代化。

2.3　主要指标差距分析

　　48 项指标中，已达标指标 10 项，易达标指标 36 项（包括无现状值 14 项，基于前期调研座谈，以及挖掘珠海现有资料基础，认为珠海今后认真落实国家相关文件要求，即可达标，属于易达标指标），难达标指标共计 5 项（包括无现状值 2 项，由于前期基础较差，工作起步晚，差距太大，属于难达标指标）（图 2-1）。

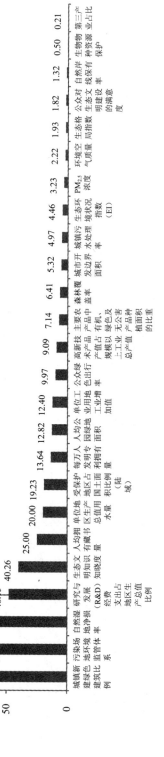

图 2-1 指标差距分析

2.3.1　已达标指标

根据差距分析，与目标值无差距的 10 项指标，属于已达标的指标。其中：

1）属于生态环境的 7 项指标：臭氧 8 h 平均浓度达到二级天数比例，集中式饮用水水源水质达标率，生态资产保持率，主要污染物总量减排，城镇生活垃圾无害化处理率，危险废物安全处置率，重、特大突发环境事件数。

2）属于生态经济的 2 项指标，分别是单位 GDP 能耗和应当实施强制性清洁生产企业通过审核的比例。

3）属于生态社会的 1 项指标，即环境信息公开率。

2.3.2　易达标指标

易达标指标共计 36 项指标。

（1）有现状值指标

已有现状值的指标中，有 23 项指标由于差距幅度较小，通过近期珠海生态文明建设、森林珠海、智慧珠海等规划的实施，能够实现目标值，达到预期目标，属于易达标指标，其中：

绿色空间共计 3 项指标，分别是受保护地区占国土面积比例（陆域）、人均公园绿地面积、城市开发边界面积。

生态环境类指标共计 9 项指标，分别是生态环境状况指数、环境空气质量、PM$_{2.5}$ 质量浓度、水环境质量、土壤环境质量、森林覆盖率、生物物种资源保护、自然岸线保有率、城镇污水处理率。

生态经济类共计 5 项指标，分别是单位工业用地工业增加值、单位地区生产总值用水量、第三产业占比、主要农产品中有机、绿色及无公害产品种植面积的比重、高新技术产品产值占规模以上工业总产值。

生态社会类共计 6 项指标，分别是生态文明知识知晓度、公众对生态文明建设的满意度、公众绿色出行率、生态文明建设规划、研究与发展（R&D）经费支出占地区生产总值比例、每万人发明专利拥有量。

（2）无现状值指标

无现状值 10 项，基于前期调研座谈，以及挖掘珠海现有资料基础，认为珠海今后认真落实国家相关文件要求即可达标，属于易达标指标，其中：

绿色空间 3 项指标，分别是生态保护红线、耕地红线、规划环评执行率；

生态环境共计 1 项指标，即黑臭河涌（渠）整治率；

生态社会6项指标，即党政领导干部参加生态文明培训的人数比例、节能、节水器具普及率、政府绿色采购比例、生态文明建设工作占党政实绩考核的比例、固定源排污许可证覆盖率、国家生态文明建设示范县占比。

2.3.3 难达标指标

难达标指标共计5项指标。

（1）有现状值指标

自然湿地净损率、污染场地环境监管体系和城镇新建绿色建筑比例3项指标，有现状值，但现状值与目标值之间差距幅度过大，短期内达到目标值，预计难度、压力较大。

（2）无现状值指标

生态环境损害责任追究制度和城镇居民生活垃圾分类收集率2项指标，无现状值，有基于前期调研座谈，认为这些指标的前期基础较差，或者有些工作刚刚起步，差距太大，属于难达标指标。

2.4 战略路径

"十三五"期间，通过实施"1588"战略，即坚持1条主线，实施5大行动，构建8大制度，推进8大工程，全面推动生态文明建设目标与任务实现。

2.4.1 坚持1条主线

"十三五"时期，坚持将绿色发展作为生态文明建设的主线，坚定不移走"绿水青山就是金山银山"绿色发展之路，将绿色发展理念融入生态文明建设的全过程和各领域。

2.4.2 实施5大行动

针对珠海推进生态文明建设的主要薄弱环节和突出短板，重点实施5大行动（图2-2）：一是实施城市空间格局优化行动，建设一座城乡联动、区域协调之城；二是实施产业绿色转型升级行动，建设一座集约、高效、低碳、循环之城；三是实施山水林田湖海保育行动，建设一座海陆相连、城田相映之城；四是实施环境质量领跑行动，建设一座环境优秀、宜居宜业之城；五是实施城市"软实力"提升行动，建设一座活力创新、幸福人文之城。

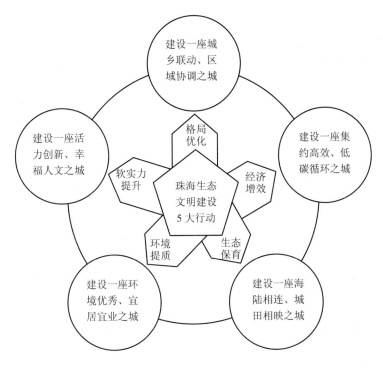

图 2-2 生态文明建设 5 大行动计划

2.4.3 构建 8 大制度

按照"提高标准，健全法制，理顺机制，创新制度"的思路，结合珠海实际，重点构建环境治理，生态文明绩效评价考核和责任追究，资源有偿使用和生态补偿，生态环境保护市场化，资源总量管理和节约，国土空间开发保护，自然资源资产产权，国土空间"一张图"管理 8 大制度，实现用制度保护生态环境。

2.4.4 推进 8 大工程

实施大工程带动大发展，开展水环境污染防治、大气环境污染防治、土壤环境污染防治、生态环境监测网络构建、生态文明软实力提升、产业绿色转型升级、生态红线管控、城乡人居环境提升 8 大工程，全面支撑"十三五"生态文明建设目标任务。

第3章

陆海生态空间管控研究

实施主体功能区战略,在生态保护重要区评价、生态廊道分析、景观格局指数对比的基础上,构建由"源、节点、廊道"组成的,以重要生态区域为基底的生态安全格局和自然岸线格局,强化生态空间对城市空间结构、规模和布局的硬约束,推动形成农业发展格局、优化城镇建设格局。

3.1 生态状况评估

3.1.1 生态用地现状及管理分析

依据《广东省主体功能区规划》《珠海市主体功能区规划》《珠海市城市总体规划》《珠海市土地利用总体规划》《珠海市生态文明建设规划》《基本生态控制线》《珠海市城市绿道网总体规划》《珠海市绿地系统规划》《珠海市城市绿线规划》《森林珠海发展规划》《珠海市森林城市建设总体规划》《珠海市东部城区慢行系统(自行车专用道)规划》《新一轮绿化广东大行动 美丽珠海绿化建设规划(2013—2020 年)》《珠海市绿道网"兴奋点"建设规划》等,梳理珠海市生态用地现状,识别主要问题。

3.1.1.1 珠海市现有生态用地

珠海市现有生态用地主要是珠海主题功能区划中确定的禁止开放区,其面积467.27 km²,占全市总面积的27.31%;主要包括全市各级自然保护区、森林公园、风景名胜区、重要水源地、重要湿地,以及其余陆地海拔 25 m 等高线以上的山体,遍布于珠海市域。该区域是自然生态系统、珍稀濒危野生动植物物种、自然景观、人文景观集中分布的区域,具有重要的自然生态功能和人文价值功能。禁止开发区内生态环境优美,森林峡谷、水景溪流、历史文化等旅游资源丰富,具有较好的观赏价值和旅游开发价值。

作为珠海生态条件最好的区域,珠海禁止开发区的定位是维护全市国土生态安全、保护自然资源与历史文化资源、保护生物多样性、维护自然生态环境、促进人与自然和谐发展的核心区域。

珠海市禁止开发区域名录见表 3-1。

表 3-1　珠海市禁止开发区域名录

一、自然保护区

序号	名称	位置	级别	主要保护对象	面积/km²
1	珠江口中华白海豚国家级自然保护区	内伶仃岛至牛头岛周围海域	国家级	中华白海豚及其生态环境	460.00
2	淇澳—担杆岛省级自然保护区	香洲区	省级	红树林湿地、猕猴、鸟类及海岛生态	73.74
3	凤凰山自然保护区	香洲区	市级	南亚热带常绿阔叶林和野生动植物	8.07
4	竹洲岛水松林保护区	斗门区	市级		0.24
5	黄杨山自然保护区	斗门区	市级		16.35
6	庙湾珊瑚市级自然保护区	香洲区	市级	珊瑚、珊瑚礁生物及其生态环境	3.65
7	万山群岛自然保护区	香洲区	市级	湿地生态系统	22.07
8	斗门竹篙岭自然保护区	斗门区	县级	南亚热带常绿阔叶林和野生动植物	4.60
9	斗门锅盖栋自然保护区	斗门区	县级		14.25

二、森林公园

序号	名称	位置	级别	面积/km²
1	尖峰山森林公园	斗门区	省级	1.71
2	板障山森林公园	香洲区	市级	4.65
3	拦浪山森林公园	金湾区	市级	25.30
4	凤凰山森林公园	香洲区	市级	8.07
5	黄杨山森林公园	斗门区	市级	10.00
6	拱北将军山市民公园	香洲区	区级	1.17

三、湿地公园

序号	名称	位置	级别	面积/km²
1	黄杨河华发水郡省级湿地公园	斗门区	省级	0.60
2	淇澳红树林湿地公园	高新技术开发区	市级	3.63

四、除以上自然保护区、森林公园等地区外的其余陆地海拔 25 m 等高线以上的山体

3.1.1.2　管理现状分析

珠海市现有生态用地管理依据法律法规和相关规划实施强制性保护，严格控制人为因素对自然生态和文化自然遗产原真性、完整性的干扰。严禁不符合主体功能区定位的各类开发活动，引导人口逐步有序转移，实现污染物"零排放"，提高环境质量。该区域的发展方向以保护生态环境、水源安全、自然遗产为主，要充分发挥区域的水源涵养、水土保持和生态屏障作用。

各类禁止开发区域要根据自身特点和主次功能,以相关的法律法规为依据,按照严格的分类保护策略和管制要求,明确在区内允许存在的人为活动、工程设施以及相应的限定条件。

3.1.2 景观格局指数分析及对比

2000 年珠海市由于城市化尚未大发展,生态格局指数各指标均很优良,而城市化相关指数较低。其中,生态格局指数反映 2000 年珠海相关生态斑块(林地为主)分散聚集现象已比较明显,本身即具有岛屿化趋势,而后的城市化进程则进一步加剧了这种趋势。表 3-2 为 2000 年珠海市相关景观格局指数计算结果。

表 3-2 2000 年珠海市相关景观格局指数计算结果

指数类型	类型	斑块数量(NP)/个	平均斑块面积(MPS)/hm²	连接度(CONNECT)/%	聚集度(AI)/%
生态系统结构	林地	321	162.043 6	0.749 6	81.166 8
	草地	8	28.000 0	14.285 7	49.484 5
	水系	471	134.972 4	0.656 8	78.600 2
	耕地	1 044	19.873 6	0.374 7	39.339 1
	人工表面	544	38.176 5	0.479 4	62.554 9
	其他	47	9.276 6	3.145 2	32.487 3
生态文明空间战略格局指数	生态格局指数	202	573.326 7	1.123 1	84.640 0
	城市化格局指数	544	38.176 5	0.479 4	62.554 9
	农业格局指数	1 080	19.614 8	0.357 2	39.268 6

2005 年珠海市景观格局指数结果表明,由于城市化原因生态斑块破碎化趋势已较为明显。具体表现为平均斑块面积下降,而斑块数量增加,并且连接度和聚集度均已有所下降。而同时从珠海城市化格局指数来看,城市化斑块(人工表面)斑块数量下降而平均斑块面积增加较大,这表明珠海城市化进程进一步加强,侵蚀了原有的生态斑块。

表 3-3 2005 年珠海市相关景观格局指数计算结果

指数类型	类型	斑块数量(NP)/个	平均斑块面积(MPS)/hm²	连接度(CONNECT)/%	聚集度(AI)/%
生态系统结构	林地	310	160.271 0	0.739 1	81.205 6
	草地	10	29.600 0	11.111 1	54.615 4
	水系	436	136.495 4	0.641 1	79.333 8
	耕地	1 028	18.941 6	0.365 2	40.047 9
	人工表面	507	57.364 9	0.517 7	69.341 0
	其他	45	11.555 6	4.444 4	45.147 7
生态文明空间战略格局指数	生态格局指数	223	490.995 5	1.111 0	84.460 2
	城市化格局指数	507	57.364 9	0.517 7	69.341 0
	农业格局指数	1 061	18.842 6	0.350 7	40.227 3

珠海市 2010 年景观格局指数结果（表 3-4）表明，生态斑块进一步破碎化，斑块数量进一步增加，而平均斑块面积持续下降。由于生态斑块自身天然的岛屿化特征，聚集度及连接度下降幅度较小。而从城市化格局指数来看，斑块数量并未有太大增加，而平均斑块面积增加较大，这表明珠海 2005—2010 年的城市化进程已经由点发展为面，城市建设大蔓延趋势显现。

表 3-4　2010 年珠海市相关景观格局指数计算结果

指数类型	类型	斑块数量（NP）/个	平均斑块面积（MPS）/hm^2	连接度（CONNECT）/%	聚集度（AI）/%
生态系统结构	林地	309	157.074 4	0.752 3	80.879 1
	草地	7	40.000 0	19.047 6	56.910 6
	水系	465	120.051 6	0.594 2	78.579 9
	耕地	1 048	17.923 7	0.356 3	38.621 1
	人工表面	508	72.023 6	0.550 6	72.257 2
	其他	40	6.500 0	5.256 4	15.044 2
生态文明空间战略格局指数	生态格局指数	256	408.750 0	1.044 7	83.798 8
	城市化格局指数	508	72.023 6	0.550 6	72.257 2
	农业格局指数	1 080	17.633 3	0.342 4	38.352 5

3.1.3　产业布局评价

珠海市产业布局概括为"高端产业"布局，包括以现代高新制造业和服务业为主的"三大板块"布局及以现代生态农业及海洋产业为主的"一区一带"布局。

"三大板块"产业布局，由东北沿海岸线向西南，布局了高新区高新技术产业板块、东部高端服务业板块、两港高端制造业板块。其中高新区高新技术产业板块以高新区主园区为板块组成范围，包括唐家、金鼎、淇澳行政辖区，总面积 139 km^2；东部高端服务业板块以横琴新区、香洲区和保税区为板块主体范围，总面积 410 km^2；两港高端制造业板块包括高栏港经济区全部、金湾区全部、斗门区井岸、乾务两镇全部、斗门镇南部及白蕉镇西部沿海高速公路以南部分，总面积 1 020 km^2。

而"一区一带"产业布局则一北一南布局了生态农业示范区与特色海洋产业带。其中，生态农业示范区包括斗门区莲洲镇全部、斗门镇黄杨山脉以北部分区域和白蕉镇北部，总面积约 238 km^2，而特色海洋产业带则依珠海沿海分布。

总体上分析，珠海高端产业的产业布局依托现状发挥了潜力，将高端制造业与服务业布局在城市建成区，并尽量保护生态斑块、维护生态安全格局。就此形成了"三大板块"产业布局穿插融合在生态格局之中，而生态格局分布镶嵌在产业布局之内的整体格局形式。而"一区一带"的现代农业和海洋产业则在充分利用自身天然优势的基础之上布局在生态条件较好的西北部山区及南部沿海区域，形成了农业、海洋产业与生态格局相互支持支撑的总体格局形式。

但需要注意的是，由于珠海生态斑块存在"岛屿化"的先天特征，"三大板块"产业布局使得这些生态斑块更加孤立，难以相互之间产生生态联系，因而进一步阻滞了整个珠海生态系统生态效益的溢出；另外，"一区一带"的现代生态农业与海洋产业布局在生态条件较好的区域既是机遇也是挑战，如此布局能加强产业与生态格局之间的相互支撑，但同时也威胁到了这些重要生态区域的保护。

3.1.4　城市格局

通过对比珠海和其他城市（圣地亚哥、三亚、厦门、威海）景观格局指数（表 3-5），可以发现：

生态格局指数。从城市间景观格局指数横向对比结果来看，如果由优到良对各城市生态格局指数进行排序，则依次为三亚、珠海、厦门、威海、圣地亚哥。对比可以发现，珠海生态格局指数是比较好的，这反映了珠海近年来在生态保护上所付出的努力。对比于最好的三亚，珠海的生态斑块表现为斑块间联系不强，有岛屿化趋势，并且生态斑块也更为破碎一些。结果反映生态格局指数以三亚为最佳，其平均斑块面积最大而斑块数量也相对较少，同时连接度及聚集度指数结果也最好。这表明三亚生态斑块面积大、分布聚集且连续，生态斑块破碎化并不明显。而最差的威海则是没有主导的大型生态斑块，生态斑块高度破碎且斑块的平均面积还很小，岛屿化明显。指数结果反映生态条件最差的圣地亚哥则是由于其处于沙漠边缘，除城区周边生态条件较好一些之外，其辖域内国土面积则主要以沙漠、石漠为主，因此生态斑块指数结果很差。

城市化格局指数。横向对比并以聚集度指数为准从优到良地对各城市城市化格局指数进行排序，则依次为圣地亚哥、厦门、珠海、三亚、威海。对比发现，珠海城市化格局指数居中，相比之下城市化程度已经较高。而圣地亚哥作为加州经济产出较高的城市，城市化程度非常高，其城市沿美国西海岸水平蔓延，面积较大。而指数结果表现一般的威海，则是因为城市以点状发展，城市分散而不集中，与生态斑块类似同样呈现一种破碎化趋势。当然此处只是从景观格局的角度加以阐述，其指数结果并不能直接表征各城市经济社会等多方面的发展状况。看待城市发展应全面且综合，仅此说明。

农业格局指数。指数结果反映（圣地亚哥缺失农业用地数据），珠海、三亚、厦门农业斑块分布状况差别不大，其中珠海农业格局指数各指标结果方面相比略低，这印证了前面珠海城市化程度较高的结论。而农业格局指数结果较高的威海，则因耕地占比较大而表现为农业格局指数相关结果均较高。

表 3-5　珠海及其他城市景观格局指数对比

城市	类型	斑块数量 （NP）/个	平均斑块面积 （MPS）/hm²	连接度 （CONNECT）/%	聚集度 （AI）/%
珠海	生态格局指数	256	408.750 0	1.044 7	83.798 8
	城市化格局指数	508	72.023 6	0.550 6	72.257 2
	农业格局指数	1 080	17.633 3	0.342 4	38.352 5
[美]圣地 亚哥（San Diego）	生态格局指数	4 225	27.454 7	0.063 7	55.564 8
	城市化格局指数	2 455	58.284 3	0.101 4	75.364 3
	农业格局指数	—	—	—	—
三亚	生态格局指数	280	488.557 1	1.308 2	84.187 4
	城市化格局指数	742	54.415 1	0.355 8	60.039 0
	农业格局指数	697	21.256 8	0.292 7	51.894 0
厦门	生态格局指数	375	279.829 3	0.798 6	83.357 6
	城市化格局指数	784	64.566 3	0.377 0	74.283 4
	农业格局指数	736	19.614 1	0.294 7	42.975 9
威海	生态格局指数	3 779	60.720 8	0.106 5	65.200 6
	城市化格局指数	3 002	29.056 6	0.068 0	58.010 5
	农业格局指数	1 275	206.362 4	0.241 0	67.778 5

3.1.5　主要问题

3.1.5.1　生态格局指数

一是珠海市生态用地完整性保护较好，即破碎化程度不高（数量 256 个）且生态斑块平均面积较大（408.75 hm²），尤其是森林生态系统（157.07 hm²）；二是珠海市生态用地的生态效应有较好的体现，具体表现在聚集度较高（83.79%），与发达国家（75.68%～87.77%）对比处于较好的状态；三是珠海市生态用地的空间分布岛屿化严重，未能充分发挥其生态效应，布局还需优化，主要体现在连接度较低（1.044 7%），对比广州市还有提升空间（8.333 3%）。

珠海市域景观格局高度的异质性和破碎化，破碎化最为严重的是耕地斑块和人工斑块。从聚集度指数结果上看，生态斑块的破碎化程度不高，但是结合珠海现状来看，生态斑块本身数量较少（斑块数量 256 个）而平均面积较大（平均斑块面积 408.75 hm²），加之珠海市域（陆地）面积相对较小，就使得生态斑块的聚集度指数明显要高。这体现了珠海对生态资源保护的力度很大。但从系统生态学、景观生态学尤其是生物多样性保护的角度来讲，珠海的生态斑块具有严重的岛屿化特征，斑块自身虽然面积较大、系统较完整，但斑块之间连接的弱化，导致了珠海生态斑块并没有发挥出其本该发挥良好生态效益。

珠海生态斑块自身平均面积较大，加之珠海市域（陆地）面积较小导致了其聚集度指数较高,但本质情况是生态斑块在珠海市大力保护之下自身生态系统良好,但彼此间几乎为零的生态联系使得珠海生态斑块出现了岛屿化的现象,阻止了其生态效益的进一步显现。这从珠海生态斑块的聚集度指数较高但连接度指数明显低于人工表面和耕地斑块就可知。

3.1.5.2　城市化格局指数

珠海市城市发展用地最主要的特征为破碎化较严重,城市用地斑块较多且平均面积较小。另外,分布区域上,香洲区城市斑块分布较为集中,金湾及斗门二区相对分散。而香洲城市斑块占比较重,这在某种程度上拉高了珠海城市斑块聚集度指数。

珠海城市斑块在东部区域(香洲区)分布相对集中,而西部(金湾区、斗门区)分布则较为零散,呈带状走廊式分布。从格局指数结果来看,珠海城市化格局指数斑块数量为508 个、平均斑块面积为 72.023 6 hm²,这表明珠海城市化格局指数破碎度较高。究其原因,由于新近发展珠海市西部城市化区域,城市斑块侵蚀其他斑块造成整个景观格局异质性、破碎化较为严重,这使得珠海整体的城市斑块破碎化较为严重,同时也在某种程度上加重了其他斑块的破碎化,尤其使得生态斑块岛屿化现象加重。

3.1.5.3　农业格局指数

珠海市农业用地破碎化十分严重,指数表现为聚集度连接度都很低,并且斑块数量很多的同时平均斑块面积很小。珠海市农业斑块天然具有破碎化严重的属性,这种特点在2000 年便已具有。2000 年珠海农业斑块数量为 1 080 个,而平均斑块面积为 19.614 8 hm²,2005 年两个数据则分别为 1 061 个、18.842 6 hm²,而 2010 年则分别为 1 080 个、17.633 3 hm²。可见虽然 10 年里珠海农业斑块破碎化一直在加重,但是由于其本身及分布分散、结构破碎,所以其变化趋势是相对缓慢的。这从另一个方面说明,生态空间主要是在满足珠海高速城市化发展所需的空间资源,也就是说珠海城市化发展主要是以侵蚀生态斑块为代价而进行的。

3.2　生态重要性评估

3.2.1　生态系统结构变化评估

斑块数量与平均斑块面积一般用来表征景观格局的破碎化程度。一般认为一定时期内斑块数量增加而平均斑块面积下降,则表明这类斑块破碎化程度增加;反之,则表明斑块变化呈现"逆破碎化",即面积增加的同时使得原来破碎的斑块分布变得聚集且蔓延。表3-6 为 2000 年、2005 年、2010 年珠海市三类格局指数汇总情况。

表 3-6　2000 年、2005 年、2010 年三期三类格局指数汇总

指标类型	年份	生态格局指数	城市化格局指数	农业格局指数
斑块数量/个	2000	202	544	1 080
	2005	223	507	1 061
	2010	256	508	1 080
平均斑块面积/hm²	2000	573.326 7	38.176 5	19.614 8
	2005	490.995 5	57.364 9	18.842 6
	2010	408.750 0	72.023 6	17.633 3
连接度/%	2000	1.123 1	0.479 4	0.357 2
	2005	1.111 0	0.517 7	0.350 7
	2010	1.044 7	0.550 6	0.342 4
聚集度/%	2000	84.640 0	62.554 9	39.268 6
	2005	84.460 2	69.341 0	40.227 3
	2010	83.798 8	72.257 2	38.352 5

从珠海市 2000—2010 年斑块数量及平均斑块面积两项指数变化来看，生态格局指数中斑块数量小幅增加，但平均斑块面积降幅较大。这表明生态斑块受侵蚀程度严重，这种侵蚀可以概括为两方面：一是因为受到侵蚀占用，整个生态斑块的总面积下降，而导致平均斑块面积下降；二是其他斑块的侵蚀使得原本相连且一体的一些生态斑块变得分离破碎，一个斑块分裂为多个斑块，而直观表现为斑块数量增加。总之，在这 10 年之中珠海生态斑块受侵蚀严重，斑块间破碎化趋势十分明显，加剧了珠海生态斑块原本的岛屿化特性，阻滞了其发挥更大的生态效益。

同理，城市化格局指数结果为斑块数量减少而平均斑块面积增加，这表明 10 年内城市斑块发展较快。这在空间上表现为城市面积扩大，原本零星点状发展的城市斑块因为面积扩大，而逐渐连成一带、一片，城市由点发展成为面。景观格局上，则是城市斑块"逆破碎化"，变得蔓延聚集。当然从农业格局指数 10 年变化不大的特点来看，珠海城市化发展很大程度上挤占了原本的生态空间。

农业格局指数相关指标在 10 年之内变化不大，这表明珠海对农业耕地等农业斑块保护力度较大，农业斑块并未受到珠海城市化冲击。

图 3-1 为 2000 年、2005 年、2010 年三类格局指数中平均斑块面积的变化情况，从图中可以看出，生态格局指数中的平均斑块面积下降明显，城市化格局指数和农业格局指数中的平均斑块面积变化不大，略有上升。

连接度与聚集度用来表征景观格局的聚集程度，这与斑块数量、平均斑块面积所表示的意义正好相反。前者直观表征景观格局中斑块的聚集与蔓延，而后者则表征斑块的破碎

化程度。

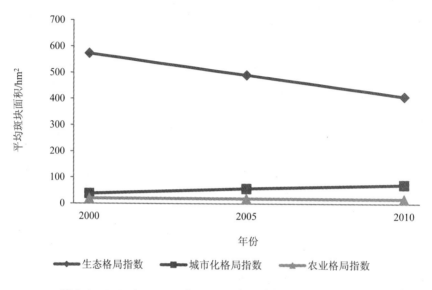

图 3-1　2000 年、2005 年、2010 年三类格局平均斑块面积变化情况

　　从珠海市三类格局连接度与聚集度变化情况（图 3-2、图 3-3）来看，生态格局指数中连接度降幅较大，而聚集度降幅较小。这表明 10 年内，珠海的生态斑块一直在经受着侵蚀与占用，其破碎化趋势一直没有停止。当然由于指数特性，连接度对生态斑块格局变化的反应比聚集度更为敏感。城市化格局指数，与前面结论一致，由于珠海市城市由点状发展变为面状发展，整个珠海城市变得更大更蔓延。在指数结果上体现为连接度与聚集度均增长较多，这表明原本孤立发展的一些城区因为发展而连成了一体。农业格局指数，10 年之内珠海农业斑块变化不大，因而这两个指数并没有太大变化。

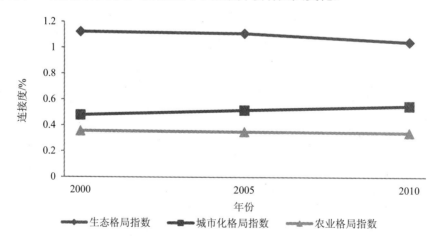

图 3-2　2000 年、2005 年、2010 年三类格局连接度变化情况

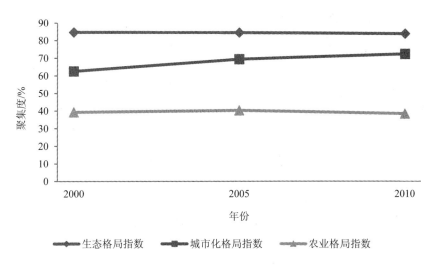

图 3-3　2000 年、2005 年、2010 年三类格局聚集度变化情况

3.2.2　生态系统重要性评估

3.2.2.1　重要性评价

对于水源涵养功能重要性评价、土壤保持功能重要性评价、生物多样性保护功能重要性评价，利用地理信息系统软件，将各生态系统服务值在广东省层面采用分位数（Quantile）功能进行 4 级分类（Classified）操作。按生态系统服务值大小由低到高依次划分为一般重要、中等重要、重要、极重要 4 个级别。以珠海市范围内的评价结果进行统计分析，珠海市水源涵养功能重要性评价、土壤保持功能重要性评价、生物多样性保护功能重要性评价结果汇总见表 3-7。

表 3-7　珠海市生态系统服务功能重要性评价汇总

评价项目	一般重要		中度重要		重要		极重要	
	面积/km²	比例/%	面积/km²	比例/%	面积/km²	比例/%	面积/km²	比例/%
水源涵养功能重要性	—	—	—	—	—	—	344.646 9	20.261 4
土壤保持功能重要性	506.663 1	29.786 2	41.836 5	2.459 5	41.536 8	2.441 9	91.773	5.395 2
生物多样性保护功能重要性	1 257.468 3	73.925 2	—	—	—	—	—	—

3.2.2.2 敏感性评价

水土流失敏感性评价,利用地理信息系统软件,采用自然分界法和定性分析相结合,将水土流失敏感性评价结果在广东省层面分为不敏感、轻度敏感、中度敏感、高度敏感 4 个级别。以珠海市范围内的评价结果进行统计分析,珠海市水土流失敏感性评价结果见表 3-8。

表 3-8　珠海市水土流失敏感性评价结果

评价项目	不敏感		轻度敏感		中度敏感		高度敏感	
	面积/km²	比例/%	面积/km²	比例/%	面积/km²	比例/%	面积/km²	比例/%
水土流失敏感性	123	7.23	45	2.65	376	22.10	47	2.76

石漠化敏感性评价,利用地理信息系统软件,采用自然分界法和定性分析相结合,将石漠化敏感性评价结果在广东省层面分为不敏感、轻度敏感、中度敏感、高度敏感、极敏感 5 个级别。以珠海市范围内的评价结果进行统计分析,珠海市石漠化敏感性评价结果见表 3-9。

表 3-9　珠海市石漠化敏感性评价结果

评价项目	不敏感		轻度敏感		中度敏感		高度敏感		极敏感	
	面积/km²	比例/%	面积/km²	比例/%	面积/km²	比例/%	面积/km²	比例/%	面积/km²	比例/%
石漠化敏感性	1 080	63.49	11	0.65	13	0.76	21	1.23	—	—

土地沙化敏感性评价,利用地理信息系统软件,采用自然分界法和定性分析相结合,将土地沙化敏感性评价结果在广东省层面分为不敏感、轻度敏感、中度敏感、高度敏感、极敏感 5 个级别。以珠海市范围内的评价结果进行统计分析,珠海市土地沙化敏感性评价结果见表 3-10。

表 3-10　珠海市土地沙化敏感性评价结果

评价项目	不敏感		轻度敏感		中度敏感		高度敏感		极敏感	
	面积/km²	比例/%	面积/km²	比例/%	面积/km²	比例/%	面积/km²	比例/%	面积/km²	比例/%
土地沙化敏感性	346	20.34	625	36.74	—	—	—	—	—	—

3.2.3　生态系统重要区识别

3.2.3.1　空间叠加

根据空间叠加分析，生态系统服务功能极重要区和生态极敏感区纳入生态评价红线区域，珠海市生态评价红线区域（评价结果）面积为 667.680 5 km^2，占珠海总面积的 39.25%，各区生态评价红线区（评价结果）统计情况见表 3-11。

表 3-11　珠海市生态评价红线区域（评价结果）分乡镇统计

区县	面积/km^2	生态保护红线区（评价结果）	
		红线区面积/km^2	占各区县面积比例/%
香洲区	550.84	182.073 5	33.05
斗门区	674.80	392.133 3	58.11
金湾区	447.60	93.473 6	20.88

3.2.3.2　完整性分析

生态保护重要性评价结果需将评估所得的面积在 1 km^2 以下的独立斑块删除，减少红线区的破碎化程度。扣除碎斑后，珠海市生态评价红线区域（扣除碎斑）面积为 663.935 2 km^2，占总面积的 39.03%，具体见表 3-12。

表 3-12　珠海市生态评价红线区域（扣除碎斑）分乡镇统计

区县	面积/km^2	生态保护红线区（评价结果）	
		红线区面积/km^2	占各区县面积比例/%
香洲区	550.84	178.453 2	32.40
斗门区	674.8	392.070 8	58.101
金湾区	447.6	93.411 1	20.87

3.2.3.3　评价结果空间落地

（1）用地现状

在上述技术处理的基础上，结合珠海市土地利用现状，分析生态评价红线区域内各类土地利用类型分布，统计红线区内土地利用情况见表 3-13。

表 3-13 珠海市生态评价红线区域内土地利用情况统计

序号	地类名称	占红线区面积/km²	占红线区面积比例/%
1	水田	52.276 4	7.873 7
2	水浇地	8.707 3	1.311 5
3	旱地	11.320 7	1.705 1
4	果园	36.169 1	5.447 7
5	茶园	0.006 1	0.000 9
6	其他园地	4.194 9	0.631 8
7	有林地	198.395 4	29.881 7
8	灌木林地	12.973 3	1.954 0
9	其他林地	18.365 4	2.766 1
10	天然牧草地	0.005 3	0.000 8
11	其他草地	4.424 5	0.666 4
12	铁路用地	0.228 5	0.034 4
13	公路用地	12.002 7	1.807 8
14	农村道路	0.136 3	0.020 5
15	港口码头用地	0.075 0	0.011 3
16	河流水面	13.853 7	2.086 6
17	水库水面	10.288 2	1.549 6
18	坑塘水面	103.948 4	15.656 4
19	沿海滩涂	0.061 0	0.009 2
20	内陆滩涂	0.798 2	0.120 2
21	沟渠	10.997 8	1.656 5
22	水工建筑用地	2.570 3	0.387 1
23	设施农用地	0.718 2	0.108 2
24	裸地	23.163 8	3.488 9
25	城市	48.744 3	7.341 7
26	建制镇	74.037 3	11.151 3
27	村庄	11.964 2	1.802 0
28	采矿用地	2.248 6	0.338 7
29	风景名胜及特殊用地	1.260 4	0.189 8
	合计	663.935 2	100

（2）用地分析

基于珠海市土地利用现状，采用地理信息系统软件对生态评价红线区域（扣除碎斑）进行叠加分析与综合制图，预留珠海市未来发展所需的建设用地、耕地、园地，实现生态保护红线空间落地。通过落地分析后，生态评价红线区域（空间落地）面积为 448.949 8 km²（面积小于 1 km² 的红线斑块不予保留），占总面积的 26.39%，各区红线分布情况统计见表3-14。

表 3-14　珠海市基于评价的生态保护红线（空间落地）分区统计

区县	面积/km²	生态保护红线区（评价结果）	
		红线区面积/km²	占各区县面积比例/%
香洲区	550.84	107.197 214	19.460 6
斗门区	674.8	276.577 618	40.986 6
金湾区	447.6	65.174 951	14.560 9

3.3　生态空间格局构建

3.3.1　景观阻力及廊道适宜性评价

3.3.1.1　景观阻力评价

　　景观格局中景观元素在空间上的分布特征决定了其格局中暗含了某些障碍性或导流性的空间结构，这些结构构成了景观的异质性。景观异质性决定景观对物种的运动、能量的流动以及干扰扩散的阻力。陆域空间景观阻力评价则主要是评价物种在陆域景观空间中做水平运动时所遇到的阻力情况，这是构建陆域生态安全格局所必需的步骤。

　　景观阻力分析的基础数据是阻力层，主要来自土地覆盖类型，本书根据需要引入了高程、坡度、距水源地距离、距建成区距离、距矿产点距离、距道路距离等其他环境因子等作为阻力评分因子。各个阻力层赋予不同的阻力值代表物种通过该景观单元时的难易程度，最后根据各因子对生物体扩散过程的权重进行叠加以此反映物种景观连接度状况。根据专家评分，对珠海市陆域范围内景观单元进行赋值评分，评分结果见表 3-15。并运用地理信息系统软件对其进行加权整合处理，得到景观阻力评价图。

表 3-15　景观阻力影响因子赋值评分

影响因子	权重	分类	打分	分类	打分
土地覆盖类型	0.4	水田	40	河流水面	20
		水浇地	50	水库水面	100
		旱地	40	坑塘水面	20
		果园	20	沿海滩涂	40
		茶园	20	内陆滩涂	30
		其他园地	20	沟渠	60
		有林地	0	水工建筑用地	200
		灌木林地	0	设施农用地	100
		其他林地	0	裸地	50

影响因子	权重	分类	打分	分类	打分
土地覆盖类型	0.4	天然牧草地	200	城市	500
		其他草地	20	建制镇	300
		铁路用地	300	村庄	60
		公路用地	200	采矿用地	200
		农村道路	50	风景名胜及特殊用地	20
		港口码头用地	500		
高程/m		0~150	0	450~600	30
		150~300	10	>600	60
		300~450	20		
坡度/%	0.1	0~5	0	25~35	30
		5~15	10	>35	60
		15~25	20		
距水源地距离/m	0.1	0~400	10	1 200~1 600	20
		400~800	10	1 600~2 000	30
		800~1 200	20	>2 000	40
距建成区距离/m	0.2	0~250	50	750~1 000	20
		250~500	40	>1 000	10
		500~750	30		
距矿产点距离/m	0.1	0~250	50	750~1000	20
		250~500	40	>1000	10
		500~750	30		
距道路距离/m	0.1	0~200	80	600~800	30
		200~400	60	>800	10
		400~600	40		

3.3.1.2 廊道适宜性评价

建构陆域生态保护空间格局需要确定核心生境斑块作为格局中生境条件最好的区域，而廊道适宜性评价便是在景观阻力评价基础之上综合分析物种在斑块间迁徙运动的成本大小，根据分析结果选取成本最小的阈值建构生态廊道。

景观格局中的核心生境斑块即是景观生态学"源-汇"模型中的"源"及马里兰绿色基础设施方法"Hub-Corridor"（网络中心-连接廊道）模型中的"Hub"。以往选取核心生境斑块的方法对数据类型要求过多，难以满足。并且，以往方法选取的生境斑块多数没有受到法律强制保护。这对于加强陆域生态保护空间格局是不利的。对此，本书将生态红线区作为生境保护核心斑块，可避免以上问题。生态红线区域本身是多类生态数据综合求得，并且红线区域受法律法规保护，这对于加强陆域生态空间的保护具有重要作用。

运用华盛顿野生生物生境连接工作小组开发的"Linkage-Mapper"技术，以景观阻力评价数据与生境斑块数据作为基本数据进行分析，可得到廊道适宜评价图，并根据该数据进一步提取生成连接各生境斑块的廊道图。

3.3.2　陆域生态保护空间格局构建

马里兰绿色基础设施主要由"Hub"与"Corridor"构成，前者作为生态保护的核心区域大多孤立地分布在格局之中，而后者则作为满足物种迁徙要求的连接廊道来串联这些核心区域，两者相互联系交织形成生态网路，这便是生态保护空间格局。参照马里兰绿色基础设施构建方法，陆域生态保护空间格局应由"核心生境斑块"（生态保护红线区）与"生态廊道"构成。由此形成整合一体的珠海市陆域生态保护空间格局。

3.3.3　水域自然岸线格局构建

自然岸线经几千年甚至几万年形成，经受起涨落潮、烈日、台风等侵蚀，自然地具有了极为特殊的生态意义。自然岸线的破坏与滩涂的利用，使湿地生境大量丧失，导致潮间带生物多样性、栖息密度及生物量明显下降，海岸带生态系统日趋脆弱。而以往为了单纯的经济利益进行的围海围湖造田、海岸线固化、滩涂地占用、河流取直固化等人工建设，不但会引起自然灾害，而且也会使红树林、珊瑚、鱼类等珍贵的生态资源消失。

作为我国南端的滨海城市，珠海市自然岸线保护任务十分艰巨。珠海地处珠江入海口，同时拥有海洋海岛岸线与江河湖泊岸线，自然岸线资源丰富。项目根据珠海实际情况，选取尚未开放的自然岸线及海岛区域，并在此基础上划定 100 m 缓冲带，并从选取区域及缓冲带区域中扣除已建设用地，作为珠海市水域自然岸线格局。

3.4　空间管控主要任务

3.4.1　加快建设主体功能区

全面实施国家、广东省主体功能区战略，将涉及珠海市的优化开发区域进一步细分为提升完善区、集聚发展区和生态发展区，并对禁止开发区域进行细化和补充，以资源承载能力和环境容量为基础进行有序开发。珠海市主体功能区类型见表 3-16。

表 3-16 珠海市主体功能区类型

主体功能区类型	范围		亚类 (面积/km², 占全市比重/%)	面积/km² (全市比重/%)
提升完善区	东部香洲片区	香洲主城区、南屏镇	都市功能提升区 (118.03，6.90%)	172.12 (10.07%)
	西部井岸片区	井岸镇	城镇功能完善区 (54.09，3.16%)	
集聚发展区	北部唐家湾片区	唐家湾镇	都市高端产业集聚区 (494.30，28.89%)	621.31 (36.31%)
	西部斗门工业片区	乾务镇、斗门镇		
	南部临海片区	横琴新区、南水镇、三灶镇		
		红旗镇、白蕉镇	城镇商务服务业集聚区 (127.01，7.42%)	
生态发展区	斗门北部片区	莲洲镇	特色产业发展区 (192.77，11.26%)	450.50 (26.31%)
	西部平沙片区	平沙镇		
	海岛片区	担杆镇、桂山镇、万山镇		
	斗门北部片区	全市基本农田和优质耕地	生态农业发展区 (257.73，15.06%)	
	西部乾务、平沙片区			
	磨刀门片区			
禁止开发区	各级自然保护区、森林公园、重要水源地、重要湿地，以及其余陆地海拔 25 m 等高线以上山体		—	467.27 (27.31%)

注：提升完善区、集聚发展区和生态发展区（特色产业发展区）面积并非完整的镇域面积，其中剔除了生态发展区（生态农业发展区）和禁止开发区面积。

3.4.1.1 优化疏解提升完善区

提升完善区分为东部香洲片区和西部井岸片区两个片区，区域面积 172.12 km²，占全市总面积的 10.07%。其中，都市功能提升区包括香洲主城区和南屏镇，区域面积 118.03 km²，占全市总面积的 6.90%；城镇功能完善区指井岸镇，面积为 54.09 km²，占全市总面积的 3.16%。区域内实行更加严格的环境标准，加强政府环境监管和环境执法；率先探索与市场手段相结合的环境管理模式，如试行排污权交易等；坚决淘汰高能耗、低产出、污染重的工业；保障城市污水处理设施、生活垃圾无害化处理设施、工业废物处理设施和医疗废物处理设施的建设和维护。

3.4.1.2 合理开发聚集发展区

集聚发展区分为北部唐家湾片区、西部斗门工业片区和南部临海片区三个片区，区域面积 621.31 km²，占全市总面积的 36.31%。区域内加强新建项目和工程的环境影响评价和环境风险防范；加强建设项目环境管理，建立和完善环境准入、环境淘汰和排污许可证制度，严格控制新的污染源；充分考虑建设项目和区域开发、改造噪声源对周围生活环境的影响；加大环境保护基础设施的建设力度和覆盖范围，重点保障新增项目的环保设施设备，并根据人口增长预测，配置相应标准的污水处理设施和固体废物处理设施。

3.4.1.3 有效保育生态发展区

生态发展区主要由西部乾务和平沙片区、斗门北部片区、海岛片区以及磨刀门片区组成，区域面积 450.50 km^2，占全市总面积的 26.31%。区域内结合地方资源特点，推动生态产业发展。提高产业准入门槛，重点控制环境准入指标；加强建设项目环境管理；加大环境保护基础设施的建设力度和覆盖范围，根据城镇发展与生态产业的建设，配置相应标准的污水处理设施和固体废物处理设施。

3.4.1.4 严格保护禁止开发区

禁止开发区面积 467.27 km^2，占全市总面积的 27.31%，主要包括全市各级自然保护区、森林公园、风景名胜区、重要水源地、重要湿地及其余陆地海拔 25 m 等高线以上的山体。区域内重点加强生态修复和保育；提高森林覆盖率，培育以乡土树种为主的风景林和生态公益林；恢复被破坏的全裸或半裸光头山的水源涵养植被，有效控制水土流失。

表 3-17 为珠海市各区主体功能定位。

表 3-17 珠海市各区主体功能定位

区名	主体功能
香洲区	提升完善
斗门区	集聚发展
金湾区	集聚发展
横琴新区	集聚发展
高新技术开发区（主园区）	集聚发展
高栏港经济区	集聚发展
万山海洋开发试验区	生态发展（特色产业发展）
保税区	提升完善

注：①各区主体功能定位仅分为提升完善、集聚发展和生态发展（特色产业发展）三类，禁止开发和生态发展（生态农业发展）功能不在本表之列；②香洲区不含横琴新区、高新技术开发区（主园区）、保税区和万山海洋开发试验区；③金湾区不含高栏港经济区。

3.4.2 强化陆海生态空间硬约束

为保障珠海市生态区域的功能连通性、结构完整性和服务持续性，构建"四横五纵"

的生态廊道体系，形成由"源、节点、廊道、管控区"组成，以重要生态区域为基底的珠海市生态安全格局和自然岸线格局，强化生态空间对城市空间结构和布局的硬约束。

3.4.2.1 保护重要生态区域

珠海市重要生态区域包括自然保护区、饮用水水源保护区、森林公园、湿地公园等《珠海市主体功能区规划》中所规定的禁止开发区及生态保护重要区。各区严格遵守《中华人民共和国自然保护区条例》《森林公园管理条例》《广东省林地保护管理条例》等相关法规；实行强制保护，严格控制人为因素对自然生态的干扰，严禁不符合禁止开发区域功能的开发活动。实行分区环境质量控制标准，环境质量控制标准是否达标以镇为单位定期考核；由市环保部门定期监测环境质量指标数据，并按分区环境质量控制标准对各镇考核与评估。

表 3-18 为珠海市禁止开发区清单，图 3-4 为珠海市生态保护重要区示意。

表 3-18　珠海市禁止开发区清单

序号	名称	位置/类型	级别	面积/km²
一、自然保护区				
1	珠江口中华白海豚国家级自然保护区	海域	国家级	460.000
2	淇澳—担杆岛省级自然保护区	香洲区	省级	73.740
3	凤凰山自然保护区	香洲区	市级	8.070
4	竹洲岛水松林保护区	斗门区	市级	0.240
5	黄杨山自然保护区	斗门区	市级	16.350
6	庙湾珊瑚市级自然保护区	香洲区	市级	3.650
7	万山群岛自然保护区	香洲区	市级	22.070
8	斗门竹篙岭自然保护区	斗门区	县级	4.600
9	斗门锅盖栋自然保护区	斗门区	县级	14.250
二、森林公园				
1	尖峰山森林公园	斗门区	省级	1.710
2	板障山森林公园	香洲区	市级	4.650
3	拦浪山森林公园	金湾区	市级	25.300
4	凤凰山森林公园	香洲区	市级	8.070
5	黄杨山森林公园	斗门区	市级	10.000
6	拱北将军山市民公园	香洲区	区级	1.170
三、湿地公园				
1	黄杨河华发水郡省级湿地公园	斗门区	省级	0.600
2	淇澳红树林湿地公园	高新技术开发区	市级	3.630
四、饮用水水源保护区				
1	广昌泵站饮用水水源保护区	河流型	一级	2.280
2	平岗泵站饮用水水源保护区	河流型	一级	2.200
3	竹洲头泵站饮用水水源保护区	河流型	一级	1.180
4	黄杨泵站饮用水水源保护区	河流型	一级	0.929

序号	名称	位置/类型	级别	面积/km²
5	南门泵站饮用水水源保护区	河流型	一级	0.748
6	大镜山水库	水库型	一级	0.259
7	梅溪水库	水库型	一级	1.173
8	南屏水库	水库型	一级	2.391
9	竹仙洞水库	水库型	一级	1.984
10	银坑水库	水库型	一级	0.377
11	蛇地坑水库	水库型	一级	2.008
12	吉大水库	水库型	一级	0.800
13	青年水库	水库型	一级	2.252
14	坑尾水库	水库型	一级	1.596
15	正坑水库	水库型	一级	0.585
16	红旗村水库	水库型	一级	0.173
17	杨寮水库	水库型	一级	0.210
18	乾务水库	水库型	一级	0.664
19	龙井水库	水库型	一级	4.618
20	缯坑水库	水库型	一级	1.656
21	竹银水库	水库型	一级	0.158
22	西坑水库	水库型	一级	0.874
23	南山水库	水库型	一级	2.860
24	先锋岭水库	水库型	一级	2.263
25	白水寨水库	水库型	一级	1.348
26	南新水库	水库型	一级	0.961
27	木头冲水库	水库型	一级	3.107
28	黄绿背水库	水库型	一级	1.041
29	爱国水库	水库型	一级	0.734
30	大万山旧水坑水库	水库型	一级	0.002

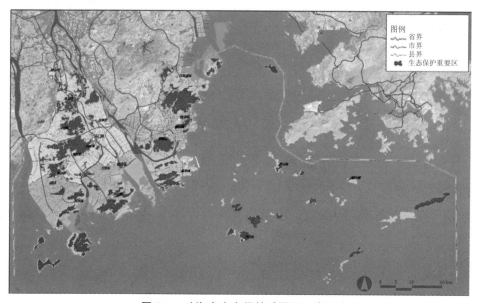

图 3-4　珠海市生态保护重要区示意图

3.4.2.2 构建"四横五纵"生态廊道

以自然保护区等禁止开发区为生态源、以生态保护重要区为生态节点，构建包含陆域生态廊道和水域生态廊道的珠海市生态廊道体系，保障区域生态安全，优化城市国土空间。本书划定的"四横五纵"生态廊道体系，具体包括：四横，北部山区生态屏障走廊、中部山区生态安全走廊、中南部城市生态保护走廊、南部生态海岸带生态走廊；五纵，东部磨刀门水道生态走廊、中东部城市生态缓冲通道，中部黄杨河、鸡啼门水道生态走廊，中西部山区生态核心通道，西部虎跳门、崖门水道、黄茅海沿岸生态走廊（图 3-5）。

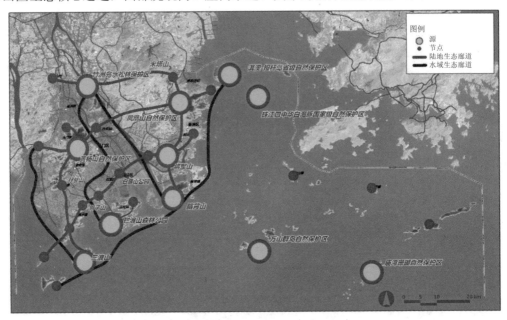

图 3-5　珠海市生态廊道体系示意

将重要生态区域、自然山体、生态绿地进行有机连接，加快陆域生态廊道建设，构建生态安全格局，确保区域生态安全。坚持区域生态建设一体化，推动与中山市共建北部山区、中部山区生态安全走廊，筑牢珠海市生态安全屏障。加强自然保护区等禁止开发区建设，开展功能分区，保护生物多样性，提升生态环境质量。合理开发、集约利用、有效保护河湖海岸线稀缺资源，加快水域生态廊道建设，构建自然岸线格局。严格保护集中式饮用水水源地、重要江心岛、海岛和沿河、沿海湿地等生态岸线，正确处理好河海通道建设、沿岸产业、港口开发及自然生态岸线利用的关系。合理确定港口、产业、生活和自然生态保护岸线的范围，实现沿河、沿海岸线的均衡利用。

3.4.2.3 划定并严守生态保护红线

划定并严守生态保护红线是落实国家生态文明建设战略的迫切需要，也是实施《环境保护法》的强制性要求。依据国家生态保护红线划定技术规范，考虑广东省严格管控区相关要求，结合珠海市实际，在重要生态区域、生态廊道、节点识别的基础上，考虑区域生态安全维护和生态功能保护，划定珠海市生态保护红线，并落实到具体地块。到 2016 年年底，完成珠海市生态保护红线区空间方案，到 2017 年年底，完成生态保护红线勘界工作，明确所有保护对象的空间地块边界。

建立生态保护红线管控制度。红线区内实施严格的生态用地性质管制，禁止规模化城镇建设、工业生产和矿产资源开发等改变区域生态系统现状的生产经营活动，确保各类生态用地性质不转换、生态功能不降低、空间面积不减少。将生态保护红线纳入"五规融合"，作为土地利用总体规划、城市总体规划修编及相关规划编制的基本依据。

建设生态保护红线监管平台。2017 年前，完成生态保护红线本底调查，掌握红线区内生态资产和人为干扰，建立生态保护红线台账系统，作为监管平台的基础数据库。开展红线区生态功能监测，完善监测布局，纳入珠海市生态环境监测网络建设，开展红线区生态功能状况年度评估。开展生态保护建设生态保护红线遥感监测，实时动态监控人为活动。到 2017 年，红线监管平台初步搭建，到 2020 年，红线监管平台正式运行。

建立健全生态保护红线生态补偿政策和绩效考核政策，以生态功能保护为导向创新生态补偿资金分配、使用模式，将绩效考核结果与生态补偿资金、领导干部政绩考核等挂钩。2017 年前，出台生态保护红线区生态补偿办法、绩效考核办法，2020 年前，出台《生态保护红线管理办法》，建成完善的珠海市生态保护红线制度体系。

3.4.3 引导生产生活空间布局

3.4.3.1 推动形成农业发展格局

严格保护耕地生态承载资源，构建以西北部"黄杨山生态绿核"生态农业示范区为核心，以莲洲镇、平沙镇为支点，覆盖斗门、平沙等珠海西部地区的 87 个涉农社区的农业发展格局。协调生态安全格局，将涉及重要生态空间的基本农田划定为永久基本农田，将范围内农田景观作为重要的自然生态景观和环境文化景观予以保护，稳定粮食生产，发展高效生态农业。试点开展耕地生态监测，有效建设农村林地、农田林网等，细化完善农业生态绿道体系，增强生态系统功能。

3.4.3.2 优化城镇建设格局

依据城市重要生态空间科学划定城镇开发边界，优化环境资源承载，优化由"中心城区和横琴新区—新城—中心镇"构成的城市空间结构与产业总体布局，促进产城融合。核算各片区目标达标率下污染源允许排放总量和水环境容量，引导人口和产业相对集中合理分布。实施差别化的市场准入标准，实施耗能、耗水、资源回收率、资源综合利用率、工艺装备、"三废"排放和生态保护等差异化强制性标准。实施森林进城、森林围城工程。严格保护城市内河流，划定河道管理范围，抓紧实施水利工程确权划界。

第4章 环境污染综合防控研究

以环境质量改善为核心,打好大气、水、土壤污染防治三大战役。以保障饮用水安全为重点,统筹开展陆海水污染防治。优先开展臭氧和 VOCs 污染防治,全面提升大气环境质量。以提高工业固体废物综合利用为重点,增强固体废物处置与资源化利用。以提升环境应急、预警能力为中心,构建环境风险防范体系。

4.1 污染物排放情况

4.1.1 工业污染物排放

4.1.1.1 废水排放量

珠海市 2014 年废水排放总量为 23 687.04 万 t,其中 4 936.03 万 t 来自工业排放,18 743.00 万 t 来自城镇生活排放;化学需氧量排放总量为 31 523.08 t,其中 6 137.10 t 来自工业排放,10 734.78 t 来自农业排放,14 651.20 t 来自城镇生活排放;氨氮排放总量为4 421.90 t,其中 516.16 t 来自工业排放,914.30 t 来自农业排放,2 991.00 t 来自城镇生活排放。城镇生活是化学需氧量和氨氮的最主要来源(表 4-1,图 4-1)。

表 4-1 2014 年珠海市废水排放情况汇总

项目	来源	2014 年	2013 年	2012 年
废水排放总量	工业废水/万 t	4 936.03	5 537.88	5 523.96
	城镇生活污水/万 t	18 743.00	17 916.36	15 725.59
	总计/万 t	23 687.04	23 474.85	21 267.47
化学需氧量排放总量	工业 COD/t	6 137.10	6 424.45	6 308.86
	农业 COD/t	10 734.78	10 850.25	11 105.24
	城镇 COD/t	14 651.20	15 395.00	15 361.91
	总计/t	31 523.08	32 945.42	33 071.66

项目	来源	2014 年	2013 年	2012 年
氨氮排放总量	工业氨氮/t	516.16	503.27	605.23
	农业氨氮/t	914.30	939.41	875.70
	城镇生活氨氮/t	2 991.00	3 058.00	2 913.64
	总计/t	4 421.90	4 500.68	4 414.28

数据来源：2014 年珠海市环境统计数据。

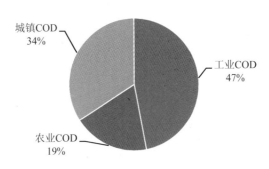

（a）化学需氧量排放量

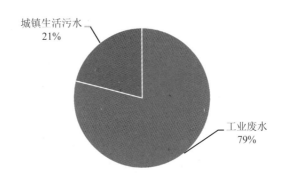

（b）废水排放量

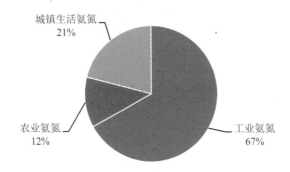

（c）氨氮排放量

图 4-1　2014 年珠海市废水污染物排放情况

数据来源：2014 年珠海市环境统计数据。

如图 4-2 所示，2012—2014 年，废水排放量均有增加，2014 年增加缓慢，其中城镇生活污水排放量增加是废水排放总量增长的主要原因；化学需氧量排放总量略有下降，但各源排放并没有呈连续下降的趋势，其中工业和城镇排放量在 2013 年排放最高；较 2012 年，2014 年城镇和农业氨氮排放量均有增加，由于工业减排，工业氨氮排放量在 2013 年最低。

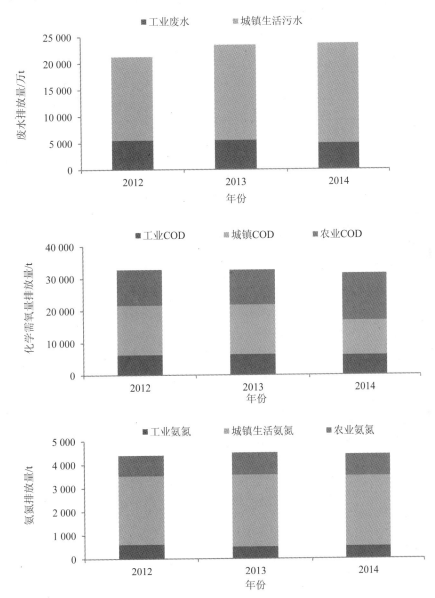

图 4-2　2012—2014 年珠海市废水排放情况

数据来源：2014 年珠海市环境统计数据。

4.1.1.2 废气排放量

2014 年珠海市废气排放总量为 1 693.45 亿 m³，比 2013 年增长 27.56%；二氧化硫排放总量为 30 680.86 t（表 4-2），全部来自工业排放；氮氧化物排放量为 60 029.70 t，其中 43 094.80 t 来自工业排放，16 931.60 t 来自机动车排放，仅有 3.30 t 来自生活排放；烟（粉）尘排放总量为 15 304.06 t，其中 12 971.52 t 来自工业排放，仅有 2 332.54 t 来自机动车排放。图 4-3 为二氧化硫、氮氧化物、烟（粉）尘排放中工业源、机动车排放占比。

表 4-2　2012 年、2013 年和 2014 年珠海市废气排放情况　　　　单位：t

项目	来源	2014 年	2013 年	2012 年
二氧化硫排放量	工业源	30 680.86	22 653.44	30 151.19
	生活源	0	21.42	21.42
	总计	30 680.86	22 674.86	30 172.61
氮氧化物排放总量	工业源	43 094.80	40 932.73	49 545.93
	生活源	3.30	44.40	44.40
	机动车	16 931.60	18 935.68	18 779.8
	总计	60 029.70	59 912.81	68 370.13
烟（粉）尘排放总量	工业源	12 971.52	9 595.20	11 150.47
	生活源	0	3.60	3.60
	机动车	2 332.54	2 572.23	2 588.34
	总计	15 304.06	12 171.03	13 742.41

数据来源：2014 年珠海市环境统计数据。

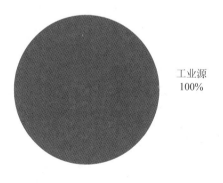

工业源
100%

（a）二氧化硫排放量

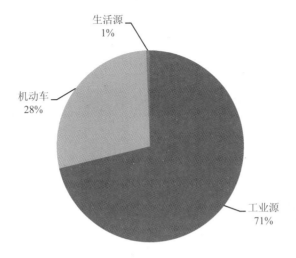

（b）氮氧化物排放量

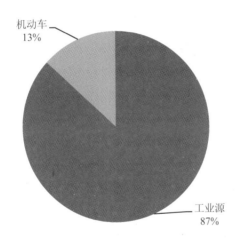

（c）烟（粉）尘排放量

图 4-3 2014 年珠海市大气污染物排放情况

数据来源：2014 年珠海市环境统计数据。

如图 4-4 所示，与 2012 年相比，2013 年废气排放量以及工业二氧化硫、氮氧化物和烟（粉）尘排放量均有明显下降，而 2014 年又有明显回升，这主要是由于工业发展；由于 2013 年机动车保有量的增加，机动车氮氧化物和烟（粉）尘排放量均有明显升高，而 2014 年略有下降，这主要是由于机动车污染物减排措施力度加大；2014 年较 2012 年二氧化硫、氮氧化物和烟（粉）尘的生活源排放均有明显下降，其中二氧化硫和烟（粉）尘 2014 年排放量均为 0。

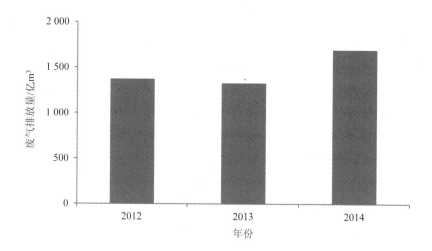

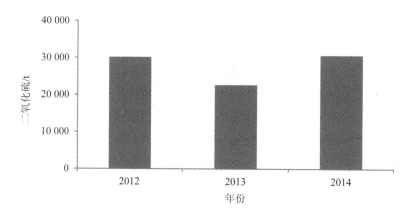

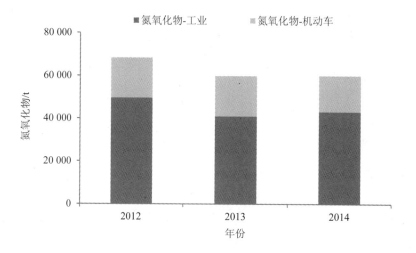

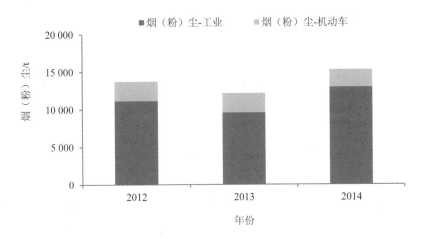

图 4-4　2012 年、2013 年和 2014 年珠海市废气排放情况

数据来源：2014 年珠海市环境统计数据。

4.1.1.3　固体废物产生量

（1）工业固体废物产生量

如表 4-3 所示，2014 年珠海市工业企业固体废物产生量 295.15 万 t，其中一般工业固体废物产生量为 284.63 万 t，危险废物产生量 10.52 万 t，比 2013 年增加 7.65%。工业固体废物综合利用量 273.35 万 t，综合利用率为 92.61%，处理量 2 179 万 t，利用处置率 100%，其中一般工业固体废物综合利用量为 270.09 万 t，处理量为 14.53 万 t，危险废物综合利用量 3.26 万 t，处置量 7.26 万 t。

表 4-3　2014 年珠海市固体废物排放情况

一般工业固体废物			危险废物		
指标名称	单位	2014 年	指标名称	单位	2014 年
产生量	万 t	284.63	产生量	t	105 190.86
综合利用量	万 t	270.09	综合利用量	t	32 561.08
处置量	万 t	14.53	处置量	t	72 629.77
贮存量	万 t	0	贮存量	t	0
倾倒丢弃量	万 t	0	倾倒丢弃量	t	0

数据来源：2014 年珠海市环境统计数据。

2014 年全市主要工业固体废物产生量居前 5 位的企业分别为：珠海粤裕丰钢铁有限公司、广东省粤电集团有限公司珠海发电厂、广东珠海金湾发电有限公司、珠海华丰纸业有限公司、珠海格力电器股份有限公司龙山精密机械制造分公司。

2014 年全市产生量居前 5 位的工业危险废物种类分别为含铜废物、表面处理废物、焚烧处置残渣、废酸、废矿物油。危险废物产生量居前 5 位企业分别为：长兴化学材料（珠海）有限公司、德丽科技（珠海）有限公司、白井电子科技（珠海）有限公司、珠海超毅实业有限公司、珠海紫翔电子科技有限公司龙山分公司。

珠海市工业固体废物产生量 2006—2014 年呈现波动上升的趋势（图 4-5），一般工业固体废物呈波动上升，而工业危险废物呈现持续上升的趋势。工业固体废物综合利用率从 2007—2013 年持续下降，2014 年较 2013 年略有上升。工业固体废物处置率均实现 100%（表 4-4）。

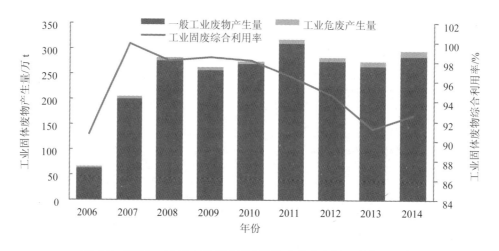

图 4-5　2006—2014 年珠海市工业固体废物产生量及综合利用率

数据来源：珠海市 2006—2014 年环境质量报告书。

表 4-4　2006—2014 年珠海市固体废物产生量变化情况

年份	一般工业废物/万 t	工业危废产生量/万 t	工业固废产生量/万 t	工业危废综合利用量/万 t	工业危废处置量/万 t	工业固废综合利用率/%	处置率/%
2006	63.28	3.24	66.52	1.96	1.28	90.6	100
2007	199.97	4.62	204.59	2.63	1.93	99.94	100
2008	276.51	5.13	281.64	3.46	1.75	98.21	100
2009	257.2	5.16	262.36	3.77	1.38	98.53	100
2010	268.6	6.35	274.95	4.6	1.74	98.21	100
2011	309.64	7.59	317.23	4.67	2.93	96.53	100
2012	273.82	9.12	282.94	3.93	5.2	94.65	100
2013	264.69	9.48	274.17	4.46	5.02	91.23	100
2014	284.63	10.52	295.15	3.26	7.26	92.61	100

数据来源：珠海市 2006—2014 年环境质量报告书。

（2）城市生活垃圾产生量

2014 年，珠海市城市生活垃圾产生量为 80.16 万 t（表 4-5）。无害化处置总量为
80.16 万 t，处置率为 100%。城市生活垃圾主要采用焚烧和填埋两种处理方式处理，以填
埋为主。其中焚烧处理量 21.29 万 t，焚烧处理占清运总量率 26.56%（图 4-6）；卫生填埋
处理量 58.87 万 t，卫生填埋占清运总量的 73.44%。目前，全市使用西坑尾垃圾填埋场、
垃圾焚烧发电厂两个生活垃圾处理场（厂）处理生活垃圾。

表 4-5　2007—2014 年珠海市生活垃圾产生量及处理率

年份	产生量/万 t	处置率/%		
		焚烧	填埋	总计
2014	80.16	26.56	73.44	100.00
2013	66.63	28.26	71.74	100.00
2012	60.53	34.54	65.45	100.00
2011	60.70	31.33	68.67	100.00
2010	62.54	7.13	85.21	100.00
2009	59.84	—	—	87.18
2008	57.70	—	—	86.71
2007	55.46	—	—	64.06

数据来源：珠海市 2007—2014 年固体废物污染防治信息公告。

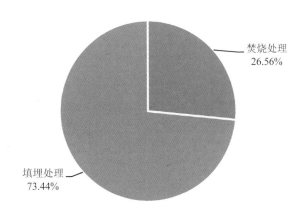

图 4-6　2014 年珠海市城市生活垃圾处理处置情况

数据来源：2014 年度珠海市固体废物污染防治信息公告。

2007—2014 年，珠海市城市生活垃圾产生量持续上升，处置率已于 2010 年实现 100%，
其中填埋处置率持续上升，填埋为珠海市垃圾处理的主要方式。

（3）污泥产生量

2014年，珠海市污泥产生量为8.43万t（表4-6），处置率为100%。截至2014年，珠海市共有城镇污水处理厂13家，分布于香洲区4家、金湾区1家、斗门区3家、高新区1家、高栏港区2家、万山海洋开发区1家、富山工业园区1家。从近3年污泥处置来看，已从以前的以焚烧和填埋为主转为以建筑材料重复利用为主。

表4-6 2010—2014年珠海市污泥产生量及处置量　　　　单位：万t

年份	污泥产生量	污泥处置量				
		总计	土地利用量	填埋处置量	建筑材料利用量	焚烧
2014	8.43	8.43	0.62	0.81	4.51	2.48
2013	7.98	7.98	0	1.68	1.82	4.49
2012	9.08	9.08	0	3.16	0	5.91
2011	8.40	8.40	—	—	—	—
2010	7.4	7.4	—	—	—	—

数据来源：珠海市2010—2014年固体废物污染防治信息公告。

（4）医疗废物产生量

2014年，珠海市医疗废物产生量为0.17万t（表4-7），经珠海市珠城市容环卫综合服务有限公司收集单位收集医疗废物后，交医疗废物焚烧厂焚烧处置，处置率为100%。2007—2014年，珠海市医疗废物产生量持续上升，处置率均达100%。

表4-7 2007—2014年珠海市医疗废物产生量　　　　单位：万t

年份	2014	2013	2012	2011	2010	2009	2008	2007
产生量	0.17	0.15	0.15	0.13	0.13	0.12	0.10	0.09

数据来源：珠海市2007—2014年固体废物污染防治信息公告。

4.1.1.4 核与辐射安全

珠海市目前有核技术应用单位132家。全市现有放射源使用单位26家，主要开展教育、医疗、测控、探伤等行业，实际持有密封放射源174枚（Ⅰ类：1枚；Ⅱ类：4枚；Ⅲ类3枚；Ⅳ类66枚；Ⅴ类100枚），实际使用非密封放射性物质场所乙级4个、丙级1个。现有使用射线装置的单位106家，主要开展医疗（X射线、CT）、荧光分析、测控等行业，全市共有各类射线装置400多台。

4.1.2　农业面源污染

4.1.2.1　种植业

2014 年，珠海市农作物播种面积约 17 186.67 hm²。农业的集约化经营，化肥农药的大面积使用，不仅破坏了土壤生态系统，而且伴随地下水渗入水环境。人工拦海影响了河流三角洲的涨潮落潮，陆地积蓄的营养物质会在短期内向海洋释放，造成水体富营养化。2014 年，总氮、总磷和氨氮流失量分别为 602.34 t、60.78 t 和 95.61 t。

4.1.2.2　养殖业

（1）畜禽养殖业

随着畜禽养殖业的发展，养殖业所产生的污水、畜禽粪便等会通过水体、土壤等进入环境，对环境产生污染。从图 4-7 可以看出，养殖专业户排放的污染物最多。从珠海市 2014 年农业污染数据（表 4-8）可以看出，生猪养殖是产生农业面源污染的主要畜禽种类，化学需氧量、总氮和氨氮排放主要来自养殖户，总磷排放主要来自规模化养殖场/小区。

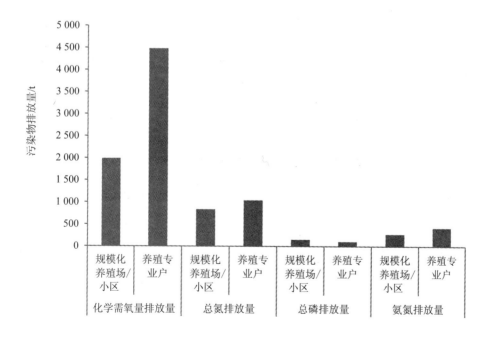

图 4-7　2014 年珠海市畜禽养殖业污染物排放量

数据来源：2014 年珠海市环境统计数据。

表 4-8　2014 年珠海市畜禽养殖业污染排放及处理情况

畜禽种类		合计	生猪	奶牛	肉牛	蛋鸡	肉鸡
规模化养殖场/小区	饲养量/万头（万羽）	—	26.43	0.15	0	71.7	278.09
	污染物排放量/t 化学需氧量	1 991.55	1 416.10	30.35	0	116.07	429.03
	总氮	838.26	544.23	120.61	0	111.30	62.11
	总磷	153.39	85.54	20.33	0	26.87	20.65
	氨氮	275.83	246.66	0.32	0	8.19	20.65
养殖专业户	饲养量/万头（万羽）	—	38.720 1	0.181 4	0.012	18.92	182.71
	污染物排放量/t 化学需氧量	4 482.691 3	3 517.335 5	425.020 2	0	80.007 6	460.328
	总氮	1 042.972	898.833 9	88.535 4	2.414 7	12.261 5	40.926 5
	总磷	108.575 1	82.644 4	6.666 6	0.158 4	3.027 5	16.078 2
	氨氮	417.967 7	403.131 6	3.463 8	0	3.339 3	8.033

数据来源：2014 年珠海市环境统计数据。

2014 年，珠海市关闭了禁养区内的规模化养猪场 31 家，清理散养户超过 100 户，目前只有香洲区基本完成清养工作。在规模化养殖场畜禽粪污综合治理与利用方面，斗门区所有出栏量 1 000 头以上规模化生猪养殖场和所有规模化养鸡场已建成废弃物贮存处理利用设施，斗门区和高新区规模化畜禽养殖粪便综合利用率已达 95%以上。

（2）水产养殖业

珠海的水产养殖业很发达，大量的饲料投放水体中，污染水体，导致水体富营养化，排到河道中，导致湿地生态系统结构和功能退化。例如，"围海造田"等工程用来进行水产养殖，则基塘中大量有机质和氮、磷、钾等营养物质，随退潮流入海中，使沿海的藻类植物过度繁殖，出现"赤潮"现象，产生有毒物质，威胁到海洋生物的生存，使鱼虾贝类大量死亡。

近 3 年珠海市水产养殖业面积逐年下降，2014 年水产养殖面积为 399 400 亩（表 4-9），比 2012 年下降了 23.43%。从 2012 年以海水养殖面积大于淡水养殖面积转为 2013 年淡水养殖面积大于海水养殖面积，从水产品产量来看，淡水养殖产量更高，珠海市以淡水养殖产量为主，海水和淡水捕捞逐年下降。

表 4-9　珠海水产养殖面积和产量

指标	2012 年	2013 年	2014 年
水产养殖面积/亩	521 640	446 835	399 400
其中：海水养殖	275 400	217 605	—
淡水养殖	246 240	229 230	—
水产品产量/t	240 025	274 635	281 500
其中：海洋捕捞	11 287	11 045	10 900
海水养殖	28 852	31 782	32 000
淡水捕捞	1 964	1 864	1 800
淡水养殖	197 922	229 944	236 700

数据来源：珠海市年鉴（2015）。

近 3 年水产养殖业污染物排放量没有变化，化学需氧量、总氮、总磷和氨氮排放量分别为 4 260.54 t、518.98 t、97.25 t 和 124.89 t（表 4-10）。

表 4-10　2014 年珠海市水产养殖业污染排放情况　　　　　　　　　　单位：t

指标	排放量	指标	排放量
化学需氧量	4 260.54	总磷	97.25
总氮	518.98	氨氮	124.89

数据来源：2014 年珠海市环境统计数据。

总的来看，来自畜禽养殖业的化学需氧量、总氮、总磷和氨氮排放量比例在逐渐增加，水产养殖业是氨氮的主要排放源（图 4-8）。2012—2014 年珠海市主要农业面源污染物情况见表 4-11，各行业污染物排放情况见表 4-12。

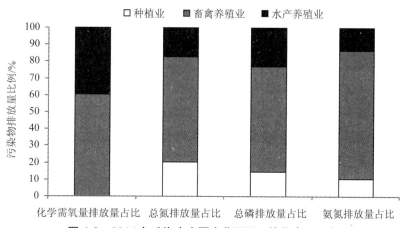

图 4-8　2014 年珠海市主要农业面源污染物来源分布

数据来源：2014 年珠海市环境统计数据。

表 4-11　2012—2014 年珠海市主要农业面源污染情况　　　　　　　　　单位：t

污染物排放量	农业	2014 年	2013 年	2012 年
化学需氧量	畜禽养殖业	6 474.24	6 589.72	6 844.70
	水产养殖业	4 260.54	—	—
总氮	畜禽养殖业	1 881.23	1 777.20	1 914.39
	水产养殖业	518.98	—	—
总磷	畜禽养殖业	261.97	184.95	243.82
	水产养殖业	97.25	97.25	97.25
氨氮	畜禽养殖业	693.80	718.90	655.19
	水产养殖业	124.89	—	—

数据来源：2014 年、2013 年和 2012 年珠海市环境统计数据。

表 4-12　2012—2014 年珠海市分行业农业面源污染情况　　　　　　　　单位：t

农业	指标		2014 年	2013 年	2012 年
种植业	总氮流失量		602.34	—	—
	总磷流失量		60.78	—	—
	氨氮流失量		95.61	—	—
畜禽养殖业	化学需氧量排放量	规模化养殖场/小区	1 991.55	2 059.57	2 532.87
		养殖专业户	4 482.69	4 530.15	4 311.83
	总氮排放量	规模化养殖场/小区	838.26	724.31	1 001.55
		养殖专业户	1 042.97	1 052.89	912.84
	总磷排放量	规模化养殖场/小区	153.39	77.07	144.8
		养殖专业户	108.57	107.88	99.02
	氨氮排放量	规模化养殖场/小区	275.83	468.58	403.14
		养殖专业户	417.97	250.32	252.05
水产养殖业	化学需氧量排放量		4 260.54	—	—
	总氮排放量		518.98	—	—
	总磷排放量		97.25	—	—
	氨氮排放量		124.89	—	—

数据来源：2014 年、2013 年和 2012 年珠海市环境统计数据。

4.2　环境问题及成因

4.2.1　环境关键问题

4.2.1.1　河道水体污染问题依然存在

（1）跨界河流前山河水质有待提升

从 2013 年开始，前山河流域整体水质呈上升趋势，由劣Ⅳ类上升为Ⅳ类水，前山河上游水体（洪湾涌）接近Ⅲ类标准，但跨界区南沙湾断面水质在近年来有所下降，从 2013 年开始由Ⅲ类水降为Ⅳ类水。

从前山河三个监测断面的近 3 年监测数据来看，前山河流域水污染治理初显成效，前山码头和石角咀水闸两个监测断面处氨氮和总磷浓度均值年降幅约 5%，但南沙湾处氨氮浓度略有上升。近 3 年各个监测断面处的高锰酸盐指数和化学需氧量均有明显升高，前山码头和石角咀水闸断面处化学需氧量甚至超过了 20 mg/L（表 4-13）；前山河下游水体溶解氧较低。

表 4-13　2011—2013 年珠海市前山河监测断面监测数据　　　　　　　单位：mg/L

断面	年份	溶解氧	高锰酸盐指数	化学需氧量	生化需氧量	氨氮	总磷
Ⅲ类水质标准（GB 3838—2002）		≥5	≤6	≤20	≤4	≤1	≤0.2
两河汇合口（南沙湾）	2011	5.3	3.6	19	3.3	1.014	0.23
	2012	5.5	3.6	17	3.5	0.672	0.23
	2013	5.4	3.7	15	3.4	0.873	0.14
前山码头	2011	4.3	3.7	17	3.2	1.309	0.254
	2012	4.5	3.8	17	3.4	0.9	0.235
	2013	4.4	4.5	23	4.3	0.81	0.18
石角咀水闸	2011	4.4	3.9	17	3.1	1.263	0.204
	2012	4.6	4	15	3.1	0.919	0.129
	2013	4.5	4.5	22	4.1	0.871	0.12

数据来源：珠海市 2011—2013 年河流水质监测结果统计表。

（2）海水倒灌、咸潮侵袭威胁饮用水安全

珠海位于珠江出海口西岸，而临南海。受气候变化、海平面上升和上游来水的影响，近年来咸潮上溯范围扩大、时间延长，珠海接连发生严重咸潮，极大地威胁到澳门、珠海两地的供水安全。每年 10 月至次年 3 月海水倒灌、咸潮侵袭，珠海位于西江最下游，境内主要取水口都受到咸潮影响。由于上游来水回落等因素影响，咸潮逼近取水口挂定角和广昌泵站，直逼联石湾水闸，受咸潮影响，只能间歇取水。2015 年 12 月以来，监测显示，挂定角取水口含氯度达标率为 73.6%，最长连续超标 71 h；广昌泵站取水口含氯度达标率为 83.9%，连续超标 49 h。珠海每天还向澳门供应数十万立方米淡水，海水倒灌同样使澳门面临无自来水供应，一连串城市会陷入缺水境地。

在一般年份，0.5‰的咸潮线在化龙—小涌口—灯笼山—黄冲一带；大旱年时，0.5‰的咸潮线上移至广州番禺沙湾—中山市张家边—竹排沙尾—江门市石咀一带。在平水年时，咸潮一般入侵至内伶仃岛、磨刀门外海区和黄茅海湾口；0.25‰的咸潮界线在虎门东江北干流出口、磨刀门水道灯笼山等地；1‰的咸潮界线至虎门大虎、南沙等地。在大旱年份，

0.25‰的咸潮线可达西航道、沙湾水道的三善沼等地；1‰的咸潮界线可至虎门黄埔以上、沙湾水道下段等地。与平水年相比，含氯度为0.25‰的咸潮界大旱年时上移约13 km，常年咸水界上溯约4 km。

（3）河涌黑臭水体问题依然严峻

珠海市境内全市排洪渠共有88条，其中28条为黑臭排洪渠（建成区：香洲7条、金湾1条、高新3条；非建成区范围：香洲14条、高新2条、斗门1条）。全市河涌共147条，其中黑臭河涌共有9条，均在非建成区（斗门7条、金湾2条）。近年来由于河流污染源不断增加，河涌淤积严重，河涌河床被抬高0.5～1 m，水质也受到严重污染。

珠海河涌污染的主要原因是集中排水系统建设滞后，集中排水管网覆盖面小，特别是在金湾和斗门区，管网建设很不完善，导致污水就近排放进入河涌。

珠海市各行政区主要河涌情况见表4-14。

表4-14　珠海市各行政区主要河涌情况

所在区域	条数	主要河涌	存在的主要问题
香洲区	57	泊湾涌、广昌涌、洪湾涌、连屏涌、中心河	河涌淤积，河床变浅，污染严重
金湾	6	三灶南北排河、大门口水道	黑臭水体
斗门	42	禾丰涌、五福涌、正涌、鸡嘴涌、一字涌、咸坑河、南门涌、西滘涌、新环正涌	黑臭水体、劣Ⅴ类
高栏港区	22	平塘涌、连湾涌、卫东运河、大海环涌、十一沟、前西河、合掌涌等	水体黑臭、垃圾漂浮
高新区	24	金凤路排洪渠（下栅段）、鸡山排洪渠、淇澳村排洪渠、北理工排洪渠	淤积、水流不畅、垃圾漂浮
横琴新区	5	上村排洪渠、下村排洪渠、石山村排洪渠、四塘村排洪渠、上村排洪渠	黑臭水体、淤积

数据来源：珠海市重点排洪渠及河涌明细表。

（4）近岸海域富营养化日趋严重

根据《2014年珠海市海洋质量公报》数据，2014年3月、5月、8月、10月和11月纳入监测的入海排污口达标排放的比率分别为60%、80%、40%、80%和20%，达标次数占监测总次数的56%，与2012年相比下降了4%，其中凤凰河排洪渠入海口全年5次监测均超标排污。海水中无机氮和活性磷酸盐含量超标导致了近岸局部海域的富营养化，中度和重度富营养化海域主要分布在北部和西部近岸海域。与2013年相比，北部海域和西部海域的富营养化情况有所减轻，但群岛海域的富营养化情况略有加重（表4-15）。

表 4-15 2014 年各月监测平均富营养化指数情况

海区	富营养化指数（E）		
	5 月	8 月	11 月/10 月
北部海域	1.4 ↓	7.9 ↑	2.6 ↓
西部海域	1.8 ↓	3.5 ↓	2.6 ↑
群岛海域	1.7 ↓	3.4 ↑	2.4 ↑

注：↑ 表示与 2013 年相比升高，↓ 表示与 2013 年相比下降。富营养化指数 $E \geqslant 1$ 为富营养化，$1 \leqslant E \leqslant 3$ 为轻度富营养化，$3 < E \leqslant 9$ 为中度富营养化，$E > 9$ 为重度富营养化。

数据来源：2014 年珠海市海洋质量公报。

与 2012 年相比，各月份监测数据（表 4-16）显示，珠海海域富营养化面积比例均有明显升高，其中 8 月份监测结果显示富营养化面积比例比 2012 年增加了 28.2%，重度富营养化比例增加了 3.6%。珠海海域富营养化有加重的趋势。

表 4-16 2014 年、2012 年各月珠海海域富营养化面积比例 单位：%

富营养化类型 监测月份	海域面积百分比			
	重度富营养化	中度富营养化	轻度富营养化	富营养化
5 月	0（18.7）	3.5（18.7）	90.1（8.8）	93.6（40.9）
8 月	3.6（0）	38.2（19.7）	54.5（59.3）	96.3（68.1）
11 月	1.0（7.8）	13.0（14.3）	14.7（5.5）	28.7（27.6）

注：括号内数值为 2012 年同月海域富营养化面积比例。

数据来源：珠海市 2012 年、2014 年海洋质量公报。

4.2.1.2 大气环境质量仍有提升空间

（1）空气质量有所下滑

随着珠海市近年来工业发展和经济发展，污染物的排放量增多，2013 年、2014 年空气质量达标率出现下滑，由 100% 下降为 87.9% 和 88.4%，级别为优的天数所占比例减少，由 2012 年的 64.2% 下降为 41.1% 和 46%，并出现了轻度污染和中度污染的情况（图 4-9）。

2013 年之前主要污染物为 PM_{10}，从近 10 年变化趋势来看，PM_{10} 有上升的趋势；从 2013 年开始主要污染物开始变为 $PM_{2.5}$，2014 年 $PM_{2.5}$ 质量浓度下降到 35 g/m³（图 4-10），但依然值得关注。

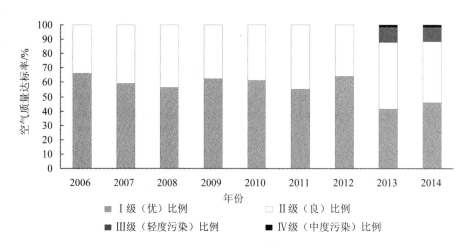

图 4-9　2006—2014 年珠海市空气质量达标情况

数据来源：珠海市环境质量报告书。

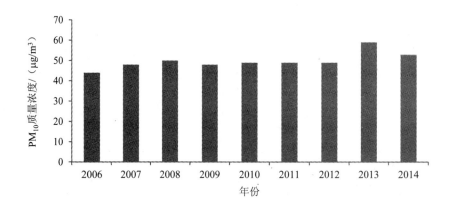

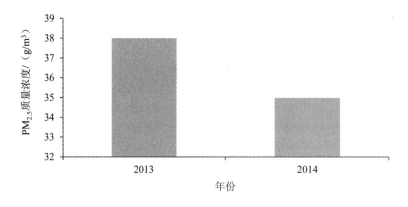

图 4-10　珠海市 2006—2014 年 PM$_{10}$ 质量浓度和 2013—2014 年 PM$_{2.5}$ 质量浓度变化

数据来源：珠海市环境质量报告书。

（2）臭氧污染日益凸显

珠海位处亚热带地区，常年高温多雨，大气氧化性较强，在气象与排放的双重因素作用下，使得二次转化在大气污染形成的过程中更为突出，加剧了臭氧等二次污染物的生成。2014 年，臭氧日最大 8 h 平均值第 90 百分位数质量浓度为 138 μg/m³，比 2013 年同比上升 8.7%，质量浓度不降反升，呈现缓慢上升趋势，成为目前备受关注的区域内主要污染物之一。

天然源和机动车是珠海市臭氧的主要来源。2010 年，天然源占 OFP（臭氧生成潜势）总量的 40.8%，机动车来源占全市 OFP 总量的 18.6%。此外，工业过程也占有一定比例，为 8.6%。其中，来自天然源的异戊二烯对其 OFP 贡献达 30% 以上，这与珠海较高的绿化率、农村及郊区面积广大有关。除了异戊二烯，乙烯、丙烯、间对二甲苯、乙烯、三甲苯和甲苯也是珠海的重要 OFP 贡献物种。

（3）VOCs 污染防止难度较大

VOCs 是二次有机化合物的重要前体物，它可以被大气中的自由基和臭氧等氧化而生成二次有机物。由于珠三角地区经济高速发展，工业化和城市化进程较快，机动车保有量增加，挥发性有机物的主要污染源石化、汽车、家电、精细化工等行业增长较快，挥发性有机溶剂使用量大，VOCs 排放量大，加上对 VOCs 排放导致的光化学烟雾污染问题认识不足，对 VOCs 污染防治重视不够，以及 VOCs 排放监控难度大，导致珠江三角洲地区光化学烟雾污染时有发生。而目前珠海市的六大主导产业为家电电气、电子信息、石油化工、电力能源、生物医药和精密机械制造，大多为挥发性有机物的主要污染源行业，在创造了GDP 的巨大增长的同时，也增加了 VOCs 排放。

经估算，2010 年，珠海市约 29.1% 的 VOCs 排放量来自天然源。在人为源贡献中，汽油车和工业过程源的贡献相当，对珠海市 VOCs 排放量的贡献率分别为 18.7% 和 15.4%。其中，约一半的工业过程源排放量来自化学纤维行业。在珠三角其他城市中贡献较高的工业溶剂使用在珠海市所占的比例仅为 7.3%。对于珠海，异戊二烯所占的比例最高，高达 13.6%，与珠海市较高的植被覆盖率相对应。

4.2.1.3　土壤污染较轻但却不容忽视

（1）耕地土壤局部轻微污染

珠海市局部耕地土壤轻微污染。依据《珠海市耕地土壤现状调查及防治研究报告书（2014 年）》，珠海市耕地重金属超过二级标准（农用地标准）的超标元素分别为镉、铜、镍、汞和锌 5 种元素，其中镉、铜含量超标最严重，超标率均为 50%；其次是镍，超标率为 40%；耕地土壤中铅、铬、砷不超标。珠海市耕地总体呈现轻度污染为主，虽然采样点位超标率较高，但由于采样点数量较少、国家土壤环境质量标准过分强调统一等缺陷，珠海市耕地污染程度没有超出三级标准的点位，耕地土壤局部轻微污染。

（2）工业园区企业周边土壤潜在环境风险

珠海市涉重金属污染企业周边土壤存在潜在环境风险。例如，珠海高新区新金开发有限公司、珠海市新虹环保开发有限公司、珠海东松环保技术有限公司、珠海市环保产业开发有限公司、珠海市科立鑫金属材料有限公司、珠海寰宇蓄电池有限公司、珠海三阳蓄电池有限公司、珠海精确电子制品有限公司等厂区及周边土壤污染重金属主要为六价铬和铅，土壤存在重金属污染的潜在危害。

4.2.1.4 固体废物增大环境压力

（1）工业固体废物增大环境压力

随着经济不断发展，珠海市工业固体废物产生量持续上升，2014 年工业固体废物产生量总量为 295.15 万 t（图 4-11）。未来随着珠海工业的发展，工业固体废物产生量必将继续上升。各种工业产生的危险废物，如含铜废物、表面处理废物、焚烧处置残渣、废酸、废矿物油等含毒性、腐蚀性、易燃性、反应性的工业危险废物产生量也持续上升。

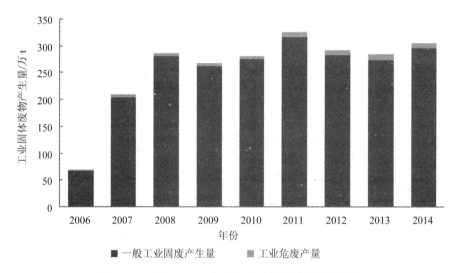

图 4-11　2006—2014 年珠海市工业固体废物产生量

数据来源：珠海市 2006—2014 年环境质量报告书。

从 2007 年开始，珠海市工业固废综合利用率逐年下降。2007 年工业固废综合利用率高达 99.94%，而 2013 年下降为 91.23%，2014 年较 2013 年虽略有上升，但工业固体废物产生的环境压力依然值得关注。2014 年工业危险废物综合利用量为 3.26 万 t，均低于 2013年和 2012 年的综合利用量（图 4-12）。

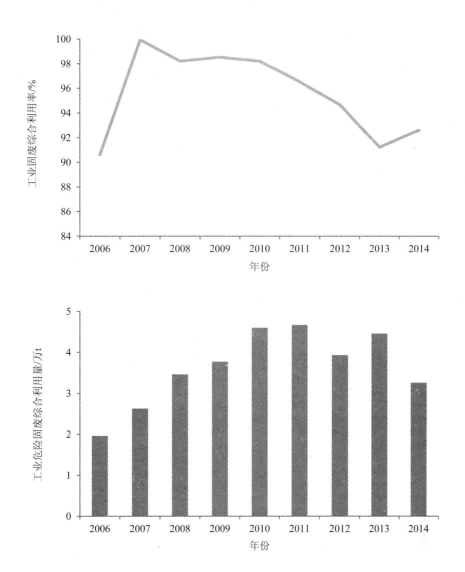

图 4-12　2006—2014 年珠海市工业固体废物综合利用率和工业危险废物综合利用量变化情况

数据来源：珠海市 2006—2014 年环境质量报告书。

（2）危险废物存在转移难、处置难的困境

一般固体废物资源化利用率偏低，存在危险废物二次环境污染风险；海岛垃圾二次污染；经营企业处置内容结构不合理，重金属危险废物污染饮用水水源、土壤环境风险加大；污泥二次污染风险突出；危险废物的收集和处理渠道系统不够完善，源头精准化管理、过程信息化有待加强；电子废物的监管体系尚未建立，电子废物难以得到统一的回收处理，使得电子废物等其他废物对环境造成新的污染隐患。

4.2.1.5　农村人居环境问题依然突出

（1）生活污水环境问题

1）管网建设区域性差异明显。

珠海市城乡污水管网建设区域性差异明显。东部城区城市发展较成熟，村镇污水设施建设相对完善，而西部城区污水设施建设十分零散，还没有形成完善的村镇污水管网系统。随着西部地区人口规模增大，工业发展加快，西部城区村镇污水处理设施急需加大建设力度。

珠海市城中村生活污水管网不健全，污水处理率较低。珠海市斗门区莲洲镇、斗门镇、乾务镇、白蕉镇、井岸镇靠近城市的农村污水产生量较大，同时受农村经济发展整体水平和环保能力建设水平限制，且农村居民的环保意识比较薄弱，目前斗门区部分农村生活污水处理设施能力不足，大部分生活污水未经处理直接排放。随着农村社会经济的发展，农村生活污水产生量逐渐增多、成分更加复杂，加剧了农村地区生态环境压力。

2）雨污分流改造不彻底。

珠海市雨污分流排水系统不健全。珠海市香洲区的部分地区是既有合流制又有分流制的混合排水系统，而西部村镇地区排水现状基本均为合流制，必须对污水系统流域范围内的排水管网系统进行彻底改造，才能保证系统流域范围内的村镇污水通过管网就近输送至污水处理厂。

（2）生活垃圾环境问题

1）农村生活垃圾收集处理设施不完善。

珠海市乡镇生活垃圾收运设施不完善。尤其斗门区、金湾区环卫基础设施起步较晚，斗门区目前无垃圾压缩站，城乡生活垃圾收运设施不足，珠海市仅市区建成生活垃圾无害化处理设施 2 座，分别为西坑尾垃圾填埋场和市垃圾发电厂，日处理能力共计 1 600 t，随着乡镇垃圾产生量增加，最终将收运至城区垃圾填埋场或市垃圾发电厂，且处理设施已经不能满足城乡生活垃圾处理需求。

珠海市西部城乡生活垃圾处理设施建设滞后。斗门区、金湾区城乡生活垃圾需较长距离运输至市区无害化处理场，运输经济性不合理，并存在二次污染的潜在危害。珠海市城乡生活垃圾处理方式以填埋为主、焚烧为辅，生活垃圾处理方式单一，生活垃圾资源化利用程度不高。

2）部分垃圾收集站设备陈旧。

珠海市部分垃圾收运设施陈旧。现有垃圾收集站大都是 20 世纪八九十年代建设的，均为露天作业，基本不符合作业要求，只能满足多功能垃圾车收集作业。一方面，现有垃圾收集站无环境保护设施配套，会对环境造成污染；另一方面，现有垃圾收集站建筑面积较小，无法满足大、中型垃圾车收运作业。

4.2.1.6　畜禽养殖面源污染不容乐观

畜禽养殖业为珠海市农业面源污染的主要来源。畜禽养殖业中的氮素和磷素等营养物以及其他有机或无机污染物，通过地表径流和渗漏形成地表和地下水环境污染。2014 年珠海市畜禽养殖业总氮排放量高达 1 881.23 t，占总量的 62.65%；总磷排放量 261.96 t，占总量的 62.37%；氨氮排放量 693.80 t，占总量的 75.88%。2014 年珠海市农业化学需氧量排放量高达 10 734.778 t，其中畜禽养殖业占 60.31%（图 4-13、表 4-17）。

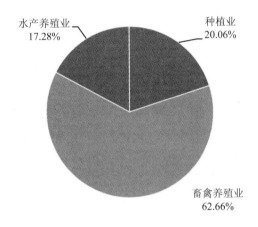

（a）总氮

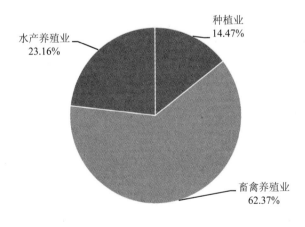

（b）总磷

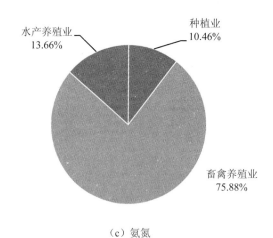

（c）氨氮

水产养殖业
39.69%

畜禽养殖业
60.31%

（d）化学需氧量

图 4-13　农业面源污染物排放来源

数据来源：2014 年珠海市环境统计数据。

表 4-17　2014 年珠海市农业面源污染来源　　　　　　　　　　单位：%

	总氮	总磷	氨氮	化学需氧量
种植业	20.06	14.47	10.46	—
畜禽养殖业	62.65	62.37	75.88	60.31
水产养殖业	17.28	23.16	13.66	39.69

数据来源：2014 年珠海市环境统计数据。

　　珠海市畜禽养殖业分为两类，规模化养殖场/小区和养殖专业户，其中养殖专业户是主要污染源。养殖专业户化学需氧量排放量占畜禽养殖业的 69%，总氮排放量占畜禽养殖业的 55%，氨氮排放量占畜禽养殖业的 60%（图 4-14）。

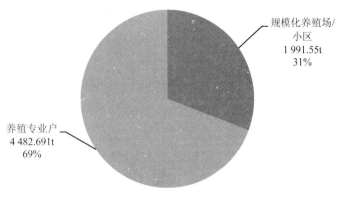

（a）化学需氧量

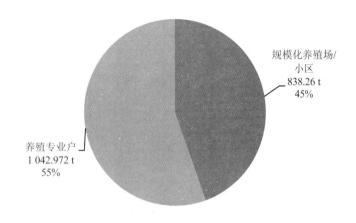

（b）总氮

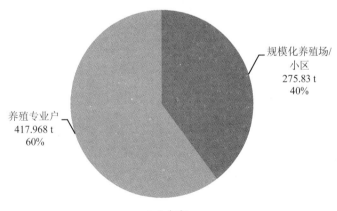

（c）氨氮

图 4-14　畜禽养殖业污染物排放来源

数据来源：2014 年珠海市环境统计数据。

4.2.1.7　环境风险防范体系有待加强

随着对处理环境污染事故应急监测工作的不断重视，珠海市的应急监测能力和水平有了较大的提高，建立了应急监测组织机构、管理制度及突发性事故响应程序，环境风险防范体系初步建立。但是，其环境风险源管理和风险防范能力还有待进一步提高。

存在的问题涉及以下四个方面：一是环境污染风险源的普查工作有待加强。目前对重点风险源没有进行详细的环境风险源种类（化学品、重金属、辐射等）、数量、地域分布的信息统计，没有建立重点风险源档案库和查询系统。二是工作人员业务水平不高，相关工作人员专业能力有待进一步加强。三是突发环境事件应急预案编制比例和环评文件编制环境风险评价专章比例整体不高，企业风险防范意识有待加强。四是环境应急监测水平总体不高，特别是在应急监测技术和设备方面，与北京、上海等大城市仍有较大差距。

4.2.2　环境问题的成因分析

4.2.2.1　产业结构和空间布局需优化

产业结构不够合理导致大气质量和固体废物综合利用率下降。目前珠海市的主体产业结构比较滞后，属于发展阶段的第二种类型，即"前工业化经济"类型，仍以环境负荷较大的第二产业为主，工业化发展大大加速，并向适度重型化发展。目前珠海产业发展对资源、能源需求较多，清洁生产没有得到大范围推广，工业结构性污染问题突出，工业污染负荷较大，废弃物排放量较大，这是导致大气质量下降的主要原因。同时，由于工业企业的发展，工业固体废物产量日益增加，各种工业产生的危险废物，如含铜废物、表面处理废物、焚烧处置残渣、废酸、废矿物油等含毒性、腐蚀性、易燃性、反应性的工业危险废物产量也持续上升，工业固体废物处置压力增大，进而对环境的压力也增加。从能源方面来看，珠海市对外依存度极高，能源消耗总量与经济发展同步增长，今后重化工业的高速发展，将推动未来能源消耗总量和污染排放总量的持续增长。

工业布局不够合理带来大气和水体污染。珠海市的重点工业区主要分布在西部及西南部，对中部沿江、西部沿海一带以及近岸海域的生态环境带来潜在威胁，高栏港离西部新城比较近，大气环境污染风险较高。珠海饮用水水源地部分分布在高新技术开发区，以及新青工业园，存在水环境污染隐患。邻近上游地区工业污染的违规排放以及突发性水环境污染事件威胁饮用水安全。高栏港经济区、航空产业园等园区均沿海发展，有些重化工项目在成为当地经济重要推动力的同时，也威胁着近海环境，入海口环境日益变差。年主导风向为偏东风，主导风向为海洋向陆地，沿海工业发展加剧了污染物向内陆扩散的趋势。其中，前山河流域两岸经济快速发展，入河排污负荷增加，由于前山河水体流动性较差，部分河段水体污染成为 V 类甚至劣 V 类，水浮莲成灾。

珠海市高新产业园区引发土壤环境问题。近年来，广东省以经济建设为中心，大力发展外向型经济，特别是珠江三角洲发展更为迅猛，珠江三角洲地区土地和人口只占全省的 23% 和 25%，但其经济总量却占全省的 80% 左右，人口和产业高度聚集。珠海市依托珠江三角洲经济发展优势，不断涌现出大批高新技术产业集聚群，企业高能耗的生产会引发环境污染问题。珠海市城市规划和工业企业布局规划不尽合理，环保法规、标准不够健全，珠海市与珠江三角洲地区、广东地区间缺乏环保协调，许多环境污染物的扩散和影响不受行政边界限制。此外，珠海市企业土壤环境监测、专业人才队伍建设、土壤检测设备、土壤环境预警机制等能力建设薄弱。

4.2.2.2 污水管网设施全覆盖有难度

截至 2014 年，珠海市城镇生活污水集中处理率已超过 90%，全市已建成污水处理厂 16 座，其中主城区 6 座、西部地区 7 座、海岛 3 座，总设计处理规模达 73.4 万 t/d。但在建好污水处理厂满足生活污水处理能力的同时，污水管网的改造、铺设工程难度较大，污水收集率提升较难。

一方面，管网铺设受道路交通条件制约。水务集团承担的前山河流域"涉水治污"第一批管网建设项目（28 个子项）由于受道路交通条件的制约而未能如期全面开工，第二批"厂网打捆"（BOT）投融资建设项目（23 个子项工程）启动比原定计划延迟，滞后于岱山路泵站、拱北和前山污水厂的纳污能力，影响入渠入河水污染的减排达标。另一方面，城中旧村更新、老区街坊排污改造推进迟缓。前山上冲、拱北、南湾片区等老区旧街和城乡接合部，如实施全面更新改造投资大、拆迁补偿协调难、建设施工周期过长。同时，污水收集系统地下管网病害严重，排查和修复工作推进较慢，其他人力、物力和专业性建设保障不足。

4.2.2.3 机动车尾气治理力度要加大

机动车尾气是珠海市空气污染的重要来源，其氮氧化物和烟（粉）尘排放分别占总量的 28% 和 15%。汽车污染物二次反应产生大量臭氧和细颗粒物，机动车排放的氮氧化物和挥发性有机物（VOCs）是形成的二次污染物（PM$_{2.5}$、臭氧、光化学烟雾）的重要前体物，是造成灰霾现象频繁出现的重要原因之一。近年来，珠海城市交通面临越来越严峻的挑战，城市汽车保有量快速增长，近 5 年年均增长率超过 13%，千人汽车保有量接近 200 辆，平均每 5 个人拥有 1 辆车，居珠三角前列。珠海市 2014 年淘汰"黄标车"和老旧车 23 096 辆，超额完成年度考核要求，机动车氮氧化物排放量明显下降，但要完成 2015 年淘汰"黄标车"约 18 127 辆，机动车尾气整治工作依然艰巨。同时，新能源汽车的推广使用以及车用油品升级工作还有待进一步完善。

4.2.2.4 流域水质对土壤环境有影响

珠江三角洲东江流域（东莞、惠州、深圳）和西、北江流域（中山、顺德、珠海）的经济发展程度相当，成土母质也主要是河流冲积物、花岗岩、砂页岩等，但是两地土壤中重金属含量差异性较大，后者土壤重金属污染比前者要严重，主要由于各个区域受不同流域水质影响，同时与地区产业结构、布局有关。

4.2.2.5 公众和企业环保意识需加强

珠海市积极创建全国文明城市，向公众倡导低碳生活、绿色消费、共建生态文明等意识，培育市民的生态文明观念。但仍有部分市民的文明意识十分淡薄，生活方式不够绿色化，而且珠海市大多数企业的绿色生产意识仍然较为淡薄，绝大多数企业并不愿意投入人力、物力和财力推行清洁生产，部分产品过度包装。

4.2.2.6 跨界协调和区域联防要落实

珠海市位处珠江三角洲地区，经济发展较快，同样带来的是区域资源和能源消耗量过大，多种大气污染物高强度集中排放，臭氧、VOCs 排放、灰霾等大气环境问题突出，珠三角地区大气污染呈现出区域性、复合型、压缩型特征。

珠海市地处珠江口，河流跨界污染问题显著，其河道水质不仅受自身污染源的影响，也受到上游的中山、江门等市生活、工业和农业的点源、面源污染，这种跨境污染在前山河最突出。前山河四个断面污染指数变化趋势与前山河属过境河流有关，其水质好坏与入境输入、境内污染源的排污有关。特别是石角咀水闸断面，由于"中珠联围"工程等的影响，受污染的情况更为明显。

4.3 环境容量估算

4.3.1 水环境容量

水环境容量是在水资源利用水域内，在给定的水质目标、流量和水质条件的情况下，水体所能容纳污染物的最大数量。根据珠海水体污染现状和各水域的具体条件，选定化学需氧量和氨氮作为水环境容量计算因子。

4.3.1.1　水环境容量计算公式

河流水环境容量的计算采用完全混合法，按河流一维模型建立水质模型。假设下游控制断面的污染物由两部分组成，一部分是上游来水中的污染物，另一部分是排入水体的污染物。两部分污染物在流向控制断面的过程中发生衰减，同时不断混合。当下游控制断面的污染物浓度为水环境质量目标浓度值时，该段河流受纳的污染物量为最大允许值，即该段河流的水环境容量值。

控制断面处污染物质量浓度：

$$C = \frac{Q(C_b \cdot e^{-kt_1}) + We^{-kt_2}}{Q+q} \leqslant C_s \tag{4.1}$$

$$W = \frac{Q(C_s - C_b e^{-kt_1}) + C_s q}{e^{-kt_2}} \tag{4.2}$$

式中：Q —— 河流的流量，m^3/s；

　　　C_b —— 上游来水中污染物的背景质量浓度，mg/L；

　　　C_s —— 控制断面水环境质量标准，mg/L；

　　　q —— 排入河流的污水水量，m^3/s；

　　　W —— 污水中污染物量，g/s；

　　　t —— 水体在计算河段的流行时间，d；

　　　k —— 衰减常数，d^{-1}。

4.3.1.2　水环境容量计算

珠海境内共有 4 大水系：磨刀门水系、鸡啼门水系、虎跳门水系和崖门水系。主要河流监测断面及水质目标等见表 4-18。近 10 年数据显示，监测断面水质达标率为 100%。

表 4-18　珠海主要河流监测断面情况

河流	监测断面	控制类别	水质目标	监测项目	现状质量浓度 [a]/（mg/L）	标准值 [b]/（mg/L）
前山河	两河汇合口	省控	IV 类	化学需氧量	15.00	30.00
				氨氮	0.87	1.50
	前山码头	省控	IV 类	化学需氧量	23.00	30.00
				氨氮	0.81	1.50
	石角咀水闸	省控	IV 类	化学需氧量	22.00	30.00
				氨氮	0.87	1.50
黄杨河	尖峰大桥	省控	III 类	化学需氧量	14.00	20.00
				氨氮	0.41	1.00

河流	监测断面	控制类别	水质目标	监测项目	现状质量浓度 a/（mg/L）	标准值 b/（mg/L）
磨刀门水道	布洲	省控	II类	化学需氧量	10.00	15.00
				氨氮	0.29	0.50
	珠海大桥	市控	II类	化学需氧量	10.00	15.00
				氨氮	0.37	0.50
鸡啼门水道	鸡啼门大桥	市控	III类	化学需氧量	14.00	20.00

a 数据来源于《珠海市 2014 年河流水质监测结果统计表》。

b 数据来源于《地表水环境质量标准》（GB 3838—2002）。

在水文和现在条件下，珠海主要河流化学需氧量、氨氮的环境容量分别为 17 539.02 t/a、470.09 t/a（表 4-19）。环境容量最大的是鸡啼门水道，分别为 13 473.11 t/a、311.57 t/a，各占 76.82%、66.28%；黄杨河环境容量最小，分别为 57.64 t/a、10.81 t/a，仅占 0.33%、2.30%。

表 4-19　珠海主要河流环境容量

河流	行政区	指标	水质目标	水质目标/（mg/L）	综合衰减系数/d⁻¹	环境容量/（t/a）
前山河	香洲区	化学需氧量	IV类	30.00	0.2	3 465.44
		氨氮		1.50	0.1	86.64
黄杨河	斗门区	化学需氧量	III类	20.00	0.2	57.64
		氨氮		1.00	0.1	10.81
磨刀门水道	斗门区	化学需氧量	II类	15.00	0.2	542.83
		氨氮		0.50	0.1	61.07
鸡啼门水道	斗门区	化学需氧量	III类	20.00	0.2	13 473.11
		氨氮		1.00	0.1	311.57
总计		化学需氧量				17 539.02
		氨氮				470.09

由于珠海市境内河流多数在斗门区，且河流的水量比较大，斗门区河流化学需氧量和氨氮的环境容量最大，分别为 14 073.58 t/a、383.45 t/a，分别占 80.24%、81.57%；香洲区化学需氧量和氨氮环境容量分别为 3 465.44 t/a、86.64 t/a，分别占 19.76%、18.43%。

2014 年珠海市化学需氧量排放总量为 31 523.08 t，氨氮排放总量为 4 421.90 t，远远超出以上几条主要河流的容量。

4.3.2　大气环境容量

大气环境容量是指在保证人类正常生存和生态系统正常发展，以及大气环境质量目标前提下，大气所承纳污染物的最大允许量。根据《制定地方大气污染物排放标准的技术方法》（GB/T 13201—91）的方法，采用 A 值法，以二氧化硫、二氧化氮和烟（粉）尘等污染物年均浓度达到国家二级标准为约束条件，分别测算二氧化硫、二氧化氮和烟（粉）尘三类污染物的最大允许排放量，并分析这三类污染物环境容量的空间格局。基于污染物排放现状及环境容量测算结果，分区县及重点区块分析现状排放量与环境容量之间的差距，明确重点超载区块，提出污染物排放格局优化策略。

4.3.2.1 A 值法基本原理和计算公式

A 值法模型属于箱式模型。该模型的基本原理是将总量控制区上空的空气混合层视为承纳地面排放污染物的一个箱体。污染物排放入箱体后被假定为均匀混合。箱体能够承纳的污染物量将正比于箱体体积（等于混合层高度乘以区域面积）、箱体的污染物净化能力以及箱体内污染物浓度的控制限值（即区域环境空气质量目标）。

A 值法模型原始方程（总量控制区地面上空箱体内的污染物质量平衡方程）：

$$\overline{C} = \frac{\overline{u} \cdot C_b + \Delta x \cdot \dfrac{q_a}{H_i}}{\overline{u} + \left(u_d + W_r R + \dfrac{H_i}{T_c}\right) \cdot \dfrac{\Delta x}{H_i}} \tag{4.3}$$

式中：$\overline{C}$ —— 箱体内大气污染物的平均质量浓度，mg/m^3；

q_a —— 污染物在单位面积上平均源强，$10^4 \, t/(a \cdot km^2)$；

$\overline{u}$ —— 平均风速，m/s；

H_i —— 污染物可达到的高度（可用混合层高度代替），m；

C_b —— 上风和进入该箱体内的大气污染物背景质量浓度，mg/m^3；

u_d —— 污染物干沉积速度，m/s；

Δx —— 沿风向的边界长度，m；

T_c —— 污染物转化时间常数，$T_c = T_{1/2}/0.693$，$T_{1/2}$ 为污染物半衰期，a；

W_r —— 清洗比；

R —— 降水率，mm/a；

$u_w = W_r R$ —— 湿沉降速度。

若给定平均质量浓度 $\overline{C}$ 等于有关大气污染物浓度的标准限值 C_s，而污染物半衰期足够大，则由上述方程可得：

$$q_a = C_s \left(\frac{\overline{u}}{\Delta x} H_i + u_d + W_r R\right) - C_b H_i \frac{\overline{u}}{\Delta x} \tag{4.4}$$

式中：q_a —— 允许排放率密度，若城市面积为 S，其等效直径应为

$$\Delta x = 2\sqrt{S/\pi} \tag{4.5}$$

在控制周期 T 时间内，整个城市内允许排放的污染物总量应为

$$Q_a = q_a \cdot S \cdot T \tag{4.6}$$

给定 T 为一年，则允许排放污染物总量为

$$Q_a = 3.153\,6 \times 10^{-3} \left[\frac{\sqrt{\pi} \cdot \overline{V}_E}{2} \cdot \sqrt{S} \cdot (C_s - C_b) + C_s S(u_d + W_r R) \cdot 10^3 \right] \tag{4.7}$$

式中：$\overline{V}_E = \overline{u}$，即年平均通风量，$m^2/s$；

$\quad Q_a$ —— 允许排放污染物总量，10^4 t/a；

$\quad S$ —— 城市面积，km^2；

$\quad R$ —— 年降水量，mm/a；

$\quad C_s$ —— 污染物年平均质量浓度标准限值，mg/m^3；

$\quad W_r R$ —— 湿沉降速度，m/s；

$\quad \sqrt{\pi}$ —— 量纲为 1，取为 1.9×10^{-5}。

在仅考虑气态污染物和可吸入颗粒物时，干沉积速度 u_d 要小于湿沉积速度 u_w，而在城市尺度范围内（直径为 10 km 左右）一般的年雨量所产生的湿沉积作用远小于通风稀释作用。因此排放总量可简化为

$$Q_a = A \cdot (C_s - C_b) \cdot \sqrt{S} \tag{4.8}$$

式中：$A = 3.153\,6 \times 10^{-3}$。$A$ 为 A 值法模型中的 A 值，代表与环境空气容量有关的地区自然条件，对于一个地区平均而言是一个常数。

将全城市分为 n 个分区，每分区面积为 S_i，全城市面积为 S：

$$S = \sum_{i=1}^{n} S_i \tag{4.9}$$

$$Q_{ai} = A \cdot (C_{si} - C_{bi}) \cdot \frac{S_i}{\sqrt{S}} \tag{4.10}$$

$$Q_a = \sum Q_{ai} \tag{4.11}$$

式中：Q_{ai} —— 子控制区环境空气容量，t/a；

$\quad C_{si}$ —— 子控制区环境空气质量目标，mg/m^3；

$\quad C_{bi}$ —— 子控制区环境空气背景质量浓度，mg/m^3；

$\quad S_i$ —— 子控制区面积，km^2。

4.3.2.2　大气环境容量参数选取

取环境空气质量标准中的年日平均二级标准作为控制目标［《环境空气质量标准》GB 3095—2012）］。根据珠海实际情况，选取二氧化硫、二氧化氮、臭氧、PM_{10} 和 $PM_{2.5}$

作为污染因子，即 SO_2：60 g/m³；NO_2：40 g/m³；PM_{10}：70 g/m³（表 4-20）。

表 4-20 各污染因子的浓度控制限值和背景值 单位：mg/m³

污染因子	环境质量目标 [a]	环境背景质量 [b]
SO_2	0.06	0.011
NO_2	0.04	0.033
PM_{10}	0.07	0.053

[a] 数据来源于《环境空气质量标准》（GB 3095—2012）。
[b] 数据来源于《2014 年度珠海市环境质量报告书（公众版）》。

珠海市规划面积 7 555 km²，其中陆域面积 1 693 km²，海域面积 5 862 km²。市域范围为珠海市行政辖区范围，行政区包括香洲区、金湾区和斗门区。珠海市年均风速为 2.1 m/s，近年来大气混合层高度约为 670 m。

对珠海污染物浓度有影响的区域面积 S 包括珠海市和珠海市以外的面积，根据珠海市风向和周围区域，估算可得 S=8 712 km²。

4.3.2.3 大气环境容量计算

基于以上参数选取，计算可得珠海市 SO_2、NO_2 和 PM_{10} 大气环境容量值（表 4-21）。

表 4-21 珠海主要污染物大气环境容量

污染因子	环境质量目标/（mg/m³）	环境背景质量/（mg/m³）	环境容量/（t/a）	2014 年排放量/（t/a）
SO_2	0.06	0.011	35 010.82	20 683.81
NO_2	0.04	0.033	5 001.55	43 101.09
PM_{10}	0.07	0.053	12 146.61	12 973.38

珠海市各行政单元环境容量如表 4-22 所示。

表 4-22 珠海各行政区大气容量

区域	2014 年排放量			环境容量			超容倍数		
	SO_2/t	NO_2/t	PM_{10}/t	SO_2/（t/a）	NO_2/（t/a）	PM_{10}/（t/a）	SO_2	NO_2	PM_{10}
香洲区	1 279.33	3 273.61	329.21	8 867.07	1 266.72	3 076.33	0.14	2.58	0.11
斗门区	2 907.86	2 099.05	714.61	12 901.98	1 843.14	4 476.20	0.23	1.14	0.16
金湾区	16 496.62	37 546.86	11 929.43	11 044.10	1 577.73	3 831.63	1.49	23.80	3.11
横琴	0.00	181.59	0.13	2 197.67	313.95	762.46	0.00	0.58	0.00
总计	20 683.81	43 101.09	12 973.37	35 010.82	5 001.55	12 146.61	0.59	8.62	1.07

斗门区 PM_{10}、SO_2 和 NO_2 环境容量最大，横琴新区 PM_{10}、SO_2 和 NO_2 环境容量最小（图4-15）。从珠海市整体来看，污染物大气环境容量除 SO_2 以外，均超过了大气环境容量，其中 NO_2 严重超容，超容 8.62 倍。SO_2 排放量虽然没有超出全市环境容量，但污染源集中在金湾区，应改善 SO_2 排放源布局。从各行政区大气污染物超容情况来看，金湾区三种污染物均超过大气环境容量，香洲区和斗门区状况好于金湾区，横琴新区还具有较大的环境容量。金湾区三种污染物均超过大气环境容量，金湾区大气污染物全部来源于工业源，其中高栏港经济区为金湾区污染物的主要来源（SO_2 95%，NO_2 99%，PM_{10} 99%），高栏港经济区主要为船舶和海洋装备制造业和石油化工业。同时，珠海发电厂位于金湾区，加重了金湾区大气污染。

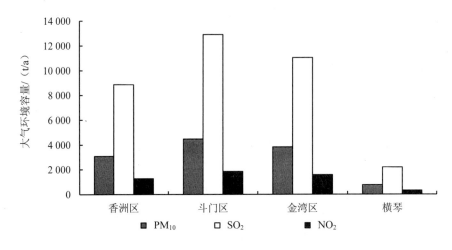

图 4-15　珠海市大气环境容量分布

4.4　环境保护的目标与指标

4.4.1　主要目标

近期目标：到 2020 年，全市各类污染源得到有效控制，地表水环境和土壤环境质量明显提升，区域大气污染协同控制取得明显成效，生态系统良性循环，景观安全格局基本形成，生态文明建设水平达到全国领先地位，成为全国宜居城市的典范。

远期目标：到 2030 年，全市环境生态和环境质量优秀而稳定，生态安全屏障建立并完善，城市环境风险得到有效控制，生态文明价值观在全社会形成，进入全球宜居城市前10 名。

4.4.1.1　环境质量和品质显著提升

落实主体功能区规划，严守开发、保护要求，显著提升环境质量。

——主要污染物排放总量持续下降。全市 $PM_{2.5}$、氮氧化物、化学需氧量和氨氮排放控制在总量指标内；

——地表水和海域水质得到改善。集中式饮用水水源地水质达标率保持在 100%，水功能区水质达标率达 100%，近岸海域富营养化状况得到缓解；

——大气环境质量保持良好。全年空气质量达二级标准，大气特征污染物浓度明显降低；

——耕地土壤环境质量不降低。

4.4.1.2　水体和大气污染得到全面治理

通过河流水污染和大气污染治理，城市河道水环境得到明显改善，基本解决河涌水污染问题和农村面源污染问题。

——主要河流水污染和河涌治理成效显著。跨地级以上市河流交界断面水质达标率达 100%，河涌水质功能区达标率达 80% 以上；

——工业污染防治水平稳步提高。重点工业源污染物排放稳定达标率 98% 以上，工业废水排放达标率达到 100%；

——区域大气污染治理稳步推进。到 2017 年，$PM_{2.5}$ 质量浓度比 2012 年下降 15% 左右，企业 VOCs 排放达标率实现 100%；

——农村人居环境明显提高。到 2020 年，农村生活垃圾无害化处理率达 100%，村庄保洁覆盖面达 100%。

4.4.1.3　基础设施建设得到明显加速推进

持续完善环境保护基础设施，提高城镇生活污水处理能力，逐步解决农村生活污水处理问题，缓解固体废物处理压力。

——城镇生活污水处理能力满足全市要求。城镇污水管网覆盖率达到 100%，城镇生活污水集中处理率达 95% 以上；

——固体废物处理和回用能力大大提高。固体废物资源化利用大幅提高，工业固体废物综合利用率达到 100%，危险废物和放射性废源处置率达 100%。

4.4.1.4　城市环境风险得到有效管控

识别环境风险单元区划，建设完善环境预测、预报、预警机制体系，提高突发环境事故应急反应能力，完成大气重污染和噪声污染应急预案和饮用水水源地环境风险排查。

4.4.1.5 生态文明建设落到实处

树立生态文明意识，以生态承载力为基础，以维护区域生态系统健康为目的，将珠海建设成为生态系统健康、主体功能优化、空间布局合理、滨海特色突出、城乡环境优美、基础设施便利和能源资源高效利用的"生态一流"城市。

4.4.2 具体指标

珠海市生态文明建设具体指标，短期（到 2020 年）指标目标值如表 4-23 所示。

表 4-23　珠海市环境提质方略研究指标体系

分类	指标	现状值	来源	2020 年	来源
环境质量	环境功能区达标率/% 　水功能区水质达标率 　空气质量达标率	83.3 88.4	《2014 年度珠海市环境质量报告书》	100	珠海市生态文明建设规划修编文本
	噪声达标区覆盖率/%	100	2014 年环境质量报告书	100	珠海市环保局网站
	集中式饮用水水源水质达标率/%	100	《2014 年度珠海市环境质量报告书》	100	珠海市环保局网站
	工业废水排放达标率/%	90	珠海市环保局网站	>95%	珠海市环保局网站
	单位水资源量污水负荷/（t/m³）	0.13	计算	≤0.12	珠海市环保局网站
	黑臭水体	无		基本消除	水污染防治行动
	近岸海域环境功能区水质达标率/%	100	珠海市城市总体规划（2001—2020 年）（2015 年修订版）	100	珠海市城市总体规划（2001—2020 年）（2015 年修订版）
	全年空气质量优良天数/d	167	2014 年环境质量报告书	≥230	珠海建设宜居城市指标
	PM$_{2.5}$质量浓度/（μg/m³）	34	2014 年环境质量报告书	≤30	珠海市环保局网站
	臭氧/（μg/m³）	138	2014 年环境质量报告书	≤120	珠海市环保局网站
	耕地土壤环境质量	局部降低	《珠海市耕地土壤现状调查及防治研究报告书（2014 年）》	不降低	《国家生态文明建设示范县、市指标》（试行）（送审稿）
	生活垃圾分类收集设施覆盖率/%	85	珠海市环保局网站	90	珠海市环保局网站
	河涌水质功能区达标率/%	60	《珠海市流域综合规划》	90	《珠海市流域综合规划》

分类	指标		现状值	来源	2020 年	来源
污染治理	主要污染物总量减排	化学需氧量	完成优秀	珠海市环保局2015 年上半年工作总结报告	完成	《国家生态文明建设示范县、市指标》（试行）（送审稿）
		氨氮				
		二氧化硫				
		氮氧化物				
	VOCs 排放清单		无	新增	建立	
	农业面源污染防治率/%		80	珠海市生态文明建设规划修编文本	≥98	珠海市生态文明建设规划修编文本
	城市污水集中处理率/%		90.13	广东省节水型城市考核结果	≥95	
	城市生活垃圾无害化处理率/%		100	《珠海市 2014 年国民经济和社会发展统计公报》	100	环保局网站
	农村生活垃圾无害化处理率/%		60	《珠海市 2014 年国民经济和社会发展统计公报》	70	环保局网站
	村庄环境综合整治率/%		无	《珠海市全面开展农村生活垃圾收运处理实施方案（2015—2016）》	80	《国家生态文明示范县、市指标体系（试行）》（送审稿）
	雨污分流设施覆盖率/%		无		≥90	
	建设用地土壤环境安全保障率		无		≥90	
	综合治理水土流失面积/km^2		19.85	《珠海市 2014 年国民经济和社会发展统计公报》	21.8	《珠海市流域综合规划》
风险防控	危险废物安全处置率/%		100	2014 年珠海市环境统计数据	100	珠海市生态文明建设规划修编文本
	重、特大突发环境事件数/件		0	2014 年珠海市环境统计数据	未发生	《国家生态文明建设示范县、市指标》（试行）（送审稿）
	重金属污染企业清洁生产审核达标率/%		无		100	
	危险化学品安全存放率/%		无		100	天津核事故

4.4.3 要求与目标小结

珠海作为珠三角地区西部核心城市,在珠三角地区、广东省乃至全国具有重要的地位,珠海具有较好的环境本底值,生态环境良好,但目前珠海处于工业转型阶段,生态环境污染依然严峻,同时,生态文明示范区建设对珠海生态环境保护提出了更高的要求。

在未来,应着重致力于地表水污染治理(河涌和跨界河流)、大气污染(臭氧和 VOCs)、环保基础设施建设和农村环境整治等方面,努力完成生态环境质量和污染治理的各项指标。预计到 2030 年,环境污染得到稳步控制,生态环境质量协同提升,城市环境风险得到化解,生态文明建设水平达到全国领先地位。

4.5 环境保护主要任务

4.5.1 统筹陆海水污染防治

4.5.1.1 保障饮用水水源地环境安全

加强污染源排查和整治。依照市饮用水水源区划,开展饮用水水源地环境风险排查,对威胁饮用水水源水质安全的重点污染源和风险源予以整治、搬迁或关闭。严格控制工业、畜牧养殖业、农田径流和生活污水等各类污染源排放总量;完善饮用水水源地巡查制度,定期联合开展饮用水水源保护区巡查,并发布巡查报告。

提升饮用水水源监测能力。优化监测网络,提升水源保护区监测监控能力,扩大监测网络覆盖面,实施饮用水水源地水质监测网络的全覆盖工程;积极参与珠海和中山市水质监测的自动化和数据共享机制;在重要水源地增加移动监测站点,实现水质应急实时监测;提升饮用水水源水质全指标监测、水生生物监测、地下水环境监测、化学物质监测及环境风险防控技术支撑能力。对集中式饮用水水源地水质每年至少进行一次全指标监测,2016年起监测频次增加到丰、枯两期以上。逐步开展城市集中式饮用水水源地生物毒性实时监控系统建设,探索开展集中式饮用水水源地持久性有机污染物、内分泌干扰物和湖库型水源藻毒素监测。

开展水源地生态保育。结合磨刀门水道、虎跳门水道、鸡啼门水道沿岸水景观提升工程,到 2020 年年底完成河流型水源地源头地区、水域周边以及对水质要求较高的河段水源涵养林建设工程;在水库型水源保护区实施退耕还林、封山育林、水源涵养林建设,种植水土保持和水源涵养能力较强的乡土树种,如丛生竹、银合欢、水杉、水松、相思等,到 2020 年年底完成水库型水源地杨寮水库、竹银水库、大镜山水库的试点工程建设。

4.5.1.2　加强前山河和黄杨河流域污染防治

推进重点流域河流治理。全面实施《珠海市实施"河长制"指导意见》。通过实施前山河、黄杨河流域环境综合提升等工程，确保前山河实现"Ⅲ类水再巩固、Ⅳ类水再提升"的整治目标，持续改善水环境，有效保护和修复主要入海水道、河流水生态环境。

开展城市黑臭水体综合整治。采取控源截污、垃圾清理、清淤疏浚、生态修复等措施，加大黑臭水体治理力度，每半年向社会公布治理情况。根据 2015 年完成的城市建成区黑臭水体排查，对市建成区内造贝排洪渠、南屏东排洪渠、鸡山排洪渠、东岸排洪渠、三灶北排河 5 条黑臭水体落实责任，编制整治计划并向社会公布，接受公众监督。2016 年年底完成上述黑臭水体整治任务（表 4-24）。全市各城镇每年整治一条以上黑臭河涌；到 2017 年年底，完成非建成区内黑臭水体整治任务，2018 年年底前，全市范围内黑臭水体基本得到消除，完成黑臭水体治理目标。

表 4-24　黑臭水体整治方案

名称	内容	完成时间
一、排洪渠黑臭水体整治		
金凤排洪渠	沿线铺设 $D500\sim600$ 污水主管 4 100 m，沿线建设大型排污口截污 31 处、截污槽 1 处、小型排污口接驳 10 处，以及部分受截污设施施工影响的排洪渠整治	2016 年 12 月底完成截污整治
东桥排洪渠	对排洪渠沿线进行截污，污水接入市政管网进入南湾污水厂处理，并对渠底清淤，以及通过岸线生态整治改善水质	2016 年 12 月底完成截污整治
南屏东排洪渠	渠底清淤并设置两侧内截污形式（复式渠），同时拆除现状橡胶坝，整治长度约 1 500 m	2016 年 12 月底完成截污整治
北山村排洪渠	对排洪渠清淤，清淤长度约 2 100 m，对渠底进行混凝土硬化，硬化长度约 2 100 m，新建 $D800$ 污水管约 820 m 等	2016 年 12 月底完成截污整治
翠微东路排洪渠	翠微东排洪渠(三台石路—翠屏路)清淤、截污和整治，长约 2 300 m；对翠微排涝泵站更换设备及局部维修	2016 年 12 月底完成截污整治
造贝排洪渠	对造贝排洪渠截污纳管、清淤、中水回用等	2016 年 12 月底完成截污整治
唐家旧城排洪渠	新增污水提升泵站，并引进新技术修复或建立水生态自净系统	2016 年 12 月底完成截污整治
东岸排洪渠	新建污水截流干管管径为 DN400～600，主管总长约 1 345 m，边坡清理绿化、渠上游实施污水处理一体化设备的安装	2016 年 12 月底完成截污整治
鸡山排洪渠	对长约 774 m 鸡山排洪渠进行截污整治，新建污水截流干管管径 $D400\sim500$ 总长约 662 m 等	2016 年 12 月底完成截污整治

名称	内容	完成时间
三灶北排河	对现状 $D600\sim1\,200$ 截污管修复约 232 处，新建 $D600\sim1\,200$ 污水管约 90 m，新建截污井 10 座	2016 年 12 月底完成截污整治
105 国道排洪渠	截污项目和渠岸绿化已完成，水务集团负责渠道清淤	2016 年 6 月完成
碑口排洪渠	实施截污整治	2016 年 6 月完成
河排排洪渠	实施截污整治	2016 年 6 月完成
合胜排洪渠	与永安排洪渠合并整治，实施截污整治工程	2016 年 6 月完成
石桓涌排洪渠	进行清淤并沿着排洪渠进行沿线截污，污水接入市政污水管网进入南湾污水厂处理	2016 年 6 月完成
广昌工业区排洪渠	进行清淤并沿着排洪渠进行沿线截污，污水接入市政污水管网进入南湾污水厂处理	2016 年 6 月完成
沥溪排洪渠	已完成截污，计划 2017 年对其实施清淤保洁	2017 年完成
福溪排洪渠	已完成截污，计划 2017 年对其实施清淤保洁，进一步完善其截污修复	2017 年完成
连屏排洪渠	实施截污整治	2016 年 12 月完成
广生（南屏西）排洪渠	进行渠道迁改、截污纳管	2016 年 6 月完成
双石排洪渠	进行清淤并沿着排洪渠进行沿线截污，污水接入市政污水管网进入南湾污水厂处理	2016 年 6 月完成
永安排洪渠	与合胜排洪渠合并整治，实施截污整治	2016 年 6 月完成
界冲村前排洪渠	已完成截污，计划 2017 年对其实施清淤保洁，进一步完善其截污修复	2017 年完成
格力鹅槽山排洪渠	截污纳管	2016 年 6 月完成
上栅排洪渠	拟结合路网建设及旧村改造等项目，实施排水（污水）管网接入市政管网或排洪渠截污整治和水生态修复。	2017 年完成
银坑排洪渠	对银坑排洪渠两侧的社区生活污水截污，改善排洪渠水质。新设 $D400\sim500$ 污水管 1 039 m，雨水管（$D100\sim600$）1 230 m，破除及恢复路面 8 855 m^2 等	2017 年完成
新青工业园排洪渠	进行园区截污纳管、堤岸整治、重建河岸植物带、清淤疏竣	2016 年 12 月完成
二、河涌黑臭水体整治		
沙龙涌	截污纳管、疏浚清淤及沿岸垃圾和水面漂浮物的清理处置。整治长度 2 000 m，土方量 3 万 m^3	2016 年 12 月完成
咸坑河	河道清淤、水质处理、岸线整治及沿岸垃圾和水面漂浮物的清理处置。整治长度 1 300 m，土方量 2.6 万 m^3	2016 年 12 月完成
合禾涌	截污纳管、岸线整治、河道清淤及沿岸垃圾和水面漂浮物的清理处置。整治长度 1 km，土方量 1.5 万 m^3	2016 年 12 月完成
白头翁涌	截污纳管、岸线整治、河道清淤及沿岸垃圾和水面漂浮物的清理处置。整治长度 1 km，土方量 0.5 万 m^3	2016 年 12 月完成
鸡咀涌	截污纳管、堤岸整治、重建河岸植物带、景观创建、河道局部清淤，桥头两侧渠底硬底化及沿岸垃圾和水面漂浮物的清理处置。整治长度 3 300 m，土方量 6.0 万 m^3	2016 年 12 月完成

名称	内容	完成时间
新青正涌	截污纳管、堤岸整治、重建河岸植物带、景观创建、河道局部清淤及沿岸垃圾和水面漂浮物的清理处置。整治长度 3 400 m，土方量 6 万 m³	2016 年 12 月完成
五福涌	截污纳管、堤岸整治、重建河岸植物带、景观创建、河道局部清淤及沿岸垃圾和水面漂浮物的清理处置。整治长度 2 900 m，土方量 8 万 m³	2016 年 12 月完成
三灶中心河	截污纳管、管线迁移、修复、清淤，新建 D1 200 污水管约 700 m，新建 D800 污水管约 160 m	2017 年完成
三灶南排河	对现状 D600～800 截污管清淤、检测 11 km、修复约 260 处，新建 D600～800 污水管约 300 m，新建截污井 15 座进行截污纳管	2017 年完成

实施河渠补水、调水措施。利用城市再生水、清洁地表水等作为水体的补充水源，通过设置提升泵站、水系合理连通，增加河渠水体流动性和环境容量，保持和提升河渠生态。对要求 2016 年年底完成截污、清淤整治的河渠，补水、调水措施需于 2017 年上半年完成，对于要求 2017 年年底完成截污、清淤整治的河渠，补水、调水措施需于 2018 年上半年完成。

配合建立跨界水污染联防联治机制。积极参与珠中江三地共治共管，配合落实《中珠两市跨界区域防洪及河涌水污染综合整治合作协议》，发挥珠海市香洲区主导作用，通过政府购买社会服务、共同委托等市场化服务，开展跨界水域河涌保洁、岸线绿化、清淤疏浚、堤围管护等。

推进河流健康评估工作。贯彻落实《水利部关于加快推进水生态文明建设工作的意见》（水资源〔2013〕1 号）关于定期开展河湖健康评估的要求，完善珠海市生态用水及河流生态评价指标体系，充分利用市水质监测中心、市水源地监控指挥系统等现有的监测体系和现有水库营养化状态及蓝藻水华普查工作，组织开展珠海市重要河湖健康评估。开展珠海水体抗生素监测评估研究。到 2020 年，河流健康评估工作纳入珠海市河流保护管理中。

4.5.1.3 推进污染物达标排放和总量减排

强化工业污染防治。一是清理取缔"十小"企业。各区（功能区）要全面排查手续不健全、装备水平低、环保设施差的小型造纸、制革、印染、染料、炼焦、炼硫、炼砷、炼油、电镀、农药等严重污染水环境的工业企业；2016 年年底前，各区（功能区）要依法取缔全部不符合国家产业政策的"十小"生产项目，并建立长效机制防止回潮。二是集中治理工业集聚区水污染。新建、升级工业集聚区应同步规划、建设污水、垃圾集中处理等污染治理设施，2016 年年底前，各区（功能区）工业集聚区应按规定建成污水集中处理设施并安装自动在线监控装置，逾期未完成设施建设或污水处理设施出水不达标的，一律暂停审批和核准其增加水污染物排放的建设项目，并由批准园区设立部门依照有关规定撤销其园区资格。

强化城镇生活污染治理。一是加快城镇污水处理设施建设与改造。根据污水专项规划，加快推进地埋式污水处理厂等污水处理设施建设。现有城镇污水处理设施要因地制宜进行改造，香洲、吉大、拱北、北区、南区污水处理厂（水质净化厂）出水于 2017 年年底前达到一级 A 标准及广东省地方标准《水污染物排放限值》（DB 44/26—2001）的较严值。新、扩和改建城镇污水处理设施出水要全面执行一级 A 标准及广东省地方标准《水污染物排放限值》（DB 44/26—2001）的较严值。到 2017 年，全市建制镇应建成污水处理设施，城镇生活污水集中处理率达 95%以上。二是加强管网配套建设。推进城乡生活污水处理设施配套管网建设，加快实施雨污分流改造，切实提高运行负荷。强化城中村、老旧城区和城乡接合部污水截流、收集。城镇新区建设均实行雨污分流，水质超标地区要推进初期雨水收集、处理和资源化利用。到 2017 年，建成区污水基本实现全收集、全处理。推进有资质的第三方参与污水管网建设和运营。三是切实推进污泥无害化处置。污水处理设施产生的污泥应进行稳定化、无害化和资源化处理处置，禁止处理处置不达标的污泥进入耕地。2017 年年底前，现有污泥处理处置设施应完成达标改造，城市污泥无害化处理处置率达到95%以上。

控制农业面源污染。一是科学划定畜禽养殖禁养区。2016 年年底前，依法关闭或搬迁禁养区内的畜禽养殖场（小区）和养殖专业户；现有规模化畜禽养殖场（小区）要根据污染防治需要，配套建设粪便污水贮存、处理、利用设施；散养密集区要实行畜禽粪便污水分户收集、集中处理利用；自 2016 年起，新建、改建、扩建规模化畜禽养殖场（小区）要实施雨污分流、粪便污水资源化利用。二是落实省制订的实施农业面源污染综合防治方案及《珠海市农村环境保护行动计划（2014—2017）》。到 2019 年，测土配方施肥技术推广覆盖率达到 90%以上，化肥利用率提高到 40%以上，农作物病虫害统防统治覆盖率达40%以上。

加强船舶港口污染控制。一是积极治理船舶污染。依法强制报废超过使用年限的船舶，2018 年起投入使用的沿海船舶、2021 年起投入使用的内河船舶执行新的标准，其他船舶于 2020 年年底前完成改造，经改造仍不能达到要求的，限期予以淘汰。航行于市水域的国际航线船舶，要实施压载水交换或安装压载水灭活处理系统。规范拆船行为，禁止冲滩拆解。二是增强港口码头污染防治能力。按照省制订的港口、码头、装卸站污染防治方案落实相关工作。加快垃圾接收、转运及处理处置设施建设，提高含油污水、化学品洗舱水等接收处置能力及污染事故应急能力。位于沿海和内河的港口、码头、装卸站及船舶修造厂，分别于 2017 年年底前和 2020 年年底前达到建设要求。港口、码头、装卸站的经营人应制订防治船舶及其有关活动污染水环境的应急计划。

严格控制环境激素类化学品污染。开展专项整治，加强养殖投入品管理，依法规范、限制使用抗生素等化学药品，2017 年年底前完成环境激素类化学品生产使用情况调查，监控评估水源地、农产品种植区及水产品集中养殖区风险，实施环境激素类化学品淘汰、限制、替代等措施。

4.5.1.4 提升近岸海域水质

科学划定水产养殖区域。对天然水体进行功能分区、划定和环境评价，到 2020 年，完成水产养殖水域划定，核定养殖区域并核发养殖许可证；根据区域海水环境对污染负荷的承载能力，确定养殖品种、养殖密度和养殖模式。

实施近岸海域污染防治方案。研究近岸海域污染物排放总量控制。规范入海排污口设置，2016 年年底前列出非法设置或设置不合理的入海排污口清单，2017 年年底前完成清理。

开展近岸海域环境整治。加快海滨泳场区域污水处理厂提标改造，提高污水处理能力；提高规划建设城管环保税务等多部门督查执法力度，全面规范社会排水行为，整治餐饮摊贩、洗车、老旧社区违章装修、市场与工地等雨污混排、违章乱接等源头排污；加快沿海区域的商住小区、商贸街区等雨污分流管网建设，杜绝雨污混流；加强海水水质定期监测，提高常规项目检测频率，研究拟定海滨泳场使用限时范围；积极推动珠江流域海陆统筹区域联合治理。到 2020 年，全面建成雨污分流系统，海滨水质实现全年达标。

推进水产生态健康养殖。实施水产养殖池塘、近海养殖网箱标准化改造，严格控制近海养殖密度，鼓励有条件的渔业企业开展海洋离岸养殖和集约化养殖，积极推广人工配合饲料，逐步减少冰鲜杂鱼饲料使用，以高产、优质、高效、生态、安全为目标，从根本上提高海水养殖业发展水平。到 2020 年，建立至少 2 个海水生态养殖示范区，建设 1 个深水网箱养殖为主体的海上产业园。

4.5.2 突出抓好 VOCs 和臭氧污染防治

4.5.2.1 加强工业企业大气污染综合治理

大力削减颗粒物排放。全面深化工业废气污染治理，全面推进钢铁、石化、建材、纺织等重点行业达标整治和金湾火电厂、工业锅炉除尘设施改造提升和烟气污染治理；严格控制新增污染源，新建项目必须满足大气污染排放标准中颗粒物排放限值的要求；对排放可吸入颗粒物的建设项目，逐步实行减量替代；进一步提高工业烟尘、粉尘的处理效率，实施水泥企业粉尘治理，完成金湾电厂烧结机除尘设施改造；继续淘汰燃煤设施、清洁化改造、散煤综合治理，推广清洁能源；加快高栏港经济区、工业园区等重点区域大气污染整治，改善区域大气环境质量。到 2017 年，力争珠海全市大气细颗粒物质量浓度不超过 35 μg/m³；到 2020 年，不超过 30 μg/m³。

继续强化二氧化硫减排和氮氧化物污染防治。一是执行大气污染物特别排放限值。火电、钢铁、石化、化工、有色行业以及燃煤锅炉执行大气污染物特别排放限值。所有燃煤机组执行《火电厂大气污染物排放标准》（GB 13223—2011）烟尘特别排放限值，现役钢铁行业烧结（球团）设备机头执行颗粒物特别排放限值。二是加强火电厂行业污染防治。12.5 万 kW 以上新增燃煤火电机组（不含循环流化床锅炉发电机组）要开展低氮燃烧改造和烟气脱硝改造，不能稳定达标排放的循环流化床锅炉发电机组要增加烟气脱硝设施。大力推进火电厂改造提升除尘设施，露天煤场必须实施有效的抑制扬尘措施。三是推动工业锅炉等污染整治。10 t/h 及以上的新增工业蒸汽锅炉应改燃清洁能源或实施烟气污染治理，确保污染物达标排放；20 t/h 及以上的新增工业蒸汽锅炉应采用低氮燃烧技术，建设在线监测装置并与当地环保部门联网。确保顺利完成"十三五"工业锅炉总量减排目标，有效改善环境空气质量。四是实施钢铁烧结机装置烟气脱硝。2017 年年底前，所有钢铁烧结机完成脱硝。五是实行污染物削减替代，对排放二氧化硫、氮氧化物的建设项目，实行现役源 2 倍削减量替代。

全面开展挥发性有机物（VOCs）污染防治。一是将全市细分为禁止准入区域、严格控制区域和一般控制区域，进一步控制 VOCs 重点行业分布。二是以化工园区及石化、干洗、喷涂、印刷等行业为重点，加强 VOCs 排放企业的监管，完成 55 家 VOCs 重点治理企业的整治任务；对新增排放挥发性有机物的建设项目，逐步实行减量替代。三是分行业开展 VOCs 污染整治。①涂料、油墨、胶黏剂等生产企业应采用密闭一体化生产技术，统一收集挥发性有机物废气并净化处理，净化效率应大于 90%。②强化石油类炼制有机废气综合治理，工艺排气、储罐、废气燃烧塔（火炬）、废水处理等生产工艺单元应安装废气回收或末端治理装置。2017 年年底前所有石油类炼制企业及重点化工企业全面应用泄漏检测与修复技术。③在建筑装饰装修行业推广使用符合环保要求的水性或低挥发性建筑涂料、木器漆和胶黏剂，淘汰开启式干洗机。④汽车行业推广使用先进涂装工艺技术及环保型涂料，优化喷涂工艺与设备。⑤家具生产喷涂工序安装有机废气捕集设施，环保型涂料、溶剂和油漆使用比例达到 30% 以上。⑥开展油气回收在线监控系统平台建设，实现油气回收远程监控。⑦根据试点经验，全面开展规模化餐饮企业在线监控，建立长效监管机制，市建成区内所有排放油烟的餐饮企业和单位食堂安装高效油烟净化设施，设施正常使用率不低于 95%。表 4-25 为珠海市 55 家重点 VOCs 治理企业清单。

表 4-25　珠海市 55 家重点 VOCs 治理企业清单

序号	区域	单位名称	行业
1	富山工业园区	珠海市凯邦电机制造有限公司	金属表面涂装
2	高栏港经济开发区	珠海碧辟化工有限公司	其他行业
3	高栏港经济开发区	珠海华润包装材料有限公司	印刷业

序号	区域	单位名称	行业
4	金湾区	金安国纪科技（珠海）有限公司	金属表面涂装
5	高栏港经济开发区	珠海金鸡化工有限公司	化学原料和化学制品制造业
6	金湾区	中丰田光电科技（珠海）有限公司	橡胶和塑料制品业
7	香洲区	珠海经济特区诚成印务有限公司	印刷业
8	金湾区	广东蓉胜超微线材股份有限公司	金属表面涂装
9	富山工业园区	珠海格力电工有限公司	金属表面涂装
10	金湾区	珠海拾比佰彩图板股份有限公司	金属表面涂装
11	高栏港经济开发区	珠海市华峰石化有限公司	炼油与石化行业
12	高栏港经济开发区	珠海普阳革业有限公司	皮革制造业
13	斗门区	伟创力制造（珠海）有限公司	电子元件制造业
14	斗门区	领跃电子科技（珠海）有限公司	电子元件制造业
15	斗门区	珠海市旺林包装材料有限公司	印刷业
16	富山工业园区	珠海方正科技高密电子有限公司	电子元件制造业
17	斗门区	珠海市鹏辉电池有限公司	金属表面涂装
18	香洲区	珠海铭祥汽车工业有限公司	金属表面涂装
19	斗门区	伟创力电脑（珠海）有限公司	电子元件制造业
20	高新区	珠海凯雷电机有限公司	金属表面涂装
21	金湾区	珠海高新区强恩玻璃钢制品有限公司	橡胶和塑料制品业
22	斗门区	珠海市建泰环保工业园有限公司	电子元件制造业
23	金湾区	珠海光宝移动通信科技有限公司	电子元件制造业
24	高栏港经济开发区	珠海怡达化学有限公司	化学原料和化学制品制造业
25	高栏港经济开发区	珠海市科立鑫金属材料有限公司	化学原料和化学制品制造业
26	富山工业园区	广东坚士制锁有限公司	家具制造业
27	金湾区	白井电子科技（珠海）有限公司	电子元件制造业
28	香洲区	珠海市金邦达保密卡有限公司	电子元件制造业
29	高栏港经济开发区	珠海长成化学工业有限公司	化学原料和化学制品制造业
30	富山工业园区	珠海市华贸皮革制品有限公司	皮革制造业
31	香洲区	珠海方正科技多层电路板有限公司	电子元件制造业
32	金湾区	珠海市德燊环保包装有限公司	橡胶和塑料制品业
33	高栏港经济开发区	珠海联成化学工业有限公司	化学原料和化学制品制造业
34	富山工业园区	联业织染（珠海）有限公司	其他行业
35	香洲区	珠海经济特区特艺塑料容器厂有限公司	橡胶和塑料制品业
36	高栏港经济开发区	珠海瑞杰包装制品有限公司	橡胶和塑料制品业
37	高新区	珠海励致洋行办公家私有限公司	家具制造业
38	香洲区	珠海市金叶工业有限公司	印刷业
39	香洲区	珠海格力电器股份有限公司	金属表面涂装
40	高新区	珠海市彩龙塑胶油墨制品有限公司	涂料、油墨、颜料及类似产品制造业
41	高新区	珠海市乐通化工股份有限公司	化学原料和化学制品制造业
42	高栏港经济开发区	珠海市泽涛粘合制品有限公司	涂料、油墨、颜料及类似产品制造业
43	高栏港经济开发区	晓星氨纶（广东）有限公司	其他行业
44	斗门区	显利（珠海）造船有限公司	金属表面涂装
45	高新区	珠海合成兴游艇有限公司	金属表面涂装
46	高新区	珠海市船舶制造有限公司	金属表面涂装
47	高栏港经济开发区	珠海中阳革业有限公司	制鞋业

序号	区域	单位名称	行业
48	金湾区	珠海市新国艺家具有限公司	家具制造业
49	斗门区	珠海顺桦美橱柜有限公司	家具制造业
50	高栏港经济开发区	珠海富华复合材料有限公司	电子元件制造业
51	高栏港经济开发区	珠海裕田化工制品有限公司	电子元件制造业
52	高新区	威士茂科技工业园（珠海）有限公司	橡胶和塑料制品业
53	高栏港经济开发区	珠海长成化学工业有限公司	化学原料及化学制品制造业
54	高栏港经济开发区	珠海联成化学工业有限公司	化学原料及化学制品制造业
55	高栏港经济开发区	珠海宝塔石化有限公司	炼油与石化行业

专栏4-1 珠海市 VOCs 污染防治专项整治方案

（1）优化空间布局

进一步深化环境准入制度，优化调整 VOCs 排放产业布局。在生态功能区，禁止或限制开发新建 VOCs 污染企业，并逐步清理现有污染源；积极推动 VOCs 排放重点行业企业向园区集中；对新、改、扩建 VOCs 项目实施严格的环评审批。

原则上城市中心区核心区域内不再新建和扩建 VOCs 排放量大的化工、制造等重点行业企业；加强对现有排污企业的全面清理和整治，对城市建成区内现有重污染企业结合产业布局调整实施搬迁改造。

（2）加快产业升级

加快淘汰落后产能，严格执行 VOCs 重点行业相关产业政策，全面淘汰落后生产工艺装备，全面清理违规建设项目，依法实施停产整治、限期搬迁或关闭。

（3）提升工艺设备

鼓励采用先进的清洁生产技术，扩大符合环境标志产品技术要求的油墨、涂料等的生产和使用；制定完善重点排放行业清洁生产审核技术指南，加强清洁生产审核和评估验收。

（4）强化污染治理

企业配备污染控制措施，并进行定期的泄漏检测与修复工作；严格控制和完善挥发性有机液体储运工作；严格控制 VOCs 处理过程中产生的二次污染等；规范并定期检测废气排污口和废气治理设施；环境保护部门定期对企业无组织排放及环保措施进行监督性检查；排查和评估全市加油站、油库油气回收装置运行状况。

（5）强化环保监管

建立完善 VOCs 排放监测监控体系；建立区域大气中 VOCs 浓度实时监控体系，重点监控典型污染源以及敏感区域；建立健全 VOCs 污染源档案和信息数据库，进一步完善 VOCs 排放源清单；建立健全 VOCs 排放源动态监控与信息采集系统，对重点行业 VOCs 削减和控制全过程及效果进行综合评估，全面掌握污染源的行业和地区分布情况；加强企业 VOCs 排放申报登记和环境统计，对与 VOCs 排放相关的原辅料、溶剂的使用、产品生产及输出、废气处理等信息应进行跟踪记录；加强执法人员装备建设，在日常巡查中加强对企业 VOCs 排放的监管；重点行业工业企业每年至少开展一次 VOCs 排放监测。

系统开展臭氧污染防治。通过臭氧产生前体物 VOCs 和 NO_x 等总量控制，协同推进臭氧污染防治。完善臭氧监测站点，补充监测数据，掌握臭氧污染状况。开展臭氧产生过程研究，提出有针对性的治理措施和解决方案。到 2020 年，力争珠海全年臭氧 8 h 平均浓度达到二级天数比例达 93.6%。

严控有毒气体排放。对重点行业实施二噁英减排示范工程，垃圾焚烧发电厂每年定期开展二噁英监督性监测。禁止露天焚烧可能产生有毒有害烟尘和恶臭的物质或将其用作原料。把有毒空气污染物排放控制作为建设项目环评审批的重要内容。

4.5.2.2 深化面源污染治理

加强城市扬尘污染防治。到 2018 年年底前，全市扬尘污染控制区应达到建成区面积的 100%，继续推进施工扬尘控制"六个 100%"（施工现场 100%围蔽、工地沙土 100%覆盖、工地路面 100%硬化、拆除工程 100%洒水压尘、出工地运输车辆 100%冲净车身车轮且密闭无撒漏，暂不开发场地 100%绿化）。

加强施工及道路扬尘污染治理。推广施工扬尘污染防治技术，健全扬尘源动态信息库和颗粒物在线监控系统。主城区内施工工地渣土和粉状物料应逐步实现封闭运输并配备卫星定位装置；大型施工工地（建设用地面积≥10 万 m^2 的建设工程工地及建设用地面积≥5 万 m^2 的房屋拆除改造工地）和采石取土场必须规范安装扬尘视频监控设备，加强码头扬尘污染控制。积极推行城市道路机械化清扫等低尘作业方式，推广"吸、扫、冲、收"清扫保洁新工艺，增加道路冲洗保洁频次，切实降低道路扬尘负荷。加大不利气象条件下道路保洁力度，增加洒水次数。

整治堆场扬尘污染。散货物料堆场应封闭存储或建设防风抑尘设施。1 000 t 级以下（不含本数）码头要使用干雾抑尘、喷淋除尘等技术降低粉尘飘散率，1 000 t 以上码头还要完成防风抑尘网建设和密闭运输系统改造。2017 年年底前所有港区完成扬尘污染综合治理任务。

4.5.2.3 强化移动源污染防治

加强新车登记注册和外地车辆转入管理。严格按国家环保达标车型目录进行新车登记和转移登记，按照环保车型公告的型式核准技术指标，对拟注册车辆污染控制装置进行实质性技术审查，对不符合规定要求的，一律不得注册登记或转入。

全面落实机动车环保定期检测制度。每年至少开展一次机动车环保检测，并将有关情况联网报至省环保主管部门进行核定。环保检验合格标志发放率需达到 90%以上，未取得环保合格标志的车辆以及排气超标的车辆不得上路行驶。

加强黄标车和强制报废车辆管理。一是加大黄标车淘汰力度。完成省下达的黄标车及老旧车淘汰任务，2016 年进一步清理压缩黄标车剩余量，确保实现基本淘汰。二是对达到强制报废年限而未办理报废手续的车辆依法强制注销并公告牌证作废。三是加大力度对生产领域和流通领域车用成品油质量开展执法检查。

加强非道路机械与船舶污染防治。新建邮轮码头须配套建设岸电设施，新建 10 万 t 级以上的集装箱码头须配套建设岸电设施或预留建设岸电设施的空间和容量。2017 年年底前，原油、成品油码头完成油气综合治理。2017 年年底前，基本完成沿海和内河主要港口轮胎式门式起重机（RTG）的"油改电"工作，工作船和港务管理船舶基本实现靠港使用岸电。加强非道路移动机械排放管理，开展施工机械环保治理，推进大气污染物后处理装置安装工作。

4.5.2.4　加强大气环境监管力度

全面实施总量控制制度。健全建设项目环境影响评价总量前置审核制度。将细颗粒物和臭氧达标情况纳入规划环评和相关项目环评内容，把取得主要污染物排放总量指标作为建设项目环评审批的前置条件，建立建设项目与减排进度挂钩的环评审批机制，逐步将典型行业 VOCs 排放总量纳入项目环评审批的前置条件。全面实施排污许可证制度，对电力、钢铁、造纸、印染、机动车等行业实施主要污染物排放总量控制。

加强监测和执法。利用机动车排污监管平台，强化污染源监督性监测工作。按照《广东省机动车环保检测管理系统数据交换接口规范》要求，及时联网报送数据。加强与各部门的执法联动和信息共享，实行挂牌督办，坚决取缔小炼油、小锅炉等无证经营企业，重点打击重污染企业超标排放、施工扬尘管理不规范、生产销售不合格油品等行为。

加大监督检查力度。环境空气质量指标纳入环境保护考核评价指标体系，按照国家和广东省对大气污染防治工作的考核要求，定期督查各区工作进展情况，并对社会公开。

完善环保信用体系建设。完善执法衔接机制。建立环境保护部门和公安部门执法联动机制，完善环境污染刑事案件的移送、受理、立案及重大案件会商、督办制度，严惩环境污染违法犯罪行为。

4.5.2.5　积极参与区域大气污染联防联控工作

积极参与推动环境监测一体化建设。积极配合珠三角区域性大气监控网络的构建，以实现区域环境大气质量监测网络一体化；配合省环境监测中心，实现区域监测能力建设一体化；建立健全市域环境监测质量管理制度，加强环境监测全程序质量控制；配合省环境监测中心，实现区域环境监测技术体系统一，以强化区域环境监测数据与评价结果的可比性，完善区域环境质量评价体系。

积极响应环境预警应急联动。积极参与珠三角区域应急监测、预警移动平台和空气质量预报预警平台建设，提升区域环境监测预警与应急能力；积极配合珠三角大气环境事故应急处理的协调联动机制的建立，以实现区域应急监测统一指挥协调、自愿同意调配、数据统一管理，建成完善突发性事故应急监测体系。

积极参与区域环境信息共享。积极参与区域性环境信息网络建设，实现与周边中山市、江门市等城市间网络互联互通。一是推进珠三角污染源动态管理信息系统建设，实现区域环境信息标准化，提高区域信息共享水平；二是配合省环保厅，逐步建立完善珠三角重点大气污染源信息的披露机制，搭建珠三角环境信息统一对外发布的网络平台。积极参与建立区域大气环境联合执法监管机制工作。积极配合珠三角区域环境执法监管工作，确定并公布市域重点企业名单，开展市域大气环境联合执法检查，集中整治违法排污企业。加强市域大气污染防治工作的监督检查和考核，定期开展重点行业、企业大气污染专项检查，强化市域内工业项目搬迁的环境监管。

4.5.3　加强土壤环境污染防治

4.5.3.1　开展土壤污染状况详查

在广东省土壤污染状况调查基础上，根据珠海市土壤环境状况、土地利用类型、土壤类型、污染物类型和污染源分布情况，以农用地和重点行业企业用地为重点，开展土壤污染状况详查，2018 年年底前查明农用地土壤污染的面积、分布及其对农产品质量的影响；2020 年年底前掌握重点行业企业用地中的污染地块分布及其环境风险情况。制订详查总体方案和技术规定，开展技术指导、监督检查和成果审核。建立土壤环境质量状况定期调查制度，每 10 年开展 1 次。结合珠海实际情况，补充设置监测点位，增加特征污染物监测项目，提高监测频次。2020 年年底前，实现土壤环境质量监测点位全覆盖。利用环境保护、国土资源、农业等部门相关数据，建立土壤环境基础数据库，构建珠海市土壤环境信息化管理平台，力争 2018 年年底前完成。

4.5.3.2　推进土壤污染防治地方立法

加快推进地方性立法进程。利用珠海地方立法特权，2017 年年底前，颁布珠海市土壤污染防治条例。研究制定珠海市污染地块土壤环境管理办法、珠海市农用地土壤环境管理办法。待国家土壤环境质量标准发布后，制定严于国家标准的珠海市农用地、建设用地土壤环境质量标准。

加大执法力度。将土壤污染防治作为环境执法的重要内容，充分利用环境监管网格，加强土壤环境日常监管执法。严厉打击非法排放有毒有害污染物、违法违规存放危险化学品、非法处置危险废物、不正常使用污染治理设施、监测数据弄虚作假等环境违法行为。开展有色金属、化工、皮革制品、医药等重点行业企业专项环境执法，对严重污染土壤环境、群众反映强烈的企业进行挂牌督办。改善基层环境执法条件，配备必要的土壤污染快速检测等执法装备。提高突发环境事件应急能力，完善各级环境污染事件应急预案，加强环境应急管理、技术支撑、处置救援能力建设。

4.5.3.3 加强农用地土壤环境保护

（1）划分农用地土壤环境质量类别

以农用地土壤环境质量评价结果为主导因素，结合农用地生产力水平、农用地的生态功能与生态价值，按污染程度将农用地划为三个类别：未污染和轻微污染的划为优先保护类，轻度和中度污染的划为安全利用类，重度污染的划为严格管控类。以耕地为重点，分别采取相应管理措施，保障农产品质量安全。以土壤污染状况详查结果为依据，开展耕地土壤和农产品协同监测与评价，在试点基础上有序推进耕地土壤环境质量类别划定，逐步建立分类清单，2020 年年底前完成。划定结果由珠海市人民政府审定，并在广东省环保厅备案。各区每 3 年对各类别耕地面积、分布等信息进行更新。

（2）实施农用地分类别管理

加大保护力度。将符合条件的优先保护类耕地划为永久基本农田，实行严格保护，确保其面积不减少、土壤环境质量不下降，除法律规定的重点建设项目选址确实无法避让外，其他任何建设不得占用。高标准农田建设项目向优先保护类耕地集中的地区倾斜。重点在斗门区等主要耕地区域推行秸秆还田、增施有机肥、少耕免耕、农膜减量与回收利用等措施。农村土地流转的受让方要履行土壤保护的责任，避免因过度施肥、滥用农药等掠夺式农业生产方式造成土壤环境质量下降。禁止在优先保护类耕地集中区域新建有色金属、化工、皮革制品、医药等污染企业，现有相关行业企业要采用新技术、新工艺，加快提标升级改造步伐。市政府要对优先保护类耕地面积减少或土壤环境质量下降的各区，进行预警提醒并依法采取环评限批等限制性措施。

推进安全利用。根据土壤污染状况和农产品超标情况，安全利用类耕地集中的区要结合当地主要作物品种和种植习惯，制订实施受污染耕地安全利用方案，采取农艺调控、替代种植等措施，降低农产品超标风险。强化农产品质量检测。加强高栏港区等耕地土壤环境风险较大区域的土壤环境风险预警、应急能力建设。市海洋农业和水务局每年开展 2 次对农民、农民合作社的技术指导和培训会。

落实严格管控。加强对严格管控类耕地的用途管理，依法划定特定农产品禁止生产区域，严禁种植食用农产品；开展土壤环境质量监测和农产品质量检测。加强对严格管控类耕地的用途管理，依法划定特定农产品禁止生产区域，严禁种植食用农产品；对威胁地下水、饮用水水源安全的，有关各区要制定环境风险管控方案，并落实有关措施。研究将严格管控类耕地纳入珠海市新一轮退耕还林实施范围，制订实施重度污染耕地种植结构调整或退耕还林计划。建立食用农产品质量检测制度，对重金属等污染物超标的食用农产品严格进行管控，不得进入食用领域。在镉、铜、镍含量超标的耕地土壤，采取植物修复、种植结构调整等方式，逐步开展重污染农用地土壤污染治理与修复试点示范。到 2017 年年底前，完成 1 项以上受污染耕地土壤治理修复试点示范工程。

4.5.3.4　管控建设用地土壤环境风险

（1）明确管理要求

建立调查评估制度。自 2017 年起，对拟收回土地使用权的有色金属、化工、皮革制品、医药等行业企业用地，以及用途拟变更为居住和商业、学校、医疗、养老机构等公共设施的上述企业用地，由土地使用权人负责开展土壤环境状况调查评估；已经收回的，由当地人民政府负责开展调查评估。自 2018 年起，重度污染农用地转为城镇建设用地的，由市人民政府负责组织开展调查评估。调查评估结果向市环境保护、城乡规划、国土资源部门备案。

分用途明确管理措施。自 2017 年起，依据环境保护部发布的《场地环境监测技术导则》《场地环境调查技术导则》《污染场地风险评估技术导则》等文件，珠海市粤裕丰钢铁、红塔仁恒纸业等已完成搬迁，以环境风险高的企业为重点，根据建设用地土壤环境质量调查评估结果，逐步建立污染地块名录及其开发利用的负面清单，合理确定土地用途。符合相应规划用地土壤环境质量要求的地块，可进入用地程序。暂不开发利用或现阶段不具备治理修复条件的污染地块，由各区人民政府组织划定管控区域、设立标识、发布公告，开展土壤、地表水、地下水、空气环境监测；发现污染扩散的，有关责任主体要及时采取污染物隔离、阻断等环境风险管控措施。2017 年，建立搬迁企业污染场地名录，实现动态化更新和管理。

（2）落实监管责任

市住房和城乡规划建设局要结合土壤环境质量状况，加强城乡规划论证和审批管理。市国土资源局要依据土地利用总体规划、城乡规划和地块土壤环境质量状况，加强土地征收、收回、收购以及转让、改变用途等环节的监管。市环境保护局要加强对建设用地土壤环境状况调查、风险评估和污染地块治理与修复活动的监管；加强高栏港区等土壤环境风险预警、应急能力建设。建立规划、国土、环保等部门间的信息沟通机制，实行联动监管。

（3）严格用地准入

将建设用地土壤环境管理要求纳入城市规划和供地管理，土地开发利用必须符合土壤环境质量要求。市国土资源局、市住房和城乡规划建设局等部门在编制土地利用总体规划、城市总体规划、控制性详细规划等相关规划时，应充分考虑污染地块的环境风险，合理确定土地用途。

（4）开展污染地块治理与修复试点示范

按照"谁污染，谁治理"原则，明确治理与修复主体。市环境保护局要以影响农产品质量和人居环境安全的突出土壤污染问题为重点，2017 年年底前完成污染地块治理与修复实施方案制定。市人民政府以拟开发建设居住、商业、学校、医疗和养老机构等项目的污染地块为重点，有序开展治理与修复试点示范，强化治理与修复工程监管。2018 年年底前，启动 1 项以上污染场地土壤治理修复试点示范工程。

4.5.3.5　严控新增土壤污染

防范建设用地新增污染。排放重点污染物的建设项目，在开展环境影响评价时，要增加对土壤环境影响的评价内容，并提出防范土壤污染的具体措施；需要建设的土壤污染防治设施，要与主体工程同时设计、同时施工、同时投产使用；市、区环境保护部门要做好有关措施落实情况的监督管理工作。自 2017 年起，市、区人民政府要分别与重点行业企业签订土壤污染防治责任书，明确相关措施和责任，责任书向社会公开。

强化空间布局管控。加强规划区划和建设项目布局论证，根据土壤等环境承载能力，合理确定区域功能定位、空间布局。鼓励工业企业集聚发展，提高土地节约集约利用水平，减少土壤污染。严格执行相关行业企业布局选址要求，禁止在居民区、学校、医疗和养老机构等周边新建有色金属冶炼、化工、电子制造等行业企业；结合推进新型城镇化、产业结构调整和化解过剩产能等，有序搬迁或依法关闭对土壤造成严重污染的现有企业。结合区域功能定位和土壤污染防治需要，科学布局生活垃圾处理、危险废物处置、废旧资源再生利用等设施和场所，合理确定畜禽养殖布局和规模。

加强未利用地环境管理。按照科学有序原则开发利用未利用地，防止造成土壤污染。拟开发为农用地的，各区人民政府要组织开展土壤环境质量状况评估；不符合相应标准的，不得种植食用农产品。加强纳入耕地后备资源的未利用地保护，定期开展巡查。依法严查向滩涂等非法排污、倾倒有毒有害物质的环境违法行为。

4.5.4　提高固体废物资源化利用水平

4.5.4.1　提高工业固体废物综合处置能力

提高工业固体废物综合利用率。鼓励龙头企业向农村地区延伸回收网点，以城带乡，城乡互动，建设与城镇化相适应的再生资源回收体系，鼓励回收企业与各类产废企业和产业集聚区建立战略合作关系，建立适合产业特点的回收模式，实现"企业自营、政府监管"，实现"资源化、减量化、无害化"目标；按照统筹规划、合理布局原则，结合珠海实际情况，进行全市再生资源回收体系建设。每个行政区至少设置一个集中交易处理中心，建立以回收站（点）、集中交易处理中心为代表的两级回收网络。到 2020 年，工业固体废物综合利用率不低于 90%，工业危险废物完全实现无害化处理处置；推进固体废物利用和处置的市场化运作，到 2020 年，在珠海建设和运行一个固体废物处理处置的示范工程。

加强特色园区及重点行业的固体废物污染防治。加强园区内企业工业固体废物贮存、流转、处理处置的日常监督检查，园区内建立废物回收交换与管理系统，向园区内外发布企业副产品和废物产生、原辅材料需求信息，为园区内外企业固体废物的交换搭建平台，到 2020 年，打造一个废物回收交换与管理系统示范园区。

4.5.4.2　提高生活垃圾处理能力

推进生活垃圾处理。整体提升东西部生活垃圾处理能力，城市生活垃圾无害化处理率继续保持在 100% 水平，到 2017 年，所有垃圾填埋场的渗滤液处理达标排放。全面推进珠海生活垃圾分类收集。以收缴垃圾处理费为突破口，进一步按照可回收垃圾、不可回收垃圾和危险废物三大类进行分类。到 2020 年，实现珠海城镇居民生活垃圾分类收集率达 50% 以上。

建立以焚烧为主、综合处置为辅的处理模式。配套建设原生活垃圾焚烧发电厂的环保设施，完善炉膛温度、废气、渗滤液处理设施，达到国家现行标准要求，推进东部（西坑尾）生活垃圾处理中心整体提升和中信生态环保产业园区的建设；在珠海市环卫业务主管部门的指导下，逐步建立以生活垃圾焚烧为主、综合处置为辅的处理模式，积极推广采用水泥窑协同技术处理生活垃圾。

实现海岛垃圾安全处置。根据有关海岛生活垃圾规划建设要求，海岛生活垃圾处理采用离岛无害化处理的方式，垃圾从收集点直接进入垃圾压缩中转站。各海岛配备 1 艘垃圾运输船，并预备 1 艘在各岛之间调配。岛上存量垃圾采用船运车载至西 坑尾环保生态园进行无害化处理。到 2020 年年底，建设一套完善的海岛垃圾处置体系。

4.5.4.3　加强危险废物的安全管理

开展危险废物重点源调查。在珠海全面开展危险废物重点源调查和危险废物申报登记等工作；加强对危险废物的监督管理，推进危险废物经营企业信用管理制度建设；开展清洁生产审核，采取原料替代、工艺升级改造等措施，开展工业危险废物的企业内部消化与外部市场开拓的两种利用途径；从源头上减少产生量，提高回收利用率；逐步将危废处理处置企业参照"重污染行业污染防治"纳入统一管理，非工业源的危险废物逐步纳入固体废物监督管理；制定危险废物在线监控管理系统。到 2020 年，珠海的危险废物安全处置率要持续保持 100%。

提高危险废物处理能力。以珠海危险废物处置企业为依托，以广东省内市外处置企业为辅助，以广东省危险废物处置中心为补充，对珠海市产生但暂无处理能力如感光材料废物、含氰废物等危险废物，优先引进和建设具有该类危险废物处置能力的市外企业，确保需填埋处置如焚烧灰渣、废灯管等危险废物得到妥善处置；禁止外来危险废物和惰性固体废物等进入珠海市处置。到 2020 年年底，珠海要建立一座危险废物处置中心，处置能力为 400 t/d；扩大西部地区远期医疗废物处理能力达 20 t/d，万山区海岛医疗废物应因地制宜进行处理，严格按照相关的国家规定、标准要求进行管理和处置。

4.5.4.4 加强电子垃圾和建筑垃圾处理处置

加强废弃电器电子垃圾管理。完善废旧电子电器收集网络，充分利用制造业、商品流通领域、相关职能部门、街道及社区等平台，逐步组建废旧电子电器收集网络，鼓励规模以上电器电子生产企业进行产品回收处理，到 2020 年，在珠海建设 1 个废旧电子电器集中处理中心和回收利用系统，每个园区重点培育至少 2 个企业建设处置示范中心，逐步建成以市内规模生产电器电子产品企业为主，以广东省区域综合处置中心为补充，以广东省废旧电子电器拆解业危险废物综合处置中心为依托的体系。

加强建筑垃圾管理。结合土地整理规划，在珠海市范围内综合布局多个公众堆填区，到 2020 年，建立两个相对固定的临时受纳场及一个大型的受纳场。

4.5.5 严密防控环境风险

4.5.5.1 整体提升环境风险防范水平

加强环境风险源头防控。建立珠海市环境风险基础信息数据库，动态收集环境风险源与环境风险受体基础数据，并定期进行数据动态更新，2020 年实现环境风险基础信息的动态管理；针对珠海市高风险区（金湾区、斗门区南部）内的高风险企业，加强工业企业环境风险隐患排查治理，2017 年年底，对高风险企业制定隐患排查治理和档案编制指南。

分区推进环境风险管控。针对高栏港区、斗门区、金湾区高风险企业集聚区域，2017 年年底前，完成该区域中、高风险企业环境风险评估与应急预案的编制工作；完善区域内企业及危险化学品运输的监视监测工作，到 2020 年，完成突发环境事件预警设施布设，提高区域突发环境事件风险防控与快速响应能力；通过限制开发引进、企业搬迁限制降低高风险区环境风险，严格高风险区域的高风险、高污染建设项目的准入，到 2020 年，逐步清退污染物排放不达标、环境风险隐患排查治理不到位、环境应急预案编制不合格的企业。表 4-26 为珠海市环境风险源企业清单。

表 4-26　珠海市环境风险源企业清单

序号	区域	企业名称	风险等级	风险源
1	香洲区	珠海经济特区红塔仁恒纸业有限公司	中风险	废气
2	香洲区	珠海深能洪湾电力有限公司	高风险	废气
3	斗门区（不含富山工业园）	珠海东洋油墨有限公司	中风险	废水
4	斗门区（不含富山工业园）	联业织染（珠海）有限公司	中风险	废水
5	斗门区（不含富山工业园）	德丽科技（珠海）有限公司	中风险	废水
6	斗门区（不含富山工业园）	珠海东松环保技术有限公司	高风险	危险废物
7	斗门区（不含富山工业园）	珠海市经济特区农牧肉联猪场	中风险	废水（畜禽养殖）
8	斗门区（不含富山工业园）	斗门区白蕉镇家禽养殖场	中风险	废水（畜禽养殖）
9	斗门区（不含富山工业园）	珠海同益制药有限公司	中风险	废水
10	斗门区（不含富山工业园）	珠海市新富华快餐用品有限公司	中风险	废水
11	金湾区	广东汤臣倍健生物科技股份有限公司	中风险	废水
12	金湾区	珠海市清新工业环保有限公司	高风险	危险废物
13	金湾区	珠海吉力化工企业有限公司	高风险	危险化学品
14	金湾区	珠海鸿圣金属工业有限公司	高风险	废水
15	金湾区	珠海丰洋化工有限公司	高风险	危险化学品
16	金湾区	珠海市广通客车有限公司	低风险	废水
17	高栏港区	珠海华丰纸业有限公司	中风险	废水、废气
18	高栏港区	珠海碧辟化工有限公司	高风险	危险化学品
19	高栏港区	广东省粤电集团有限公司珠海电厂	高风险	废气
20	高栏港区	广东珠海金湾发电有限公司	高风险	废气
21	高栏港区	珠海粤裕丰钢铁有限公司	高风险	废气
22	高栏港区	珠海励联纺织染工业有限公司	高风险	废水
23	高栏港区	珠海市环保产业开发有限公司	高风险	危险废物
24	高栏港区	珠海平沙万兴畜牧有限公司	中风险	废水（畜禽养殖）
25	高栏港区	珠海得米化工有限公司	高风险	危险化学品
26	高栏港区	广东珠江化工涂料有限公司	高风险	危险化学品
27	高栏港区	珠海联固化学工业有限公司	高风险	危险化学品
28	高栏港区	广东绿洲化工有限公司	高风险	危险化学品
29	高栏港区	珠海市华峰石化有限公司	高风险	危险化学品
30	高栏港区	卡德莱化工（珠海）有限公司	高风险	危险化学品
31	高栏港区	珠海市超健化学工业有限公司	高风险	危险化学品
32	高栏港区	珠海金鸡化工有限公司	高风险	危险化学品
33	高新区	特区种鸡蛋鸡场	中风险	废水（畜禽养殖）
34	高新区	那洲猪场	中风险	废水（畜禽养殖）
35	高新区	珠海经济特区农牧肉类联合发展有限公司金鼎猪场	中风险	废水（畜禽养殖）

序号	区域	企业名称	风险等级	风险源
36	高新区	珠海市伟力高生物科技有限公司	低风险	废水
37	高新区	珠海联合天润打印耗材有限公司	中风险	废水
38	高新区	珠海市科力莱科技有限公司	低风险	废水
39	保税区	珠海保税区御国色素有限公司	低风险	废水
40	保税区	珠海保税区摩天宇航空发动机维修有限公司	低风险	废水
41	保税区	珠海保税区天然宝杰数码科技材料有限公司	低风险	废水
42	保税区	珠海保税区丽珠合成制药有限公司	中风险	废水
43	富山工业园	珠海东洋油墨有限公司	高风险	危险化学品
44	富山工业园	珠海乐通新材料科技有限公司	中风险	废水
45	富山工业园	珠海市玛斯特五金塑胶制品有限公司	高风险	废水
46	富山工业园	青岛啤酒（珠海）有限公司	高风险	废水
47	富山工业园	珠海承鸥卫浴用品有限公司	中风险	废水
48	富山工业园	珠海方正科技高密电子有限公司	中风险	废水
49	富山工业园	珠海市新虹环保开发有限公司	高风险	危险废物

健全突发环境事件应急预案管理体系。规范珠海市企事业单位环境应急预案编制、评审、备案工作，针对重点行业树立突发环境事件应急预案标杆，2017年年底，完成各高风险行业设立1个标杆企业；建立健全重点行业企业与政府突发环境事件应急预案定期演练制度，定期开展桌面推演、重点环节演练、全面演练、无脚本演练等多种形式的环境应急演练；加强环境事件应急联动，以突发环境事件全过程管理为主线，有效连接起建设项目审批、污染防治、环境监察、环境监测、环境应急等相关部门，到2020年，在珠海全面建立起信息共享、协调联动、综合应对的工作机制。

4.5.5.2 加强危险化学品环境风险防控

开展化学品和环境风险源的调查评估。开展珠海市危险化学品生产、使用及有关环境情况的调查，掌握化学品生产和使用的种类、数量、行业、地域分布等信息，2017年年底前，建立危险化学品清单；开展高风险区域水体、大气、土壤等介质中高环境风险化学品和累积风险类重点防控化学品的环境现状调查与评估，排查环境风险源的种类、数量、规模和分布信息等，到2017年，摸清分布、污染状况，建立环境风险源名单。

加强危险化学品储运过程和消费产品的监管。完善突发环境事件高发类重点防控化学品储运过程中的环境监管规定，到2020年，完成与有关部门建立危险化学品运输过程的信息通报和备案制度；危险化学品运输路线应避开饮用水水源地、居民密集区等环境敏感区域，交通运输工具应配备与所运输化学品相匹配的事故应急处置物资和设备，到2020

年年底，建立并运行危险化学品存储和运输车辆联网联控系统；开展消费产品中高环境风险化学品环境和健康影响研究，制定警示名单，推动消费产品中高环境风险化学品含量的限定和标识，2017 年年底完成警示名单制定。

加强环境风险监控体系建设。将突发环境事件高发类和特征污染物类重点防控化学品排放纳入企业自行监测和环保部门监督性监测的管理范围；加强企业监测能力，暂时不具备条件的，应委托相应的环境监测机构开展监测；企业应定期上报危险化学品特征污染物排放的监测结果，环保部门对重点防控企业定期开展监督性监测；将特征污染物类重点防控化学品逐步纳入现有排污收费体系。到 2020 年，在珠海建立运行完善的化学品环境管理和风险防控信息数据与管理支持系统。

4.5.5.3　加强辐射安全管理

建立完善辐射监测预警、执法体系。建立先进的辐射环境监测预警体系和完备的辐射环境执法监督体系，加强安全监管，按照辐射环境监管能力建设标准，配置珠海市辐射规划相关的人员和仪器；加强放射性污染防治，实现辐射源的安全监控，预防辐射污染事故。

提高电磁辐射污染防治能力。完善珠海市级辐射源监管部门和区级辐射源监管岗位建设；在规划环境影响评价中明确对电磁辐射防治的要求，防止电磁辐射污染；可能产生电磁辐射污染建设项目的建设单位，在工业、科研、医疗等活动中使用电磁辐射设施、设备的单位，应当严格遵守经批准的环境影响评价文件及其审批意见的要求和国家有关规定。

4.5.5.4　加强重金属污染防控

严格涉重金属行业准入。严格执行国家产业政策和有色金属及相关行业调整振兴规划，统筹安排重金属产业发展规划；淘汰落后产能任务落实到行政（管理）区、分解到企业，制定具体指标，限时完成任务；严格限制排放重金属污染物的外资项目；划定重金属污染物排放重点防控区，开展重点防控行业专项规划并进行规划环境影响评价；未通过环评审批的有关项目、未配套建设污水处理厂的园区不准新建、改建、扩建重金属排放项目；组织开展环境与健康风险评估，对存在显著高风险的企业，追究刑事或民事责任。

全面排查整治重金属污染。在珠海市环保专项行动重金属排放企业专项整治情况的调研的基础上，摸清珠海市重金属污染重点行业和重点企业，到 2020 年，建立珠海市重金属污染监管台账；督促香洲、金湾、斗门和高栏港的线路板生产、污水处理、废旧电子电器处理、电镀及其配套相关企业，加大废水处理力度，实现重金属污染减排；设立专项资金，加强饮用水水源地重金属污染排放整治，开展环境治理与修复、企业周边居民搬迁、受害人群康复治疗等，到 2020 年，实施完成至少 2 项重金属污染治理与修复示范工程。表 4-27 为珠海市省控 54 家涉重金属排放的企业名单。

表 4-27　珠海市涉重金属排放的企业名单（省控 54 家）

序号	辖区	名称
1	香洲区	珠海紫翔电子科技有限公司
2	香洲区	珠海元盛电子科技股份有限公司
3	香洲区	珠海兄弟工业有限公司
4	香洲区	珠海兴利五金制品有限公司
5	香洲区	珠海那美科技发展有限公司
6	香洲区	珠海垃圾发电厂
7	香洲区	珠海经济特区海港积层板有限公司（已停产）
8	香洲区	珠海格力电器有限公司
9	香洲区	珠海方正科技多层电路板有限公司
10	香洲区	佳能珠海有限公司
11	香洲区	珠海市丰华电镀厂（已搬迁）
12	香洲区	珠海市至力电池有限公司
13	富山工业区	珠海玛斯特五金塑胶制品有限公司
14	富山工业区	珠海华贸皮革制品有限公司
15	斗门区	珠海奕豪电镀五金有限公司
16	富山工业区	珠海新虹环保开发有限公司
17	斗门区	珠海东松环保技术有限公司
18	富山工业区	珠海承鸥卫浴用品有限公司
19	斗门区	珠海市宏宸金属表面工艺有限公司
20	斗门区	富士智能电机（珠海）有限公司
21	斗门区	珠海市斗门区海龙五金塑料厂
22	斗门区	珠海市新达强五金制品有限公司
23	斗门区	珠海宝朗照明有限公司
24	富山工业区	广东坚士制锁有限公司
25	斗门区	珠海开展电器五金有限公司（已停产）
26	富山工业区	珠海凌达压缩机有限公司
27	富山工业区	珠海锐达隆五金制品股份有限公司
28	高栏港区	珠海高磊五金塑料制品有限公司
29	高栏港区	珠海市兴俊企业有限公司
30	高栏港区	珠海市春生五金工业有限公司
31	高栏港区	珠海市东荣金属制品有限公司
32	高栏港区	珠海澳珠金属表面处理有限公司
33	高栏港区	珠海科立鑫金属材料有限公司
34	高栏港区	仁狮（珠海）工业有限公司
35	高栏港区	珠海精确电子制品有限公司
36	高栏港区	珠海环保产业开发有限公司

序号	辖区	名称
37	高新区	新金山五金制品（珠海）有限公司
38	金湾区	珠海寰宇蓄电池有限公司（已关停）
39	金湾区	珠海华宇金属有限公司
40	金湾区	珠海三阳蓄电池有限公司（已关停）
41	金湾区	珠海清新工业环保有限公司（已停产）
42	金湾区	珠海高新区新金开发有限公司
43	金湾区	珠海鸿湾工业固体废物处理中心有限公司（已停产）
44	金湾区	珠海硕鸿电路板有限公司
45	金湾区	桥椿金属（珠海）有限公司
46	金湾区	奈电软性科技电子（珠海）有限公司
47	金湾区	珠海创鸿电路板有限公司
48	金湾区	珠海点线电路板技术有限公司
49	金湾区	青木线路板（珠海）有限公司
50	金湾区	雅利达电路板珠海有限公司
51	金湾区	祥锦五金有限公司
52	金湾区	精英塑胶（珠海）有限公司
53	金湾区	白井电子科技（珠海）有限公司
54	金湾区	安费诺科技（珠海）有限公司

加强环境监测和应急体系建设。在充分利用现有监测点位的基础上，适当加密监控点位、监控项目和监测频次，到 2020 年，完成 47 家投产运行涉重排放企业污染监控网络建设，建立重金属排放企业的巡查制度；重金属排放企业要建立特征污染物日监测制度和环境信息公开制度，每月向当地环保部门报告监测结果，每年向社会发布年度环境报告书。加快污染事故应急监测响应信息管理系统的应用开发，提高对重大环境事故进行快速科学的分析、评价和处理应对的能力，到 2020 年，完善重金属污染突发事件应急体系建设。

4.5.5.5 开展持久性有机物污染防范控制

到 2020 年，珠海要完成持久性有机物政策法规体系和预防体系建设；同时还需要进行新增持久性有机物监测能力建设，配备完善相应的分析监测仪器设备，配备相应人员并加强人员培训，到 2020 年，完善持久性有机物监测体系；开展持久性有机物污染调查，摸清辖区已识别持久性有机物来源、使用、库存、废物处理及环境介质残留情况，到 2020 年，建成持久性有机物数据库，制定污染防治重点行业、重点区域和重点排放源清单；开展持久性有机物污染防治宣传，到 2020 年，完成将持久性有机物监管和污染防治工作纳入绩效评估。

4.5.6 推进村居生活污水和垃圾处理全覆盖

4.5.6.1 加快村居生活污水垃圾设施建设

（1）完善污水基础设施建设

加强污水治理设施工程建设。根据《珠海市污水系统专项规划（2006—2020）》等有关要求，按"规划先行，科学选址，依法建设"的原则，统筹农村生活污水管网和处理设施与道路、通信、绿化等其他项目建设，协调解决设施建设占用土地等问题。全面开展农村生活污水治理，加快农村生活污水处理设施及配套管网建设，农村生活污水处理设施基本覆盖所有行政村，基本解决农村"污水横流"的问题，尽快完成金湾区鱼月村、三板村、沙脊村、广发村，斗门区等农村污水处理设施建设工程。到 2016 年年底，全市实现自然村污水处理全覆盖。

（2）加快农村生活垃圾治理

提倡垃圾分类减量化。加强垃圾分类回收和再生资源利用的衔接，提高资源集约利用水平。建立环卫长期管理机制，设立区、镇专职环卫管理机构。重点在珠海市斗门区、金湾区村镇开展农村生活垃圾分类减量化试点工作。2020 年，农村生活垃圾分类减量比率达到 95%；农村生活垃圾资源化利用率达到 95%。

完善斗门区、金湾区村镇生活垃圾中转设施。加快推进斗门区 5 个乡镇、金湾区三灶镇建设垃圾压缩中转站项目建设，推进斗门区生活垃圾设施"一村一点"建设，加强村镇生活垃圾中转站建设，并与城区垃圾收集站并轨。

完善农村生活垃圾收运体系建设。根据《珠海市城乡生活垃圾收运处理设施专项规划（2012—2020 年》，健全"户分类、村集中、镇转运、市（区）处理"的垃圾收运处理体系。制定统一的镇垃圾转运站建设标准，合理划分垃圾收运范围，确定垃圾运输路线，统筹调配垃圾转运车辆；镇政府统筹制定辖区内从村收集点到镇级转运站的生活垃圾运输方案。

加快农村垃圾处理项目建设。开展斗门区生活垃圾无害化处理设施建设工程，高新区生活垃圾处理工程等项目，各村镇因地制宜配置垃圾箱、转运和运输设施建设。到 2016 年，实现城乡生活垃圾收运、处理全覆盖，确保所有村居生活垃圾得到无害化处理。

4.5.6.2 建立健全长效管护机制

建立村居垃圾和污水处理长效管护机制，逐步实现城乡管理一体化。明确市、区、镇三级财政投入比例，坚持农民主体地位，鼓励社会资本参与。每个村居要建立农村村保洁员制度，各村居按照每 500 人配备 1 名保洁员的标准聘请保洁员；培育市场化的专业管护队伍，提高管护人员素质。加强村居环境管理能力建设，逐步将村镇污水和垃圾规划建设等管理责任落实到人。鼓励委托第三方机构负责村居治污设施建设和运管。

陆海生态保育研究

统筹"城、山、江、田、海、岛"保护与恢复，以自然恢复为主，实施生态基础设施建设重大工程，提升生态系统服务功能和建城区生态质量，保护生物多样性，建成山海相依、陆岛相望、城田相映的美丽珠海。

5.1 生态系统现状

5.1.1 生态系统结构与变化分析

从 2000 年、2005 年、2010 年生态系统类型的结构与格局变化、土地利用程度与变化、生态环境状况指数、生态系统质量变化等方面分析生态系统的格局、质量与服务功能情况。

5.1.1.1 生态系统结构

根据全国生态十年遥感调查数据，2000—2010 年生态系统一级分类中，湿地类型与森林类型最多，两者比例占总体 60% 左右，其次为城镇、农田、灌丛，草地和荒漠，所占比例较低。生态系统结构特征如表 5-1 所示，空间分布特征如图 5-1 所示。

表 5-1 2000 年、2005 年、2010 年一级生态系统结构特征

年份	面积和占比	森林	草地	湿地	农田	城镇	荒漠	灌丛
2000	面积/km²	487.17	2.36	537.25	341.10	208.40	9.886 5	31.04
	比例/%	30.12	0.15	33.22	21.09	12.89	0.61	1.92
2005	面积/km²	474.00	3.13	530.64	292.94	293.20	7.31	24.74
	比例/%	29.15	0.19	32.64	18.02	18.03	0.45	1.52
2010	面积/km²	461.71	2.91	517.21	264.35	373.00	4.52	24.09
	比例/%	28.02	0.18	31.39	16.04	22.64	0.27	1.46

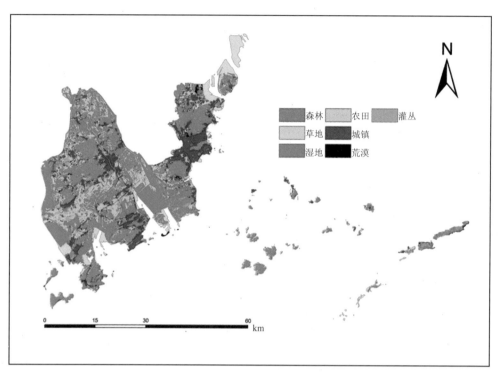

（a）2000 年生态系统空间分布

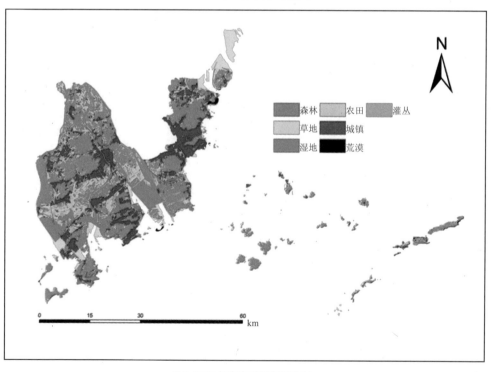

（b）2005 年生态系统空间分布

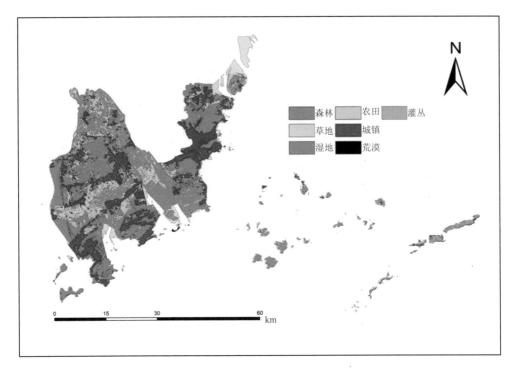

（c）2010 年生态系统空间分布

图 5-1　2000 年、2005 年、2010 年珠海市生态系统空间分布

2000 年珠海市森林、草地、湿地、农田、城镇、荒漠及灌丛占珠海市总面积的比例分别为 30.12%、0.15%、33.22%、21.09%、12.89%、0.61%、1.92%。各系统面积比见图 5-2。总体来看，珠海市一级生态系统构成中，占国土面积比例前 3 位的依次为湿地（33.22%）、森林（30.12%）、农田（21.09%）。2000 年生态系统一级分类空间分布特征表现为：森林与湿地分布较为广泛，城镇主要位于东部，农田主要位于中部地区，灌丛分布较为分散。

2005 年珠海市森林、草地、湿地、农田、城镇、荒漠及灌丛占珠海市总面积的比例分别为 29.15%、0.19%、32.64%、18.02%、18.03%、0.45%、1.52%。总体来看，珠海市一级生态系统构成中，占国土面积比例前 3 位的依次为湿地（32.64%）、森林（29.15%）、城镇（18.03%）。2005 年生态系统一级分类空间分布特征表现为：森林与湿地分布较为广泛，农田主要位于中部地区，灌丛分布较为分散，城镇增加，主要位于东部。

2010 年珠海市森林、草地、湿地、农田、城镇、荒漠及灌丛占珠海市总面积的比例分别为 28.02%、0.18%、31.39%、16.04%、22.64%、0.27%、1.46%。总体来看，珠海市一级生态系统构成中，占国土面积比例前 3 位的依次为湿地（31.39%）、森林（28.02%）、城镇（22.64%）。2010 年生态系统一级分类空间分布特征与 2005 年整体趋势相近。

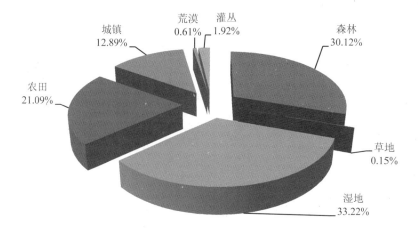

（a）2000 年土地利用类型

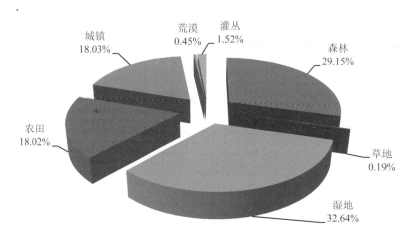

（b）2005 年土地利用类型

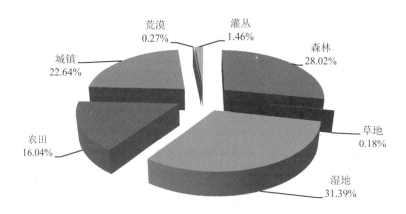

（c）2010 年土地利用类型

图 5-2　2000 年、2005 年、2010 年珠海市各生态系统面积比

5.1.1.2 生态系统类型变化

　　生态系统类型转变是由多方面因素造成的，其中包括自然因素和人为因素，并且普遍认为人为因素对类型的转变影响力较大。由生态系统一级分类面积变化可知，2000—2010年城镇面积显著增加，且 2000—2005 年增加更显著，森林、灌丛、草地、湿地、农田及荒漠类型面积有所减少，其中森林类型面积与农田类型面积的减少尤甚。2000—2010 年珠海市生态系统变化见表 5-2，全市共有 191.03 km^2 生态系统类型（一级分类）发生了变化，其中农田转化为城镇的面积最大，为 73.01 km^2；其次为湿地转化为城镇面积，为 34.44 km^2，森林转化为城镇、农田转化为湿地、灌丛转化为城镇的面积分别为 27.00 km^2、8.49 km^2、8.08 km^2。2000—2010 年，森林转入的主要来源是农田，转出的主要方向是城镇；灌丛转出的主要方向城镇；湿地转入的主要来源是农田；湿地转出的主要方向是城镇；农田转入的主要来源是森林、湿地，转出的主要方向是城镇、湿地和森林；城镇不断增加；部分荒漠转化为城镇。2000—2010 年生态系统类型转化如图 5-3 所示。

表 5-2　2000—2010 年一级生态系统转移矩阵　　　　　单位：km^2

年份	类型	森林	草地	湿地	农田	城镇	荒漠	灌丛
2000—2005	森林	466.65	0.00	0.24	4.37	15.28	0.00	0.16
	草地	0.00	2.02	0.00	0.00	0.00	0.00	0.00
	湿地	0.81	0.57	511.92	6.23	15.52	0.16	0.65
	农田	6.06	0.08	9.86	278.11	46.73	0.00	1.05
	城镇	0.08	0.00	0.08	0.97	204.95	0.08	0.00
	荒漠	0.97	0.00	2.10	0.16	1.78	4.20	0.16
	灌丛	0.32	0.00	0.24	1.29	7.11	0.00	22.56
2005—2010	森林	460.99	0.00	0.40	0.81	11.56	0.00	0.00
	草地	0.00	3.23	0.00	0.00	0.24	0.00	0.00
	湿地	0.00	0.00	509.26	0.89	20.94	0.00	0.00
	农田	0.32	0.00	3.80	261.30	28.22	0.00	0.00
	城镇	0.00	0.00	0.08	0.00	293.80	0.00	0.00
	荒漠	0.16	0.00	0.24	0.65	1.86	3.40	0.00
	灌丛	0.00	0.00	0.00	0.00	0.57	0.00	22.88
2000—2010	森林	455.25	0.00	0.81	3.64	27.00	0.00	0.08
	草地	0.00	2.02	0.00	0.00	0.00	0.00	0.00
	湿地	0.65	0.57	499.15	2.67	34.44	0.16	0.65
	农田	5.66	0.08	8.49	253.70	73.01	0.00	0.97
	城镇	0.08	0.00	0.00	0.32	205.84	0.00	0.00
	荒漠	0.73	0.00	0.97	0.24	3.40	3.88	0.16
	灌丛	0.00	0.00	0.24	0.97	8.08	0.00	22.23

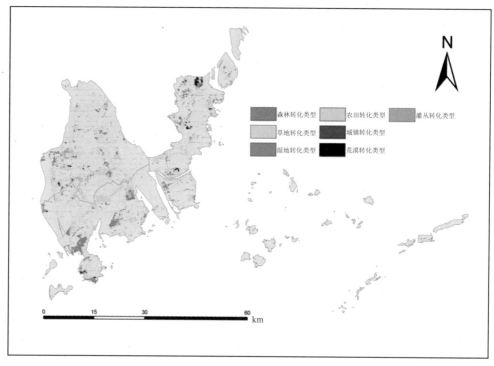

图 5-3　2000－2010 年珠海市生态系统类型转化

5.1.1.3　生态系统变化预测

基于 2000 年、2005 年、2010 年生态系统结构的组成和变化，利用马尔科夫模型预测 2015 年、2020 年生态系统结构，为后期生态系统保护提供前瞻性的保护措施。经预测，不考虑保护性工程措施，到 2015 年和 2020 年，森林、湿地、灌丛、农田都持续减少，城镇用地持续增加（表 5-3）。因此，有必要加强生态保护工程，如森林生态提质增效工程、湿地生态保护工程。

表 5-3　预测到 2015 年、2020 年生态系统结构　　　　　　　　　　　单位：km²

类型	森林	草地	湿地	农田	城镇	荒漠	灌丛
2015 年	460.23	2.90	516.93	264.01	375.39	4.3	24.03
2020 年	459.31	2.88	516.8	263	378.60	4.1	23.1

5.1.2　生态系统景观格局特征与变化分析

应用 GIS 技术以及景观结构分析软件 FRAGSTATS4.1 分析斑块数、平均斑块面积、边界密度、聚集度，以及生态系统各类型的分布情况、景观破碎化程度与景观中不同斑块类型的聚集趋势。

2000—2010 年珠海市类型尺度下景观格局指数如表 5-4 所示。根据 2000—2010 年景观格局指数表，可看出，森林、草地、湿地、农田生态系统的斑块数量均有所升高，破碎度升高，易破碎；农田与城镇生态系统的边缘密度升高，其他类型生态系统边缘密度降低或没有明显变化，说明农田与城镇生态系统在 2000—2010 年受人为影响较大，分布较为分散，开放性增强；除城镇生态系统以外其他类型生态系统在类型尺度的平均斑块面积均有所降低，说明其他自然生态系统在 10 年间被人类社会行为与经济发展活动破坏，破碎度增加，易于被破坏，在社会发展的同时需要加强对自然生态系统的保护；草地与城镇生态系统的聚集度升高，说明城镇建设越来越密集，在往大城市方向发展，已出现聚集效应，而草地生态系统由于散碎绿地不断被开发以及城市绿化的需要也趋于聚集。

表 5-4　2000—2010 年珠海市类型尺度下景观格局指数

年份	类型	斑块数量（NP）	边缘密度（ED）	平均斑块面积（MPS）	聚集度（AI）
2000	森林	686	18.894 2	70.766 6	95.083 2
	草地	18	0.263 2	13.115	88.547 5
	湿地	1 031	21.772 4	48.910 8	94.470 9
	农田	1 954	35.065 5	17.393 9	87.480 4
	城镇	1 046	16.894 6	19.749 8	89.929 4
	荒漠	158	1.139 4	5.106 1	80.398
	灌丛	468	4.628 7	6.571 2	81.881 7
2005	森林	602	17.482 6	78.500 8	95.343 1
	草地	19	0.358 8	16.507 9	87.899 6
	湿地	1 014	20.852	49.074 4	94.624 8
	农田	1 949	32.832 8	14.97	86.277
	城镇	1 019	18.351 2	28.476 8	92.011 1
	荒漠	95	0.552 9	5.655 8	83.521 4
	灌丛	363	3.812 9	6.816 9	81.876 4
2010	森林	609	17.159	75.622 6	95.296 1
	草地	13	0.312 3	22.41	88.679 2
	湿地	1 077	21.423	44.822 5	94.307 6
	农田	2 039	31.633 8	12.918 9	85.212 7
	城镇	944	20.235 1	38.742 8	92.937 8
	荒漠	90	0.426 7	3.007	72.764 2
	灌丛	361	3.704	6.673 5	81.722 7

2000—2010 年珠海市景观（landscape）尺度下景观格局指数如表 5-5 所示。表中数据显示，2000—2010 年珠海市平均斑块面积不断下降，蔓延度上升，聚合度稍有下降但是变化趋势不明显。从景观格局指数中可以得出，珠海市整体生态环境系统稳定度较高，这与

珠海市生态公益林工程、绿道工程等实施有关。

表 5-5　2000—2010 年珠海市景观尺度下景观格局指数

年份	平均斑块面积（MPS）	蔓延度（CONTAG）	聚合度（COHESION）
2000	29.423	54.237 8	99.348 5
2005	31.325 6	54.450 1	99.322 3
2010	31.212 5	54.509 2	99.367 7

5.1.3　生态系统质量分析

5.1.3.1　生态环境状况指数（EI）

从 2011—2013 年生态环境状况指数（图 5-4）来看，整体上，香洲区生态环境状况比斗门区和金湾区要好，植被覆盖较高，生态系统较稳定。斗门区和金湾区生态环境有所提高，而香洲区有所下降。

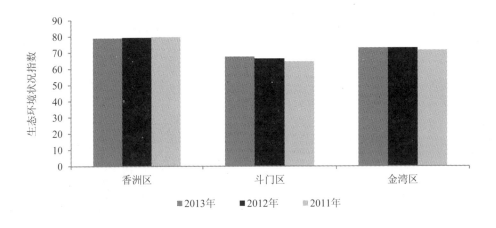

图 5-4　珠海分区域生态环境状况指数

5.1.3.2　水土流失

珠海市水土流失类型以水力侵蚀为主，根据 2009 年年底的调查数据，珠海市水土流失面积 81.8 km²，占全市陆地总面积的 4.8%。其中人为水土流失面积为 81.65 km²，占流失面积的 99.9%，自然水土流失（未统计面蚀，仅为崩岗）面积为 0.15 km²，占 0.1%。其中剧烈侵蚀面积 32.9 km²，极强度侵蚀面积 27.70 km²，强度侵蚀面积 19.64 km²，中度侵蚀面积 1.56 km²，轻度和微度侵蚀面积 16.08 km²。平均土壤侵蚀模数为 1 764.22 t/(km²·a)。珠海市自然水土流失包括面状侵蚀、沟状侵蚀、崩岗侵蚀以及它们之间组成的复区。人为侵蚀主要有取土场、采石场、开发建设项目、公路建设等类型。按照行政区划分，香洲区水土流失面积 28.0 km²，金湾区水土流失面积 40.36 km²，斗门区水土流失面积 13.44 km²，金湾区主要是人为水土流失，开发平台是本地区主要水土流失类型。

5.1.4　生态系统服务价值评估

通过基于 GIS 空间分析过程，分析生态系统的水源涵养、水土保护、食物供给等生态服务功能在 2000—2010 年的现状以及变化情况。按照 Costanza 等关于生态系统服务价值评估的原理与方法，谢高地等根据我国的实际情况，制定了我国陆地生态系统单位面积生态服务价值表（表 5-6）。考虑到珠海市具体情况，采用 10 年生态系统遥感调查与评估项目的生态系统数据，参照国内外一些专家的研究基础与方法对自然生态系统的功能与效益进行了分析，将珠海市生态系统服务划分为气体调节、气候调节、水源涵养、土壤形成与保护、废物处理、生物多样性保护、食物生产、原材料和娱乐文化九项服务。其计算公式为

$$ESV = \sum (A_K \times VC_K)$$
$$ESV_f = \sum (A_K \times VC_{fK})$$

式中：ESV —— 生态系统服务总价值，元；

A_K —— 研究区 k 种土地覆被类型的面积，hm²；

VC_K —— 生态价值系数，元/（hm²·a）；

ESV_f —— 单项生态系统服务价值，元；

VC_{fK} —— 单项服务功能价值系数，元/（hm²·a）。

表 5-6　我国不同陆地生态系统单位面积生态服务价值　　　　单位：元/hm²

生态系统功能	林地	草地	耕地	湿地	未利用土地
气体调节	3 097	707.9	442.4	1 592.7	—
气候调节	2 389.1	796.4	787.5	15 130.9	—
水源涵养	2 831.5	707.9	530.9	13 715.2	26.5
土壤形成与保护	3 450.9	1 725.5	1 291.9	1 513.1	17.7
废物处理	1 159.2	1 159.2	1 451.2	16 086.6	8.8
生物多样性保护	2 884.6	964.5	628.2	2 212.2	300.8
食物生产	88.5	265.5	884.9	265.5	8.8
原材料	2 300.6	44.2	88.5	61.9	—
娱乐文化	1 132.6	35.4	8.8	4 910.9	8.8
总计	19 334	6 406.5	6 114.3	55 489	371.4

5.1.4.1 生态系统服务价值及其结构

生态系统服务总价值结构是指生态系统各单项服务功能价值（ESV_f）占生态系统服务总价值（ESV）的比例。2000—2010 年珠海市生态系统服务价值及其结构如表 5-7 所示。2010 年，珠海市生态系统服务价值总计约为 32.06 亿元。2010 年珠海市生态系统服务价值比例结构如图 5-5 所示。其中水源涵养服务价值最大，为 108 440.38 万元，占全部价值的 33.82%；其次为废物处理服务价值，为 92 694.74 万元，占全部价值的 28.91%；再次为生物多样性保护服务价值，为 27 109.22 万元，占全部价值的 8.45%；娱乐文化、土壤形成与保护、气体调节等服务价值占据一定比例，分别为 7.92%、6.32% 和 5.06%。

表 5-7　2000—2010 年珠海市生态系统服务价值及其结构

年份	2000		2005		2010	
类型	价值/万元	比例/%	价值/万元	比例/%	价值/万元	比例/%
气体调节	17 573.61	5.17	16 763.13	5.07	16 234.16	5.06
气候调节	17 270.72	5.08	16 405.83	4.97	15 815.02	4.93
水源涵养	113 378.16	33.37	111 382.37	33.71	108 440.38	33.82
土壤形成与保护	22 377.42	6.59	21 096.21	6.39	20 274.66	6.32
废物处理	97 402.44	28.67	95 422.43	28.88	92 694.74	28.91
生物多样性保护	28 978.76	8.53	27 968.59	8.47	27 109.22	8.45
食物生产	3 958.76	1.17	3 511.81	1.06	3 234.70	1.01
原材料	12 271.52	3.61	11 780.67	3.57	11 456.26	3.57
娱乐文化	26 530.59	7.81	26 051.62	7.89	25 386.52	7.92
总计	339 741.99	100	330 382.66	100	320 645.67	100

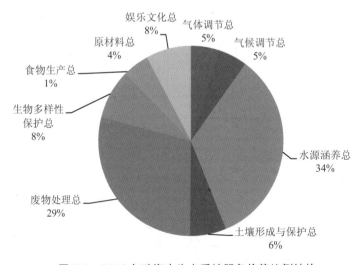

图 5-5　2010 年珠海市生态系统服务价值比例结构

5.1.4.2　不同生态系统类型的服务价值

汇总生态系统类型的生态系统服务价值，2000—2010 年珠海市各生态系统类型服务价值比例变化不大，但部分生态系统服务价值有所降低，详见表 5-8。2010 年，珠海市森林生态系统服务价值为 93 918.03 万元，草地为 186.72 万元，耕地为 16 161.36 万元，湿地为 210 362.76 万元，未利用地为 16.81 万元，分别占全市生态系统服务价值的 29.29%、0.06%、5.04%、65.61%、0.01%。因此，珠海市生态系统服务价值主要为林地生态系统所提供。

表 5-8　2000—2010 年珠海市各生态系统类型服务价值结构

年份	类型	价值/万元	比例/%
2000	林地	100 186.29	29.49
2005		96 420.99	29.18
2010		93 918.03	29.29
2000	草地	151.41	0.04
2005		201	0.06
2010		186.72	0.06
2000	耕地	20 850.32	6.14
2005		17 909.04	5.42
2010		16 161.36	5.04
2000	水体/湿地	218 517.17	64.32
2005		215 824.47	65.33
2010		210 362.76	65.61
2000	未利用地	36.8	0.01
2005		27.16	0.01
2010		16.81	0.01

5.1.4.3　生态系统服务价值空间分布

珠海各区县市生态系统服务价值单位面积产出空间分布差异显著，由表 5-9 可知，2000—2010 年，人工建设用地面积增加，导致自然生态系统面积减少，生态系统服务价值也降低。

表 5-9 生态系统价值单位面积产出空间分布

年份	总价值/万元	面积/km²	单位面积产出价值/（万元/km²）
2000	339 741.99	1 617.05	210.10
2005	330 382.66	1 625.80	203.21
2010	320 645.67	1 647.62	194.61

5.1.5 生物多样性

珠海市海陆域总面积 7 827 km²，其中陆地面积 1 724 km²，海域面积 6 103 km²，有大小岛屿 146 个。全市湿地资源丰富，有近海与海岸湿地、河流湿地、人工湿地和沼泽湿地 4 大类以及 17 个湿地型（浅海水域、岩石海岸、沙石海滩、淤泥质海滩、潮间盐水沼泽、红树林、河口水域、三角洲/沙洲/沙岛、海岸性咸水湖、永久性河流、洪泛平原湿地、草本沼泽、森林沼泽、库塘、输水河、水产养殖场、稻田），全市湿地面积为 189 066.85 hm²。其中近海与海岸湿地面积为 152 032.05 hm²，占湿地总面积 80.41%；河流湿地面积为 2 454.91 hm²，占湿地总面积的 1.30%；沼泽湿地面积为 126.71 hm²，占湿地总面积的 0.07%；人工湿地面积为 34 453.18 hm²，占湿地总面积的 18.22%。

珠海市域共有维管植物 202 科 770 属 1 402 种，其中野生维管植物约 189 科 651 属 1 196 种，栽培植物 206 种。有国家重点保护植物 16 种，其中蕨类 7 种、被子植物 9 种。有陆生脊椎野生动物 191 种，隶属 68 科 29 目。珠海市境内有国家珍稀濒危保护动物 22 种，其中国家一级重点保护动物有 1 种，国家二级重点保护动物有 21 种。

5.1.6 城市公园绿地建设情况

近两年来，全市及各区（功能区）不断加大绿化美化的资金投入，新增公园绿地 1 202.39 hm²，包括香洲区梅华城市花园、大镜山文体公园、高新区格力滨海公园、高栏港区南虎湖公园及横琴新区湿地公园等。开展包括港湾大道、南湾大道、迎宾路、城轨沿线一期、机场路、情侣路、黄杨大道、珠峰大道等 8 条总长约 127 km 的道路、江珠高速鹤洲出入口、西部沿海珠港出入口等 5 个总面积约 11 万 m² 的城市出入口、拱北口岸、横琴大桥北桥头保税区外侧等 2 个约 8 万 m² 的重要节点及九洲花园簕杜鹃园约 8 000 m² 等项目的绿化景观档次提升工程。通过栽种美丽异木棉、大叶紫薇、荷木等开花和常绿乡土树种，形成多色彩、多层次的美丽景观长廊。全市绿道总里程达 816 km，营造了良好的出行和休闲环境。抓好绿道网主题活动开展，配套建设了淇澳驿站、白石驿站和红树林驿站等绿道服务设施。截至 2014 年，建成区绿化覆盖率 57.19%，绿地率 52.61%，人均公园绿地面积 18.75 m²，位于全国园林城市前列。

5.2 生态系统主要问题

通过分析 2000—2010 年珠海市生态系统结构与变化、生态系统景观格局、生态环境质量以及生态环境功能价值评价，以及珠海市政府规划相关文献，分析生态系统变化的驱动因素，得出珠海市在生态示范建设工作中需要解决的问题。

生态系统结构变化明显。森林生态系统面积不断减少，质量不断下降，稳定性降低，分布不均衡。根据 2000—2010 年珠海市生态系统结构特征变化与景观格局分析结果显示，森林生态系统的面积减少约 20 km^2，而森林的减少主要用于城镇建设与农田开垦。由于森林生态系统受到人为影响较大，其稳定性不断降低，破碎度升高，分布不再连续而是呈片状分散式分布，易受到破坏。珠海森林主要树种由松树、桉树、速生相思组成，阔叶林面积较少，速生相思林退化严重，全市现有森林质量不高，树种结构不合理，森林群落结构简单，森林季相变化不明显、景观无特色。

农业用地与建设用地、林地之间的用地矛盾突出，人均耕地少，土地资源缺乏，影响城市的可持续发展。虽然有部分其他类型生态用地转化为农田，但农田的整体面积在 2000—2010 年仍不断减少，绝大多数转化为城镇建设用地。而 10 年来珠海市人口不断增加，人均耕地呈明显逐渐减少趋势，随着珠海市的不断发展，人口数量不断增长，人均耕地面积将进一步减小。

天然湿地的大量丧失或转化为人工湿地，围垦使大量天然湿地面积消失，导致自然岸线受到破坏。珠海市由于城乡一体化，城市建设快速扩张，人口急剧膨胀，必然导致城市用地不足，于是便向海要地，向滩涂要地，实施填海围垦。由于围垦，珠海大量天然湿地转为工业、城市用地，或转变为以水产养殖、稻田为主的人工湿地，使天然湿地减少。

专栏 5-1 自然生态空间被占用

森林、湿地和农田是珠海市城市建设过程中变化最为剧烈的生态区域。2000—2010 年约 140.84 km^2 的生态空间流失（占市域生态空间总面积的 11.17%）。其中农田生态系统流失最多，达 80.37 km^2，其次为森林生态系统，流失了 31.48 km^2，再次为河流湿地生态系统，流失了 28.63 km^2。从空间分布来说，生态空间流失从多到少依次为金湾区、斗门区、香洲区。金湾区流失最多的是湿地和农田，约 52.88 km^2，斗门区的森林和农田流失最多，主要流失约 34.27 km^2 的森林和农田生态空间，如图 5-6 所示。自然生态空间作为城市生态系统的基质，对调节城市生态平衡、维护城市生态系统安全非常关键，需合理构建生态安全格局，严格保护和恢复生态空间，防止城市蔓延式扩张、不断扩大生态带内生态空间面积。

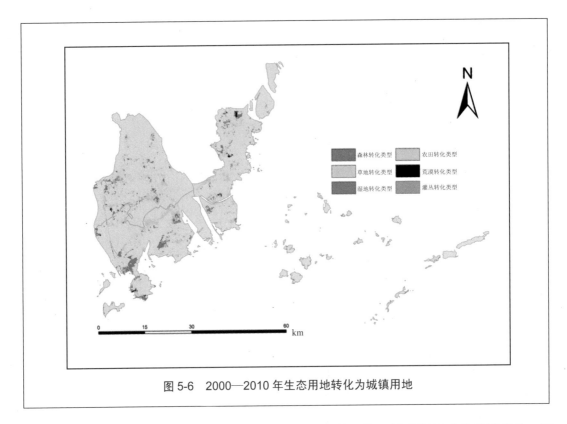

图 5-6　2000—2010 年生态用地转化为城镇用地

　　湿地生态系统功能退化。工业快速发展带来的环境污染，导致湿地成为承污载体，使湿地生态系统功能退化。农业的集约化经营，化肥、农药的过量使用，高密度水产养殖引起水体污染、富营养化和赤潮发生。珠海的水产养殖业很发达，大量的饲料投放水体中，直接导致水体富营养化，排到河道中，导致湿地生态系统结构和功能退化。外来物种入侵破坏水体生态系统。湿地的外来入侵生物主要有凤眼莲（水葫芦）、互花米草、微甘菊等。外来入侵物种大都生长能力强，一旦没有控制其生长，则很快会破坏湿地生态系统。

　　生物多样性保护受到威胁。湿地生物资源的过度利用，导致鱼类种群减少。近年来随着经济发展，海洋捕捞强度远远超出环境承载力，渔业资源呈下降趋势，出现严重衰退局面。由于湖泊、江河、沿海滩涂的围垦，红树林、芦苇和水草等湿地植物日益减少，破坏了动物赖以生存的生物链，威胁到珍稀鸟类、水生动物等湿地生物资源的生存。海洋生物多样性目前研究较少。

　　水土流失趋势加剧。人为因素造成的水土流失，具有侵蚀强度大、分布广的特点，水土流失的危害程度在局部地区已相当严重，随着城市化步伐加快有逐渐加剧的趋势。早期采石场、取土场和取料场的开采没有专门的行政部门管理，开采随意性很大，在市区（郊）的主干道两旁甚至有些风景旅游区内也出现开采活动，这些采石场、取土场、取料场虽然后来陆续被政府部门勒令关闭，但其对城市自然景观的破坏在短时期内是难以恢复的。生态环境的恶化主要表现为旱季局部区域的气温升高、尘量大；雨季径流携带泥沙进入下游的水（河）道、道路、农田，堵塞排水排污设施，妨碍交通和生产，使生活和卫生条件变差。

绿地分布不均衡问题显著。珠海市城区绿地率较高，但绿地森林率不高，绿地森林率仅为 28.6%；绿化发展不平衡，当前珠海绿化规模和水平存在发展不平衡的问题，突出表现在：一是城市内部之间绿地发展不平衡，新建成区绿化建设较好，但老城区及中心城区绿化建设不足；二是珠海市东西发展不平衡，东部的香洲区绿化投入相对较多，绿化建设相对较好，西部的斗门区、金湾区绿化投入相对较少，绿化建设滞后。

通风廊道未成体系，遮山挡海现象突出。珠海依山傍海的自然地理优势是其重要的生态名片，然而，由于过去缺乏制度约束或统一管理，通风廊道未成体系，出现了众多遮山挡海的"屏风楼"。"屏风楼"犹如屏风，挡住了光线，令相对内陆的地区，空气流动减弱，气温升高，加剧地区性的空气污染问题，令区内居民患呼吸道疾病的比例增加。"屏风楼"的出现是因为在缺乏政府的城市规划和监管下，城市向外发展时，地产商为了尽量利用昂贵的土地，新建的建筑物向高空发展，大厦形成屏风，使旧区变得有如盆地一样。这种"屏风楼"建设一方面破坏了珠海的"山、海、城"一体的自然滨海景观，另一方面不利于珠海旧城区内的可持续发展。

5.3　生态保护总体要求

5.3.1　总体思路

适应经济社会发展的新常态，顺应人民群众提高生态环境质量的新期待，牢固树立生态文明理念，创新生态环境保护思维，着力加强重要生态系统、重点区域保护，着力提升生态系统自我修复能力，为切实保障区域生态安全、提高生态文明水平提供牢固的生态保障。坚持科学发展观，落实国家"五位一体"总体布局，把握促进南部沿海地区发展的战略机遇，结合珠海实际，转变发展观念，创新发展模式，提高发展质量，实现社会、经济、政治、文化、生态全面协调可持续发展。

5.3.2　总体目标

以科学发展观为指导，坚持生态、低碳的发展理念，推进生态修复和治理，强化环境基础设施建设，建设资源节约型社会，促进资源的永续利用，提升自然生态服务功能，实现珠海市经济、社会与生态环境协调发展。

5.3.3 指标

各指标如表 5-10 所示。

表 5-10　生态保护相关指标现状值及目标值　　　　　　　　　单位：%

指标	现状	目标
森林覆盖率	28.6	35
林木绿化率	29.6	36
生态恢复治理率	—	54

5.4　生态保护主要任务

5.4.1　提升陆海生态系统服务功能

5.4.1.1　加强森林生态系统保护

打造结构稳定、功能齐全的森林生态系统。以保护生物多样性和水源涵养功能为重点，以林地保护为基础，以森林景观改造为抓手，全面整合山地及海岛森林、各类防护林、城区和城镇村庄绿地等多种模式，建立山地森林为主，各类防护林相辅，生态廊道相连，城镇村庄绿化镶嵌等一体化的森林生态网络体系，实现森林资源空间布局上的均衡、合理配置。在城乡森林建设上，开展城镇绿色福利空间建设，城郊休闲游憩空间建设和美丽森林村镇建设，重点增加城市和乡村的绿量，实现城乡之间的有效绿色隔离；在山地森林建设上，重点保护和改造现有森林，实现封山育林 2 026.7 hm^2，加快生态景观低效林改造，逐步改造速生相思树、桉树、低效松树林，显著增强林地林分质量，增强森林的生态稳定性，提升尖峰山森林公园、板障山森林公园、拦浪山森林公园、凤凰山森林公园、黄杨山森林公园、拱北将军山市民公园的森林覆盖率和林地质量，为城市提供有效的森林服务；在平原森林建设上，构建沿海防护林生态安全带、磨刀门—西江森林防护带、鸡啼门—泥湾门—黄杨河森林防护带，开展水源涵养林保护与水岸绿化建设，以城市主干交通路网为骨架，建设城乡生物通道，打造城乡景观廊道；在海岛森林建设上，重点进行 7 个常住居民海岛森林资源保护和开发，拓展城市生态旅游的发展空间，继续开展 70 个无人居住海岛的植被恢复建设。到 2020 年森林覆盖率达到 38.2%，单位面积森林蓄积量 45 m^3/ hm^2，珠海生态资产保持稳定增长。

5.4.1.2　保护与恢复湿地生态系统

推进"湿地之城"建设。打造"自然积存、自然渗透、自然净化"的海绵城市。对珠海现有湿地进行有效保护，增强珠海的生态环境优势，使红树林、水松林真正成为珠海的生态名片，使珠海成为真正的"湿地大市"；利用雨洪池、人工湖或人工湿地的"吸水、蓄水、渗水、净水"的功能，减小地表径流，使超过渗透能力的雨水作为水景或继续下渗，建设珠海"海绵之城"。规划重点保护珠江口中华白海豚国家级自然保护区、华发水郡省级湿地公园、淇澳红树林湿地、担杆—佳蓬列岛湿地、斗门水松林湿地、磨刀门湿地、横琴红树林湿地、鹤洲湿地、白藤湖、三灶大浪湾湿地、鸡啼门红树林湿地、杨寮水库、大镜山水库、乾务水库等 14 处湿地，总面积 65 928.54 hm^2，占全市总湿地面积的 39.69%。到 2020 年，改造及新增淇澳红树林湿地公园、横琴滨海湾湿地公园、平沙新城湿地公园、金湖湿地公园、大门口湿地公园、华发水郡湿地公园、鹤州北湿地公园、竹洲水松林湿地公园、西海岸湿地公园、南虎湖湿地公园、磨刀门湿地等 11 处湿地公园，面积 1.616 hm^2，红树林面积新增比例达 5%，雨水径流总量控制率达 70%，使全市受保护湿地全部串联起来，形成有效的湿地生物通道。同时，提高湿地保护管理水平，打造珠海湿地旅游新品牌，实现珠海湿地保护与利用的合理平衡。

加大湿地资源保护力度。综合运用湿地植被恢复技术、湿地土壤恢复技术、湿地水文恢复技术，恢复对区域具有重要生态学意义的退化湿地，保障区域生态系统的安全。构建以西江分流为核心，以磨刀门水系、鸡啼门水系、虎跳门水系和各主要河流下分布的诸多河涌为框架，以滨水带状公园为空间载体，集成河流湿地资源保护、水体净化、防洪调蓄、野生动物栖息地保护、休闲游憩为一体的城市河流湿地生态网络。维护红树林与木麻黄林等自然原生植被，恢复已经退化的湿地生态系统，完善湿地生态系统结构和功能，增强湿地生态系统的自维持能力，有利于修复城市水生态、涵养水资源，增强城市防涝能力，使其充分发挥"城市之肺"的功能。到 2020 年，湿地净损率逐渐减少为 0，自然岸线保有率不低于 11.1%。

5.4.1.3　提升农田生态系统功能

提升农田生态系统食物保障功能。加快高标准基本农田建设，提高耕地质量，提升耕地持续增产能力。启动耕地质量保护和建设立法程序，加大旱涝保收高产稳产农田建设的经费投入，同时建立耕地占补平衡质量评估机制，制定科学合理的土地整治项目验收标准，加强补充耕地项目的监管，建立完善的农技服务和耕地质量监管体系。到 2020 年高标准基本农田保护面积大于 24 408 hm^2。

重视农田生态系统生态调节功能。以前山河流域为重点建设河岸生态隔离带或者生态护坡，截留、吸附地表径流中的氮、磷等污染物，削减水体的氮、磷总量。在农田或耕地与河道毗邻地带，建立以草本和灌木为主，乔木、灌木和草本植物相结合的生态隔离带，其中主干河道两侧生态隔离带宽不少于 30 m，乡村河道两侧生态隔离带宽在 2～15 m。通过农田林网化、建设水土保持林等措施控制水土流失，降低面源污染。到 2020 年生态隔离带得到巩固。

发挥农田生态系统文化服务功能。充分发展以观光休闲功能为主的休闲农业，实现农田生态系统社会文化价值。以台创园为试点，将生态农业旅游休闲观光与水产养殖、花卉栽培、农产品加工、良种引进推广等产业相结合。

5.4.1.4 开展生态系统资产核算

逐步实施生态系统资产核算。加强珠海市生态系统遥感调查、监测与评估工作，积极探索适合珠海市的生态系统评估技术与方法，建立生态系统格局、质量、服务功能长时间序列数据库，夯实生态系统资产核算的数据基础。根据生态系统遥感调查与实地监测数据，开展城市生态资产试点核算，系统核算区域不同时期内生态系统产品与服务功能的实物量和价值量，明确期初值、当期变化量、期末值，核算生态系统功能退化或改善的成本或效益，编制生态系统资产负债表，为建立领导干部生态文明绩效考核及自然资源资产离任审计制度等提供前期数据基础。到 2020 年，完成珠海市生态系统资产核算，建立珠海市生态系统资产负债表。

5.4.1.5 加强退化地区生态修复

加强水土流失治理。加大矿山生态修复及废弃采石场或取土点复绿整治力度，修复因开发建设造成的裸地和荒地，加强珠海大道等公路、广珠城际轻轨沿线（珠海段）等的边坡护理和植被恢复。以残疏林改造工程为主，清理所有枯死立木、生长衰退的相思树种。采用树种主要以本地乡土树种为主，优选地径大于 1.0 cm、苗高 1.0 m 以上的台湾相思、山杜英、黎蒴、荷木、铁刀木、枫香等树苗进行春季或雨后栽植，栽植密度 1 650 株/hm²，株行距 2.0 m×3.0 m。在环评监管和审批工作中，对设计水土流失敏感区的项目要强化水土流失方案的审查。到 2020 年，珠海市基本完成受损弃置地恢复 21 处，完成整治复绿面积约 136.65 hm²，实现全市生态恢复治理率 87.8% 的目标；到 2025 年，生态恢复治理率 100%，全面恢复山体绿化，发挥生态及景观环境效益。

5.4.2　实施全域提质增绿行动

5.4.2.1　实现生态绿地分布均衡化和网络化

通过构建以"四纵—两横—二环—六岛"的绿道为主干道,连接社区绿道的网络空间结构,实现珠海市绿道建设由分散布局向成片成网、相互连接的绿道网络转变。通过城市绿道将凤凰山森林公园、将军山市民公园、脑背山森林公园、黄杨山森林公园和孖髻山森林公园、淇澳岛公园、板障山公园、烟墩山公园、野狸岛公园、海滨公园、石景山公园、霞山公园、尖峰山公园、西堤公园、眼浪山公园等串联起来。

一纵:区域绿道一号线珠海段从观澳平台延长至横琴长隆国际旅游渡假区;二纵:沿竹银水库经灯笼沙至交杯滩;三纵:从水松林沿黄扬河经木乃至阳光咀;四纵:莲花山至飞沙滩。一横:区域绿道四号线经中山与一号线相连延伸至淇澳岛;二横:珠海大道。一环:环横琴岛竞技绿道;二环:环凤凰山登山绿道。六岛:分别为大万山岛、桂山岛、东澳岛、担杆岛、外伶仃岛和庙湾岛绿道。海岛绿道独具特色,体现珠海百岛之城的魅力。表 5-11 为珠海市规划绿道里程数。

表 5-11　规划绿道里程数

序号	分区	规划绿道长度/km	备注
1	高新区	146.06	含区域绿道 38.67 km
2	香洲区	181.04	含区域绿道 16.45 km
3	横琴新区	122.84	
4	斗门区	194.22	含区域绿道 28.16 km
5	金湾区	169.58	
6	高栏港经济区	129.24	
7	万山海洋开发试验区	9.59	
	合计	952.57	

5.4.2.2　严格控制建筑密度

依托"四纵—两横—二环—六岛"绿道网络,严格控制建筑密度,城市建筑尽量向空中发展,把地面留出空间美化绿化。城市新建主干道和次干道,要做好规划,道路两侧建筑的五个立面,要有统一标准。

5.4.2.3　建设城市立体花园

通过采用"立体绿化""垂直绿墙""屋顶绿化""攀缘绿化"等方式,结合海绵型公

园绿地建设，以城轨绿色风景线、绿道兴奋点、绿色基础设施以及海天公园等森林绿化建
设为重点，利用本土植物，对城市道路天桥、下穿隧道、城市公园以及城市建筑进行改造，
建立珠海市具有代表性的立交桥绿化、立体花园、空中花园和屋顶花园，突出滨海森林珠
海的特色。

专栏 5-2　各区绿道布局

（1）高新技术开发区

高新区绿道依托黄杨山、淇澳岛、大学园区等自然和人文资源，以区域绿道 1 号线为主
轴，规划情侣路、旅游路、淇澳岛 3 条城市绿道。其中旅游路为登山步道，淇澳岛绿道通过
淇澳大桥与 1 号线相接。

以此 3 条城市绿道为骨架，结合高新区的教育、科技和生态资源，形成多条社区绿道，
主要沿科技路、创新路形成科技绿道，利用唐家的教育资源形成大学园区绿道，利用淇澳岛
岸线、情侣路岸线形成岸线绿道。结合旧城改造，从南侧接入港湾大道。同时利用凤凰山规
划上山绿道。

（2）香洲区

香洲区绿道网以区域绿道 1 号线为主轴，沿情侣路、梅华路、旅游路、昌盛路—南湾路、
前河西路—珠海大道规划 5 条城市绿道。在北师大、市三中、观澳平台、前山立交桥公园处
形成绿道交接点。

以此 5 条城市绿道为骨架，结合主城区慢行系统，规划多条社区绿道。主要沿凤凰山、
板障山、将军山登山步道、银桦路、明珠路、九州大道等道路布置。

（3）横琴新区

选线与正在编制的《横琴新区滨水地区及道路系统景观规划设计》与《珠海市横琴新区
市政基础设施工程专项规划》充分衔接，保证规划的可实施性。绿道选线尽量避开城市交通
性干道。将十字门区域与口岸服务区范围内的绿道纳入近期建设计划。将澳大巡逻路与新排
洪渠之间的 3 m 宽路作为绿道。

（4）斗门区

斗门区绿道以区域绿道 4 号线珠海段为主轴，沿村落、河流、湿地共同形成 4 条城市绿
道。自西向东分别是古村览胜、黄杨信步、鹤州竞技和 4 号线田园牧歌。

在此 4 条城市绿道的基础上，沿城镇建成区公共绿地、防护绿地和鹤州湿地形成多条社
区绿道，与城市绿道相互相接构建成网。主要分布在黄杨山周边、莲洲生态保育区、井岸镇
区和斗门镇区。

（5）金湾区

金湾区绿道以珠海大道、沿黄杨河—眼浪山绿道为主轴形成 2 条城市绿道，并且在鸡啼门大桥东岸处形成绿道交接点。

以此 2 条城市绿道为骨架，形成多条社区绿道。主要沿机场北路、省道 272 线、金海岸大道、机场西路和安基路。另外在甲洲山和拦浪山形成登山步道。

（6）高栏港经济区

高栏港经济区绿道以珠海大道"城市足迹"和从斗门区贯通下来的"古村览胜" 2 条城市绿道为主轴，围绕孖髻山、海泉湾、平沙新城、生态绿核、连湾山和南水镇形成多条社区绿道，其中孖髻山绿道为登山绿道。

（7）万山海洋开发试验区

航线作为海岛之间的连接线；水上绿道采用环岛或环群岛的形式设置，作为海上竞技、休闲类型的绿道。小蜘洲岛和三角岛作为无居民海岛生态修复试点，规划结合旅游项目设计绿道。

除了大万山、东澳、桂山、外伶仃和担杆岛之外，将更多的岛屿纳入绿道网规划体系中，增加了庙湾岛的绿道选线。同时，结合码头设置了驿站。

5.4.3　加强生物多样性保护

5.4.3.1　加强生物多样性调查和评估

开展珠海生物多样性综合调查评估。在生物多样性保护重要区域开展生物多样性综合调查评估，包括森林生态系统、红树林生态系统、海洋生态系统等具有代表性的生态系统、物种、遗传多样性以及相关传统知识的调查，掌握区域生物多样性本底，分析生物资源面临的威胁因素，对市域内生物多样性现状、动态变化以及在保护与可持续利用中存在的问题进行综合评估，因地制宜地提出相关对策。

构建生物多样性观测网络体系。以自然保护区、森林公园、风景名胜区、海岛以及海洋等区域为重点编制生物多样性监测总体方案，建立永久性监测样地、样线、样点等，修缮观测道路，配备监测仪器，对生物多样性状况以及土地利用、生物资源开发、外来物种入侵和气候变化等因素开展常规监测，掌握物种分布、种群数量、群落结构及其生境格局的动态和变化趋势，评估保护成效，提出风险防范措施，提高自然保护区及周边区域管理的科学性。

5.4.3.2 强化就地保护和迁地保护

加强以自然保护区为主的就地保护。一是继续新建自然保护区，扩大保护区数量和面积，优化空间布局，加强生物廊道和保护区群建设，提高连通性。加大森林生态系统、红树林生态系统、海洋生态系统等典型生态系统类型的自然保护区扩建。二是自然保护区内应注重生物多样性与生态旅游资源保护，不得改变自然保护区的土地用途，禁止在自然保护区内开发建设，实施重大工程对生物多样性影响的生态影响评价；禁止对野生动植物进行滥捕、乱采、乱猎；加强对外来物种入侵的控制，禁止在自然保护区引进外来物种，防止生态建设导致栖息环境的改变。三是全面提高保护区管护能力。以淇澳红树林省级自然保护区、庙湾珊瑚市级自然保护区、竹洲岛水松林市级保护区、凤凰山市级自然保护区、黄杨山市级自然保护区、万山群岛自然保护区、竹篙岭县级自然保护区和锅盖栋县级自然保护区为重点，完善基础设施，健全管理机构和人员队伍，促进自然保护区建设由数量型向质量型转变，到 2020 年完成 2 个市级自然保护区和 2 个县级自然保护区升级。加强自然保护区人才队伍建设。强化管理人员、专业技术人才和技能人才的培养和使用，推行关键岗位培训，加强各类人员的业务培训，鼓励在职学习，不断提高人员素质。四是加强海洋、海岛、水生生物等类型自然保护区建设，提高海岸带红树林及滩涂生物多样性保护和海洋与河口生物多样性及生境的保护，促进海岛生物物种多样性保护。开展水域野生生物资源的研究与管理，以中华白海豚国家级自然保护区为重点，开展中华白海豚的人工养护和繁殖方面的研究。建立淡水和海洋水生经济动植物保护繁育中心以及藻种库和藻类标本保存中心，保护、引种和繁育优良的水生经济生物物种。加强海岛特有野生动植物物种资源保护，在荷包岛建立小型昆虫研究中心，重点保护海岛珍稀蝶类和蜻蜓等物种。

加强迁地保护。以凤凰山森林植物园、长隆国际海洋王国、白藤湖鳄鱼岛动物园等动物园、植物园为重点，加强野生动物种源基地和野生植物培植基地建设，建立濒危种、特有种和重要生物遗传资源的种质资源库。

5.4.3.3 提高生物安全管理能力

在外来有害物种防治、转基因生物体和环保用微生物监管的基础上，利用生物多样性保护与监测体系，逐步建立结构科学、布局合理、功能齐备的管理运行机制。建立外来物种预警系统，提升检疫能力，深入开展外来入侵物种的生物防控技术，加大外来入侵物种防治力度，严防凤眼莲（水葫芦）、互花米草、微甘菊等外来入侵植物，切实保护珠海市本地物种。到 2020 年，珠海市本地物种受保护程度≥99，红树林面积恢复到 700 hm^2。

第6章 产业绿色转型升级研究

6.1 产业结构与特征

6.1.1 珠海产业结构变化

6.1.1.1 GDP

　　珠海与深圳、汕头和厦门是我国首批经济特区，改革开放过程中，一直保持着惊人的经济增长速率(图 6-1)，2013 年珠海市地区生产总值为 1 662 亿元，年均增长率为 10.54%，高于国家平均水平，2013 年地区生产总值约为 2003 年的 3.46 倍。珠海人均生产总值处于上升阶段（图 6-2），近 10 年上升速度尤为明显，2014 年人均生产总值为 116.537 元/人（表 6-1）。

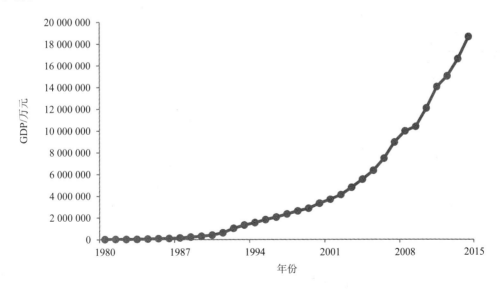

图 6-1　1980—2014 年珠海市 GDP 趋势

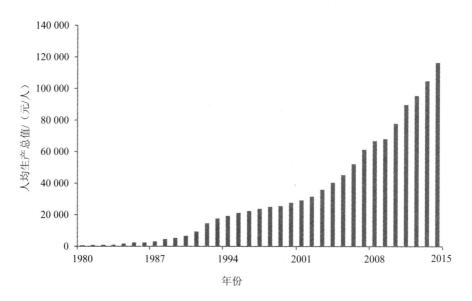

图 6-2 1980—2014 年珠海市人均生产总值趋势

表 6-1 1979—2014 年珠海市 GDP 以及人均生产总值

年份	GDP/万元	人均生产总值/（元/人）
1979	20 883	579
1980	26 128	720
1981	31 838	864
1982	35 325	943
1983	40 572	1 063
1984	67 828	1 738
1985	98 082	2 431
1986	111 008	2 455
1987	159 483	3 131
1988	238 261	4 608
1989	308 097	5 303
1990	414 277	6 678
1991	623 715	9 415
1992	1 031 712	14 584
1993	1 332 820	17 644
1994	1 554 016	19 264
1995	1 826 924	21 208
1996	2 061 857	22 414
1997	2 340 404	23 824
1998	2 628 135	25 052
1999	2 864 414	25 568
2000	3 323 525	27 770

年份	GDP/万元	人均生产总值/（元/人）
2001	3 695 289	29 315
2002	4 118 259	31 671
2003	4 801 238	36 036
2004	5 544 182	40 511
2005	6 354 514	45 320
2006	7 464 566	52 189
2007	8 948 148	61 303
2008	9 971 603	66 798
2009	10 386 627	68 042
2010	12 085 958	77 888
2011	14 049 305	89 794
2012	15 037 642	95 471
2013	16 623 757	104 786
2014	18 672 100	116 537

6.1.1.2　产业结构

2014 年珠海市第一产业 43.94 亿元（表 6-2、图 6-3），对 GDP 的贡献率为 2.3%；第二产业 938.71 亿元，对 GDP 的贡献率为 50.3%；第三产业 884.57 亿元，对 GDP 的贡献率为 47.4%。三次产业的比例调整为 2∶50∶47。

表 6-2　1979—2014 年珠海市三大产业 GDP 趋势　　　　　　单位：万元

年份	GDP	第一产业	第二产业	工业	建筑业	第三产业
1979	20 883	8 069	6 390	4 480	1 910	6 424
1980	26 128	9 508	8 313	5 950	2 363	8 307
1981	31 838	11 103	10 904	6 764	4 140	9 831
1982	35 325	11 534	12 222	7 150	5 072	11 569
1983	40 572	12 851	14 252	8 945	5 307	13 469
1984	67 828	17 923	26 065	13 757	12 308	23 840
1985	98 082	21 410	40 840	21 520	19 320	35 832
1986	111 008	25 975	44 273	27 124	17 149	40 760
1987	159 483	36 475	63 914	47 951	15 963	59 094
1988	238 261	46 622	97 413	72 885	24 528	94 226
1989	308 097	48 454	142 530	119 440	23 090	117 113
1990	414 277	59 546	180 626	151 219	29 407	174 105
1991	623 715	63 107	272 304	220 983	51 321	288 304
1992	1 031 712	66 343	506 445	364 938	141 507	458 924
1993	1 332 820	66 777	702 216	507 978	194 238	563 827
1994	1 554 016	92 397	793 189	576 557	216 632	668 430

年份	GDP	第一产业	第二产业	工业	建筑业	第三产业
1995	1 826 924	108 146	941 061	746 403	194 658	777 717
1996	2 061 857	117 522	1 031 362	883 774	147 588	912 973
1997	2 340 404	122 016	1 166 917	1 014 643	152 274	1 051 471
1998	2 628 135	129 260	1 304 853	1 146 713	158 140	1 194 022
1999	2 864 414	135 484	1 445 719	1 282 899	162 820	1 283 211
2000	3 323 525	152 657	1 728 227	1 567 796	160 431	1 442 641
2001	3 695 289	168 601	1 898 025	1 728 748	169 277	1 628 663
2002	4 118 259	194 315	2 079 470	1 896 515	182 955	1 844 474
2003	4 801 238	211 349	2 452 881	2 239 219	213 662	2 137 008
2004	5 544 182	207 324	2 850 908	2 616 525	234 383	2 485 950
2005	6 354 514	226 850	3 391 846	3 155 013	236 833	2 735 818
2006	7 464 566	252 323	4 135 665	3 879 886	255 779	3 076 578
2007	8 948 148	259 691	4 946 589	4 651 947	294 642	3 741 868
2008	9 971 603	286 192	5 448 596	5 117 499	331 097	4 236 815
2009	10 386 627	288 249	5 439 572	5 067 634	371 938	4 658 806
2010	12 085 958	323 552	6 620 075	6 193 901	426 174	5 142 331
2011	14 049 305	365 464	7 644 077	7 142 900	501 177	6 039 764
2012	15 037 642	390 170	7 763 648	7 202 547	561 101	6 883 824
2013	16 623 757	431 110	8 490 502	7 755 722	734 780	7 702 145
2014	18 672 129	439 358	9 387 106	8 431 841	1 021 382	8 845 665

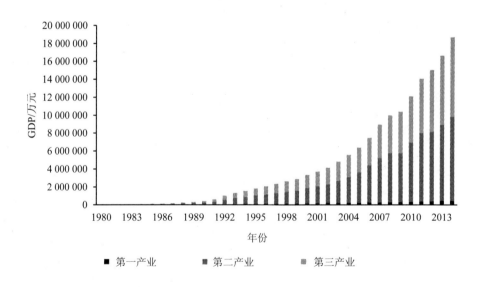

图 6-3　1980—2014 年珠海市三大产业 GDP 趋势

1979—2014 年，第一产业占比由 39% 下降到 2.3%；第二产业由 30% 上升到 50.3%；第三产业由 31% 上升至 47.4%（图 6-4）。其中，第一产业下降最为明显；第二产业占比高达 50%以上，仍为珠海市的支柱产业，但自 2006 年左右，出现逐渐下降的态势；第三产业一直处于波动提高的状态，2014 年提高至 47.4%（图 6-5），与第二产业仅相差 3%。以上变化充分体现了珠海市产业结构的调整。

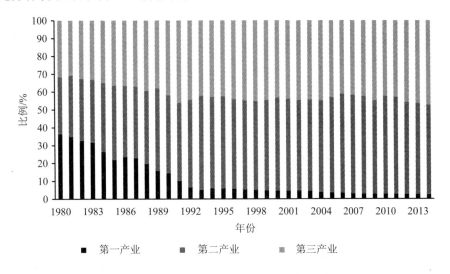

图 6-4　1980—2014 年珠海市三大产业比例

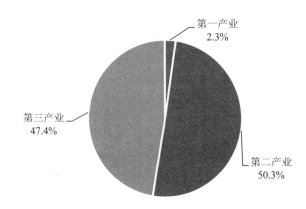

图 6-5　2014 年珠海市三大产业结构

　　霍利斯·钱纳里将经济结构定义为不同部门中劳动、资本和自然资源等生产要素的供给和使用。经济结构的基本度量依据是国民经济各个部门的产出在国民生产总值中所占的份额。工业化模型是说明直接与收入水平相关的各种因素是怎样引起生产结构和要素使用变化的。他运用多国模型模拟收入水平提高的作用，希望得出一种平均或标准的发展模式。他首先模拟了工业化的标准模式，假定人均规模和资本流入不变，在每个收入水平上对方程求解，说明工业化的模式。收入水平覆盖了从不发达经济到成熟的工业经济这一转变时期的全部收入（人均 GNP）水平，考察了前四个时期（收入水平可以划分为六个时期），每个时期都由相继的人均收入的间隔来表示。钱纳里的结构变动时期表中选择了 1964 年和 1970 年的美元确定基准收入水平的变动范围，两者的换算因子是 1.4，并说明 1982 年对 1970 年的美元换算因子是 2.6，我们按照美国的价格缩减指数，计算出 2005 年对 1982 年的美元换算因子是 1.79，从而得到了结构转变过程的时期划分衍生表（或者说是工业化标准模式的时期划分，表 6-3）。

表 6-3　结构转变过程的时期划分衍生表　　　　　　单位：人均 GNP 美元

时期	收入变动的范围			
	1964 年	1970 年	1982 年	2005 年
1	100～200	140～280	364～782	652～1 303
2	200～400	280～560	782～1 456	1 303～2 606
3	400～800	560～1 120	1 456～2 912	2 606～5 212
4	800～1 500	1 120～2 100	2 912～5 460	5 212～9 773
5	1 500～2 400	2 100～3 360	5 460～8 736	9 773～15 637
6	2 400～3 600	3 360～5 040	8 736～13 104	15 637～23 456

注：①1982 年和 2005 年的美元 GNP 价格缩减指数分别为 62.665 和 112.4，以 2000 年为 100。
②本书以 2005 年的美元确定基准收入水平变动的范围。

通过表 6-3 的时期划分，我们可以考察各个阶段的特征。经济结构转变的一般特征可归纳为三个阶段、六个时期。所有的准工业国家都处于收入变动的第 2 到第 4 个时期，增加第 5 和第 6 时期是为了说明与产出和就业中制造业份额停止增长相关联的一些变化。

1）第 I 阶段是初级产品的生产，占统治地位的是农业，全要素生产率缓慢增长。对应于表中的第 1 时期、第 2 时期的前半期。

2）第 II 阶段是工业化，从第 2 时期的后半期开始，制造业的贡献超过初级产品的贡献，资本积累的贡献一直较高，生产率加速增长。对应于第 2 时期的后半期、第 3 时期、第 4 时期、第 5 时期、第 6 时期的前半期。从第 5 时期开始，制造业对增长的贡献要低于服务业。

3）第 III 阶段为发达经济阶段，一般从第 6 时期的后半期进入。制造业的收入需求弹性会减少，但出口会抵消这一趋势，要素投入的综合贡献也将减小，资本增长速度减慢，人口增长减缓，全要素生产率同工业的联系减小，在农业和服务业中贡献增加。农业也慢慢变成劳动生产率较高的部门。要注意的是，在三个阶段划分上并没有明显的间断点，划分也是任意的。钱纳里在分析工业化的特征时指出，工业份额的增加取决于三个要素：国内需求的变动、工业品中间使用量的增加以及随要素比例变动而发生的比较优势变化。不同的贸易模式影响变动的时序，大国在第 1 时期的后半期即可进入工业化阶段。钱纳里指出，模型具有局限性，在对发达国家和发展中国家的比较研究中，自初级产品生产向服务业生产的重大转移同时间因素相关，而同收入无关，换句话说，人均收入的提高并非服务业增加的必然条件。

通过比较珠海人均 GDP，进行纵向和横向的比较，确定它所处的工业化阶段（表 6-4）。

表 6-4　1979—2014 年珠海市人均 GDP 与工业化发展时期

单位：2005 年美元

年份	户籍人口 GDP	年末人口 GDP	（2）列减去（3）列	所处时期
1979	71	71	0	1-
1980	87	88	-1	1-
1981	105	105	0	1-
1982	114	115	-1	1-
1983	128	130	-2	1-
1984	210	212	-2	1-
1985	291	297	-6	1-
1986	318	300	18	1-
1987	441	382	59	1-
1988	624	563	61	1-
1989	773	647	126	1-
1990	1 006	815	191	1-
1991	1 451	1 149	302	1-
1992	2 291	1 780	511	1-
1993	2 831	2 154	677	1+
1994	3 127	2 352	775	1+
1995	3 527	2 589	938	1+
1996	3 851	2 736	1 115	1+
1997	4 243	2 908	1 335	2-
1998	4 617	3 058	1 559	2-
1999	4 897	3 121	1 776	2-
2000	5 490	3 390	2 100	2+
2001	5 941	3 578	2 363	2+
2002	6 395	3 866	2 529	2+
2003	7 145	4 399	2 746	3-
2004	7 854	4 945	2 909	3-
2005	8 657	5 532	3 125	3-
2006	9 837	6 371	3 466	3-

年份	户籍人口 GDP	年末人口 GDP	（2）列减去（3）列	所处时期
2007	11 415	7 483	3 932	3+
2008	12 236	8 154	4 082	3+
2009	12 352	8 306	4 046	3+
2010	14 085	9 508	4 577	3+
2011	16 177	10 961	5 216	4-
2012	17 227	11 654	5 573	4-
2013	18 692	12 791	5 901	4-
2014	20 680	14 226	6 454	4-

注：所处时期中"-"表示前半期；"+"表示后半期。

数据来源：珠海市统计年鉴。

从数据发现：其一，按户籍和按常住人口两种方式计算的人均 GDP 显示，珠海市外来人口对 GDP 的贡献很大。其二，珠海市处于第 4 时期，即工业化的中后期。根据中国统计年鉴可以发现，北京、上海也同样处于第 4 时期，而天津、浙江和江苏处于第 3 时期。其他处于第 1 时期或第 2 时期。第 4 时期是制造业对增长的贡献开始低于服务业的时期，显然，适应经济增长方式的转变，把服务业作为主导产业对增长意义重大。这与事实相符，长三角的江苏、浙江制造业以 20% 以上的速度发展，而珠海市、上海市的制造业明显滞后了。其三，湖北、河南、湖南、重庆、四川、广西和安徽按户籍人口的人均 GDP 小于按年末人口的人均 GDP，说明有大量的人口外流，而户籍还在原地。

我们根据钱纳里的标准发展形式和人均 GDP 时期模型，验证了珠海市的经济结构特征和所处的工业化阶段。随着人均 GDP 的增加，珠海市第二产业在产值比重、就业比重增加上逐渐与第三产业几近持平，其弹性也大于第一、第二产业，说明珠海市仍然是以工业为主，具有深加工的能力，服务业相对来说，生产效率仍然不是很高。如果珠海 GDP 按照中国 GDP 缩减指数折算，并且按照珠海常住人口平均，珠海还处于工业化的中后期阶段，还没有完成工业化阶段，但是以生产服务为特征的现代服务业可以与工业化同时进行。虽然珠海工业化水平在全国处于前列，但产业结构远没有达到优化的水平，这仍然需要市场经济体制的完善，在要素市场、政府职能、市场结构上加快市场化进程。在珠海人均 GDP 过 5 000 美元后，迫切需要做的是在保持工业产值比重不变的情况下，迅速提高服务业的水平和产值，以促进人均 GDP 向 1 万美元迈进。

6.1.1.3 产业类型

珠海市 2013 年工业产业类型比重为：电气机械及器材制造业占 25%；计算机、通信和其他电子设备制造业占 24%；化学原料及化学制品制造业占 7%；电力、热力的生产和供应业占 6%；通用设备制造业占 4%；黑色金属冶炼及压延加工业 4%；石油加工、炼焦和核燃料加工业 3%（图 6-6）。

从单位个数角度来看，橡胶和塑料制品业、金属制品业、纺织服装和服饰业、造纸及纸制品业等数量较多，但工业产值占比相对低（图 6-7）。

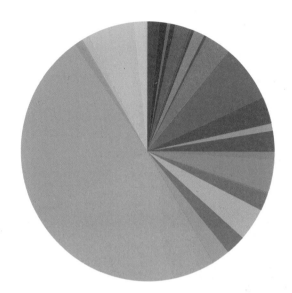

图 6-6　2013 年珠海市工业产业产值占比

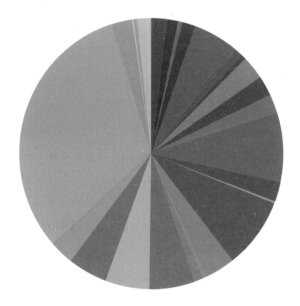

图 6-7　2013 年珠海市工业产业行业单位数占比

珠海 2008 年工业产业类型比重为：计算机、通信和其他电子设备制造业占 33%；电气机械及器材制造业占 22%；化学原料及化学制品制造业占 6%；电力、热力的生产和供应业占 5%；仪器仪表制造业占 4%；黑色金属冶炼及压延加工业 3%；医药制造业占 3%（图 6-8）。

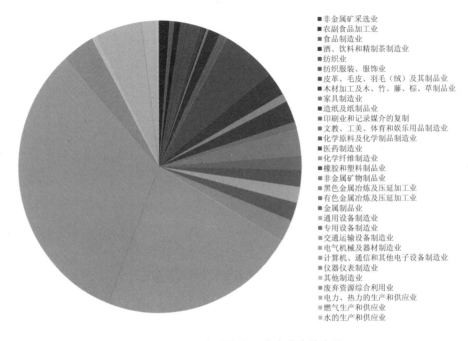

■非金属矿采选业
■农副食品加工业
■食品制造业
■酒、饮料和精制茶制造业
■纺织业
■纺织服装、服饰业
■皮革、毛皮、羽毛（绒）及其制品业
■木材加工及木、竹、藤、棕、草制品业
■家具制造业
■造纸及纸制品业
■印刷业和记录媒介的复制
■文教、工美、体育和娱乐用品制造业
■化学原料及化学制品制造业
■医药制造业
■化学纤维制造业
■橡胶和塑料制品业
■非金属矿物制品业
■黑色金属冶炼及压延加工业
■有色金属冶炼及压延加工业
■金属制品业
■通用设备制造业
■专用设备制造业
■交通运输设备制造业
■电气机械及器材制造业
■计算机、通信和其他电子设备制造业
■仪器仪表制造业
■其他制造业
■废弃资源综合利用业
■电力、热力的生产和供应业
■燃气生产和供应业
■水的生产和供应业

图 6-8　2008 年珠海市工业产业产值占比

2008—2013 年，珠海主导产业并没有发生改变，产业类别从以前的遍地开花模式，变为优势产业占比明显。

按照各个区来划分，珠海市斗门区主要产业类别为：计算机、通信和其他电子设备制造业占 62%，电气机械及器材制造业占 10%，通用设备制造业占 7%，农副食品加工业占 4%（图 6-9）。

珠海市香洲区主要产业类别为：电气机械及器材制造业占 44%，计算机、通信和其他电子设备制造业占 18%，电力、热力的生产和供应业占 8%，通用设备制造业占 4%（图 6-10）。

珠海市金湾区主要产业类别为：化学原料及化学制品制造业占 18%；黑色金属冶炼及延压加工业占 12%；石油加工、冶炼和燃料加工业占 8%，计算机、通信和其他电子设备制造业占 8%（图 6-11）。

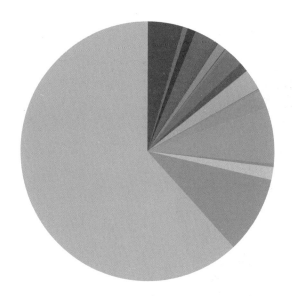

■ 农副食品加工业
■ 食品制造业
■ 酒、饮料和精制茶制造业
■ 纺织业
■ 纺织服装、服饰业
■ 皮革、毛皮、羽毛（绒）及其制品业
■ 木材加工及木、竹、藤、棕、草制品业
■ 家具制造业
■ 造纸及纸制品业
■ 印刷业和记录媒介的复制
■ 文教、工美、体育和娱乐用品制造业
■ 石油加工、炼焦和核燃料加工业
■ 化学原料及化学制品制造业
■ 橡胶和塑料制品业
■ 非金属矿物制品业
■ 黑色金属冶炼及压延加工业
■ 有色金属冶炼及压延加工业
■ 金属制品业
■ 通用设备制造业
■ 专用设备制造业
■ 交通运输设备制造业
■ 电气机械及器材制造业
■ 计算机、通信和其他电子设备制造业
■ 仪器仪表制造业
■ 废弃资源综合利用业
■ 金属制品、机械和设备修理业

图 6-9　2013 年珠海市斗门区工业产业产值占比

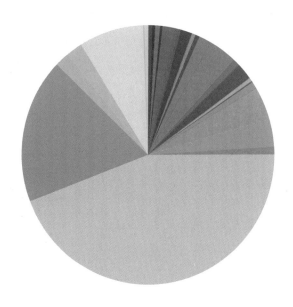

■ 农副食品加工业
■ 食品制造业
■ 酒、饮料和精制茶制造业
■ 纺织业
■ 纺织服装、服饰业
■ 皮革、毛皮、羽毛（绒）及其制品业
■ 家具制造业
■ 造纸及纸制品业
■ 印刷业和记录媒介的复制
■ 文教、工美、体育和娱乐用品制造业
■ 化学原料及化学制品制造业
■ 医药制造业
■ 化学纤维制造业
■ 橡胶和塑料制品业
■ 非金属矿物制品业
■ 有色金属冶炼及压延加工业
■ 金属制品业
■ 通用设备制造业
■ 专用设备制造业
■ 交通运输设备制造业
■ 电气机械及器材制造业
■ 计算机、通信和其他电子设备制造业
■ 仪器仪表制造业
■ 其他制造业
■ 废弃资源综合利用业
■ 金属制品、机械和设备修理业
■ 电力、热力的生产和供应业
■ 燃气生产和供应业
■ 水的生产和供应业

图 6-10　2013 年珠海市香洲区工业产业产值占比

　　金湾区特色产业主要有：黑色金属冶炼及延压加工业；石油加工、冶炼和燃料加工业；燃气生产和供应业；废弃资源综合利用业、其他制造业等。香洲区特色产业主要有：水的生产和供应业；仪器仪表制造业、金属制品、机械和设备制造业；电气机械及材料制造业等。斗门区的工业产值比重相对与其他区较低，特色产业不明显。图 6-12 为 2013 年珠海市各区工业产值占比。

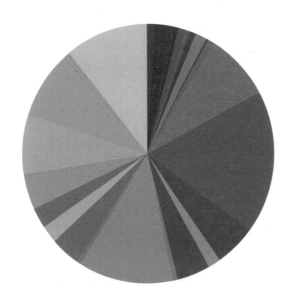

图 6-11　2013 年珠海市金湾区工业产业产值占比

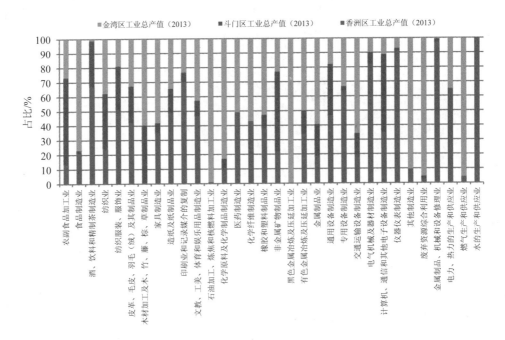

图 6-12　2013 年珠海市分区工业产值占比

珠海主要以外商投资企业、国有控股企业为主,企业以大型企业为主(图 6-13、图 6-14)。

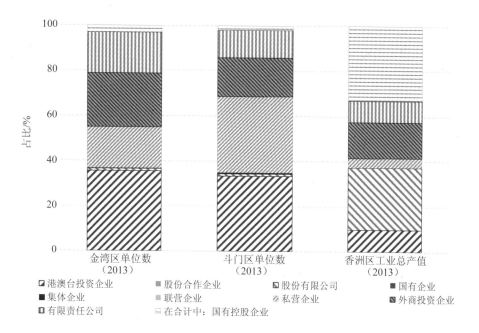

港澳台投资企业　　股份合作企业　　股份有限公司　　国有企业
集体企业　　　　　联营企业　　　　私营企业　　　　外商投资企业
有限责任公司　　　在合计中:国有控股企业

图 6-13　2013 年珠海市分区按经济分类的工业产值占比

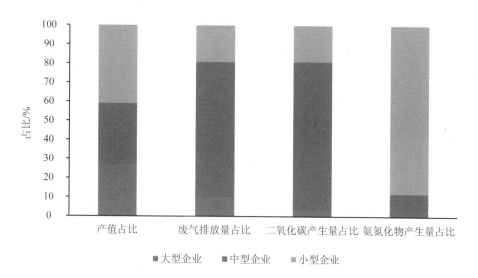

大型企业　　中型企业　　小型企业

图 6-14　2013 年珠海市分区按企业规模的工业产值占比

珠海现状的产业结构具有以下特征:

1)虽已完成"脱农化"过程,但质量并不高。主要表现在:第一产业的内部结构不合理,种植业比重偏高,而畜牧业等比重偏低;第一产业在三次产业中的产值比重与就业比重不合理，前者不到后者的一半，说明第一产业的劳动生产率极低，与第二、第三产业的发展不协调；第一产业服务的产前产后部门薄弱；第一产业的产业化程度较低，基本属自给型。

2）第二产业居主导地位。以生产要素论，则以资本与劳动密集型产业为主；内部结构上看，工业比重远大于建筑业；在工业内部，轻工业比重较高；轻工业内部，以农副产品为原料的轻工业比重较低，以工业产品为原料的比重较高；在重工业内部，制造业占比较大，原材料工业次之，采掘工业几乎没有。

3）第三产业构成。第三产业内部按交通运输与商服业分，则以商服业为主；珠海对外交通基础设施建设虽大大超前，且经济的外向度较高，但因其无明确、稳定的腹地，市域经济总量不大，产业结构的运输导向性不强，故相对于商贸服务业，交通运输业比重要小得多。按照消费性、服务、咨询性划分，珠海的第三产业消费性较大，服务及咨询性第三产业还处于滞后状态，这主要是由于消费性第三产业的超高利润造成的。

4）产业结构类型。三次产业的结构比例已较先进，从产值与就业比例来看，珠海都属于发展水平较高的第三种经济类型，即"基本实现工业化经济"类型。三次产业的内部结构较落后，从三次产业内部结构比例看，珠海的产业结构还较滞后，属于发展阶段的第二种类型，即"前工业化经济"类型。珠海目前处于第二、三种经济类型的过渡区。

6.1.2 珠海主导产业及现状分析

《关于促进我市产业结构调整的实施意见》中，珠海未来将把交通基础产业、装备制造业为代表的先进制造业、高新技术产业、现代服务业、现代农业以及战略性新兴产业作为主导产业。

6.1.2.1 装备制造业发展现状分析

2013 年，珠海市规模以上装备制造企业实现工业总产值 1 322.82 亿元，占全市规模以上工业总产值的比重为 38.2%；实现工业增加值 281.17 亿元，占全市规模以上工业增加值的比重为 35.9%。从产业构成来看，计算机、通信和其他电子设备制造业、电气机械和器材制造业比重较高，两个产业增加值分别占装备制造业的 50.8%、16.6%，其他产业占比均不足 10%（图 6-15）。

从增长速度（图 6-16）来看，2008—2013 年，珠海市装备制造业增加值增速分别为 9.5%、3.9%、19.7%、11%、8.6% 和 12.1%，而同期全国装备制造业增加值增速分别为 17.1%、13.8%、21.1%、15.1%、8.4% 和 10.9%。自 2012 年起，珠海市装备制造业增加值增速开始起高于全国装备制造业增加值增速，且领先优势不断扩大。

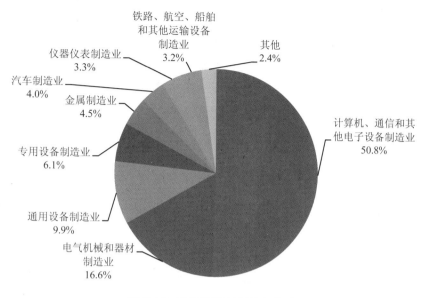

图 6-15　珠海市装备制造业构成

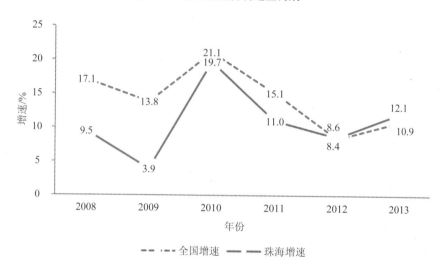

图 6-16　珠海市装备制造业增加值增速与全国装备制造业增加值增速比较

　　珠海主导产业在一些细分领域发展较快,具有参与全国制造业竞争的优势:①空调(家用电器):珠海格力电器业务遍及全球 100 多个国家和地区,是全球最大的集研发、生产、销售、服务于一体的专业化空调企业。②集成电路(电子信息):欧比特公司是中国航天航空领域高可靠嵌入式 SOC 芯片及系统集成的骨干企业。③3G 移动通信(电子设备):拥有伟创力的代工手机和魅族的自主品牌手机;东信和平是中国 USIM 卡的最大供应商。④打印耗材(电子设备):珠海是全球最大的打印耗材生产基地,供应了全球 70% 以上的色带、60% 的兼容墨盒、30% 的再生激光碳粉盒组件,产品销售几乎覆盖了世界上所有国家和地区。⑤新能源汽车：银隆公司是全球少数能同时生产磷酸铁锂和钛酸锂电池的公司，新能源汽车年产能达 2 000 辆。珠海泰坦科技股份有限公司是北京奥运会和上海世博会电动汽车充电设备供应商，产品在我国处于领先水平。⑥智能电网（电气机械及器材）：优特公司是中国微机防误闭锁系统的首创者，产品全国占有率超过 50%；许继配电网自动检测控制技术在我国市场占有率 80% 以上；万力达公司的厂站监控系统在我国厂矿继电保护市场占有率排名第一；汉胜公司生产的配套电缆在我国市场占有率居第一。

6.1.2.2　高新技术产业发展现状分析

2012 年，高新技术产品产值达 1 550 亿元，占规模以上工业总产值 46%（图 6-17），对工业发展的支撑作用不断增强，带动工业生产的科技含量逐步提高。其中，格力电器年销售额突破 1 000 亿元，许继电气、魅族科技等多家科技型企业产值实现翻番。高新技术产业发展特色鲜明，部分细分行业形成较强的竞争实力。软件产业规模位居全省第三位，是国家软件产业基地；集成电路设计收入排名全省第二，仅次于深圳；生物医药行业每年以 30% 左右的速度增长，成为广东省重要的生物医药产业基地；智能电网行业在国内具有领先地位，产品几乎覆盖了整个智能电网产业链。产业规模快速壮大，科技创新引领作用明显。以软件、集成电路设计、印刷线路板、生物医药、装备制造、打印耗材、智能电网等为重点的高新技术产业发展迅速，已成为全市经济发展中最具活力的增长极。

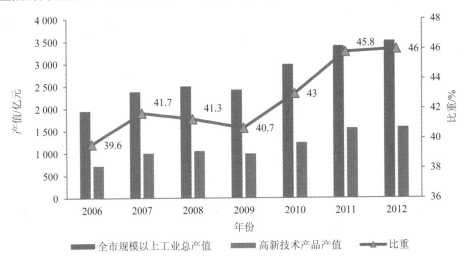

图 6-17　2006—2012 年珠海市高新技术产品产值和比重

高新技术企业数量与比重均呈快速增长态势（图 6-18），优势骨干企业不断涌现。2012 年，全市高新技术企业数达到 285 家，是 2008 年（95 家）的 3 倍，占规模以上工业企业总数的比重为 31.7%，较 2008 年（6.8%）上升了 24.9 个百分点。从横向比较看，珠海市高新技术企业所占比重远高于省内其他地级市，在珠三角地区九市中位列前三甲，仅次于广州和深圳。经过多年的培育发展，珠海市高新技术领域涌现了一批占地少、用工少，有研发、有品牌，高技术、高效益的"两少两有两高"优势骨干企业，企业竞争力不断增强。其中，金山软件是国内最知名的民族软件企业之一，远光财务软件是国内第一套完全以浏览器/服务器方式实现的财务管理软件，许继电气是国内最大的配网自动化成套产品供应商；全志科技突破了超大规模数模混合设计系统级芯片的关键核心技术，填补了国产便携式智能化平板电脑核心主控芯片设计的空白；汉胜公司生产的配套电缆国内市场占有率位居第一，中标项目几乎覆盖了中国版图；东信和平是国内 USIM 卡的最大供应商；珠海赛纳科技自主核心技术激光打印机"奔图"，填补了国内空白，在 2011 年福布斯中国潜力企业榜中高居第四位；健帆生物的 DNA 免疫吸附柱是世界首创的血液净化领域高科技产品，同时拥有美国、中国发明专利 20 余项，获"国家科技进步二等奖"；联邦制药已经建成了全球最大的胰岛素原料和制剂生产基地。

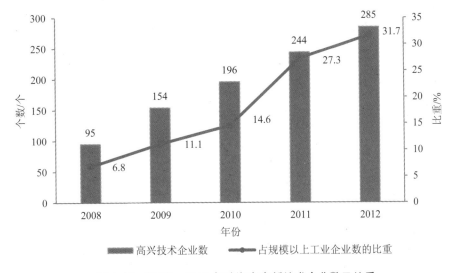

图 6-18　2008—2012 年珠海市高新技术企业数及比重

6.1.2.3　战略性新兴产业发展现状分析

（1）高端新型电子信息产业

珠海市在电子信息产业方面发展历史悠久，电子信息产业是珠海六大支柱工业之一，工业总产值比重占全市工业比重超过 1/4。2010 年，电子信息产业规模以上工业总产值达809 亿元，占全市规模以上工业产值的 27.2%，其中高端新型电子信息产业全年营业收入达到 97.33 亿元，从业人数超过 3.76 万人。其中珠海市软件产业从业人员超过 2.4 万人，随着金山软件加大在珠海投资力度，巨人软件南方总部的回归，金蝶、用友等一批国内知名软件企业加快在珠海市的布点，珠海软件产业的发展前景将更加广阔；珠海市集成电路设计产业基地是广东省集成电路设计与生产基地；同时珠海市是国内重要的印刷线路板生产基地，目前从事印刷线路板及其相关产品的生产企业有 30 多家，生产各种规格的单面、双面、多层及柔性印刷线路板，生产技术处于国内领先地位，产量占全国 10% 以上；另外，在新一代移动通信、云计算、物联网和数码娱乐方面，珠海市企业也占有一席之地。目前，珠海市电子信息产业拥有中国名牌产品 1 个，广东省名牌产品 10 个，广东省著名商标 10 个，国家级工程中心 1 家，省级技术中心 9 个，省级工程中心 6 个。

（2）生物医药产业

生物制药是珠海市的优势产业和重点发展产业之一，经过近 20 年发展，珠海生物医药产业实力已位居全省前列，成为推动本地乃至全省经济社会发展的重点产业。2010 年珠海市的生物医药产业共实现全年营业收入 129.4 亿元（生物医药+医疗器械），资产总额达 119 亿元，产业规模位居全省第三名。目前珠海共有生物医药生产企业 133 家，医药经营企业约 1 000 家，其中规模以上的生物制药企业共 27 家，产品涵盖化学原料药与制剂、抗生素原料与制剂、生物工程药品、生化药品、中成药、诊断试剂等。规模以上医疗器械企业共 15 家，可生产 19 个门类、60 多个品种、100 多种规格的产品，有些产品已达到国际水平。三灶生物医药专业镇是珠海市生物医药产业的主要载体，也是广东省生物医药产业集群示范区。此外，2011 年 4 月 19 日，由粤澳双方共同开发建设横琴的首个落地项目粤澳合作中医药科技产业园也正式启动，该项目总投资 12 亿元，将整合广东中医药医疗、教育、科研、产业的优势和澳门的科技能力和人才资源，吸引国内外大型医药企业总部聚集，建成后将成为集中医医疗、养生保健、科技转化、健康精品研发、会展物流于一体的国际中医药产业基地，以及绿色药材和名优健康精品的国际交易平台。可见，珠海市的生物医药产业的发展前景具有巨大的潜力和生机。

（3）新能源及新能源汽车产业

珠海市新能源产业技术研究起步较早，经济实体发展稍晚，产业体系相对薄弱，但特色鲜明有后发优势。目前新能源产业企业 6 家，2010 年全年营业收入达 2.3 亿元，资产总额达 2.6 亿元。珠海市在风能、太阳能开发和利用方面在国内处于相对领先的位置，中国兴业太阳能控股有限公司是珠海市唯一批量生产太阳能电磁板的企业，同时，珠海市还拥有国内第二大海岛风力发电场——珠海横琴风能发电场，该项目由国华汇达丰风能开发有限公司开发，总投资 1.28 亿元，共安装 21 台 750 kW 的风力发电机，总装机容量 15.75 MW，年上网发电量约 2 800 万 kW·h，可满足珠海 3 万个普通家庭用电。此外，珠海市还有一批从事水煤浆、生物燃油等石油替代产品开发的新能源企业；富山工业区的核设备工业园也正在谋划之中。业内骨干企业包括兴业太阳能、泰坦新能源、汇达丰风能、富华风能等。此外珠海市的电网工程也在 2010 年完成投资 13.7 亿元，220 kV 国珠线、2 个 220 kV 和 5

个 110 kV 输变电工程建成使用，电力保障能力进一步加强，同时风力、天然气发电等项目也在加快推进。

珠海市新能源汽车产业已形成一定基础，目前从事新能源汽车生产及相关的企业有 24 家，2010 年全年营业收入达到 13.9 亿元，资产总计 11 亿元，从业人数达 5 037 人。珠海市的新能源汽车产业具有以下特点：一是整车生产具备一定规模。珠海市广通汽车有限公司的混合动力和纯电动城市公交客车是国家节能与新能源汽车示范推广应用工程推荐车型目录产品，该公司具备年产 6 000 辆新能源汽车的能力。二是动力电池关键技术取得新突破。珠海银通新能源有限公司是国内最大的锂离子动力电池生产企业之一，其发明的纳米环型锂离子动力电池，具有完全自主知识产权，通过了国家级电池检测中心测试。三是关键零部件产业链初步形成。珠海市蓝海科技有限公司的无级变速混合动力驱动总成已通过工业和信息化部新能源汽车的生产准入审查，该公司具备年产 2 000 套动力和电控总成的能力；珠海泰坦科技股份有限公司是北京奥运会和上海世博会电动汽车充电设备供应商，产品在国内处于领先水平。四是新能源汽车示范推广逐步加快。珠海市委、市政府高度重视新能源汽车发展，出台了相关扶持措施，逐步加快新能源汽车示范推广；珠海市出台了绿色公交推进计划，大力推广 LNG 为主的新能源汽车，首批 8 台 LNG 公交车已投入运营，2011 年将增加到 100 台，2015 年实现全覆盖。

（4）新材料产业

珠海经济特区成立 30 年以来，新材料产业发展迅速，产品种类较多，范围较广，陆续新建了玻璃纤维、工业模具、聚酯切片、安全玻璃及高科技工业陶瓷材料等一大批项目，不少领域已形成很大规模。但集聚度不高，自主创新能力较弱。2010 年珠海市新材料产业实现全年营业收入约为 138.4 亿元，17 家生产企业，产品数保持在 40 个左右。借助电子信息产业的良好基础和高栏港区的石油化工产业、航空工业园的航空产业快速发展带动，以及大学园区技术力量的支撑，后发优势明显。珠海市新材料产业拥有广东省名牌产品 4 个，广东省著名商标 4 个，省级技术中心 5 个，省级工程中心 2 个。业内骨干企业有富华复合材料、乐通化工、长兴化工、裕华聚酯、蓉胜超微、粤科京华、中富实业、晓星氨纶等，主要分布在高栏港区和国家高新区。

（5）航空产业

珠海航空产业可以划分为临空经济、航空制造和航空运输三个部分。临空经济包括物流产业、高科技制造业、总部经济、科技研发、客户服务、会展业、现代服务业；航空制造包括航空航天产业研发、航空人才培养、航空装备生产及整机制造、零部件加工、试飞鉴定、航空装备维修、航模制造等；航空运输包括机场、航空客运、航空货运、航空服务等。目前，珠海市拥有发展航空产业的有形资源和相关产业基础。2010 年航空产业相关企业 11 家，实现全年营业收入 27.7 亿元，资产总计为 63.2 亿元。珠海市的航空产业发展迅速，从 1996 年开始世界五大航展之一的中国国际航展在珠海举办；与加拿大 CAE 公司合资的珠海翔翼公司，训练管理系统先进，拥有多台全动飞行模拟机和固定训练机，10年后将成为亚洲的民航飞行训练中心；国内维修等级最高的民用航空发动机维修基地珠海 MTU——设计年维修能力为 150 台发动机，维修深度达到 3C 级。珠海民营企业星宇航空技术有限公司研发制造出了国内技术最先进的无人侦察机；全国最大的 10 家航模生产企业有 6 家落户珠海，珠海主体地位非常明确。

（6）海洋工程产业

珠海拥有珠三角地区其他城市难以比拟的后备资源和发展空间，环境容量大，极具发展海洋工程装备制造和大型船舶修造业的优势。2010 年珠海市海洋工程产业全年营业收入18.3 亿元，资产总额 26 亿元，相关企业 52 家，从业人数 5 642 人。海洋工程产业已经成为珠海海洋经济发展的重要增长点，通过发展珠海的沿海优势、区位优势、港口优势转化为经济优势、竞争优势，为珠海海洋工程产业构筑 5 大海洋产业集群，包括临港重化工业和装备制造业、海洋交通物流业、海洋旅游文化业和海洋新兴产业等。近年来，珠海市海洋工程装备产业发展迅速，茂盛钻井平台、海重钢管、裕嘉氧化球团、中铁武桥重工等项目相继投产，另有总投资近 600 亿元的海洋工程装备产业项目布局珠海市，其中珠海中海油深水海洋工程装备、珠海中船集团船舶及海洋工程装备制造基地、珠海三一重工、珠江钢管、中冶东方大型数控机床基地等项目落户高栏港经济区，珠海玉柴发动机制造项目落户富山工业园，将逐步形成海洋工程装备产业集群。

（7）节能环保产业

珠海市节能环保产业的企业规模普遍较小，但增长迅速。2010 年全年营业收入约 10亿元（不计算格力电器节能空调及智能电网产品），同比增长 24%，资产总额达到 13.4 亿元，技术领域涵盖空调节能、余热余压回收、绿色照明、电力系统优化和新能源开发利用五大板块，许多企业在技术和产品上具有鲜明的特色。但是由于节能尚属新兴产业，绝大部分企业还处于发展的萌芽阶段，企业规模偏小。得益于格力电器的技术辐射效应，空调节能板块是珠海市节能行业中最为成熟、占据比重最大的板块。目前珠海市从事空调节能生产的企业有 13 家，主要包括空调机组高效化改造、空调余热回收、冰/水蓄冷、空气源/地源热泵、空调系统智能化控制等方面，该板块集空调能源设计、能源优化、系统集成、信息管理系统为一体，拥有大批行业专家和技术员工。智能电网是和低碳结合密切的产业门类，珠海市从事电网自动控制装置研发生产的企业侧重于监测、控制、自动化、安全预警、紧急自愈、精细管理等软功能，已初步形成国内领先的规模，产品门类齐全、几乎覆盖了当前智能电网概念的整个产业链。

推广清洁能源应用，中海油天然气陆上终端、LNG 接收站相继选址珠海，天然气发电等重点清洁能源项目建设步伐加快，天然气在城市燃气、工业燃料等领域替代传统燃料工程也在适时推进,天然气相关产业的发展将迎来重大机遇期;高栏港经济区已定为国家级清洁低碳能源基地。

表 6-5 为 2008—2010 年珠海市战略性新兴产业情况。

表 6-5 2008—2010 年珠海市战略性新兴产业情况

所属产业	调查企业/家	2008 年		2009 年		2010 年	
		年末从业人员数/人	全年营业收入合计/千元	年末从业人员数/人	全年营业收入合计/千元	年末从业人员数/人	全年营业收入合计/千元
节能环保产业	104	2 535	787 990	2 546	766 247	2 846	1 000 466
新材料产业	17	3 276	8 641 879	3 256	9 829 403	3 415	13 847 172
海洋工程产业	52	4 368	678 135	4 684	877 003	5 642	1 826 157
新能源	6	296	99 326	430	183 746	664	232 863
新能源汽车	24	3 774	1 571 956	4 164	1 568 084	5 037	1 394 450
高端电子信息	518	29 113	9 945 747	29 830	8 898 477	37 626	9 733 510
生物医药产业	70	7 995	5 583 384	8 520	6482 486	9 881	11 874 942
医疗器械产业	63	3 372	553 706	3 393	819 939	4 072	1 066 076
航空产业	11	2 212	3 310 814	2 287	3 074 737	2 503	2 773 013
合计	865	56 941	31 172 937	59 110	32 500 122	71 686	43 748 659

6.1.3 产业现存主要问题

6.1.3.1 产业发展绿色化程度不够

珠海市拥有发展循环经济的良好基础条件和独特优势,但水资源、能源和土地资源的综合产出效率不高。水资源方面,珠海市是水质性和工程性缺水并存的城市,全社会节水意识薄弱,水资源浪费现象普遍,加上江河水体污染严重,水资源承载力接近极限。土地资源方面,东西部分布不均衡,单位土地产出效率不高,以低价土地招商造成的无效供应较多,土地闲置严重。能源方面,珠海市对外依存度极高,能源消耗总量与经济发展同步增长,今后重化工业的高速发展,将推动未来能源消耗总量和污染排放总量的持续增长,对资源能源的承载极限和节能减排构成压力。

万元 GDP 能耗是每创造 1 个单位的 GDP 所消耗的能源,计算方式是总能耗除以 GDP。图 6-19 为珠江三角洲各市万元 GDP 能耗情况。

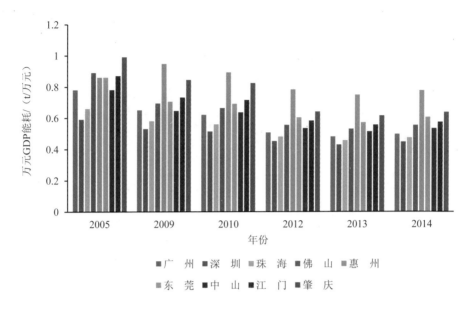

图 6-19　珠江三角洲各市万元 GDP 能耗

万元 GDP 耗水量是指某地区、行业、企业或单位在一定时段内每取得 1 万元增加值（GDP）的水资源取用量。通常以年为时段，即某年某地区、行业、企业或单位的万元 GDP 耗水量等于其年用水总量除以年万元增加值的数值。图 6-20 为 2005—2013 年珠海市万元 GDP 耗水量情况，图 6-21 为 2008 年珠江三角洲各市万元 GDP 耗水量比较，而表 6-6 为珠江三角洲各市耗水量情况。

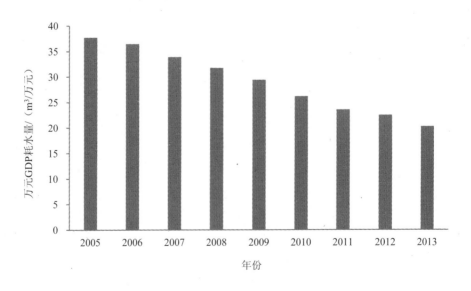

图 6-20　2005—2013 年珠海市万元 GDP 耗水量

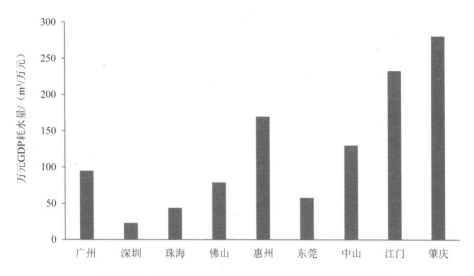

图 6-21 2008 年珠江三角洲各市万元 GDP 耗水量比较

表 6-6 珠江三角洲各市耗水量情况

行政 分区	人均 GDP/ 万元	水资源量/ m³		人均综合 用水量/m³	万元 GDP 耗 水量/m³	万元工业增加值 用水量/m³		农田灌溉亩 均用水量/m³	居民生活人均用 水量/（L/d）	
		2008 年	多年 平均			含火电	不含火电		城镇 生活	农村 生活
广州	8.12	912	747	774	95	165	89	837	255	155
深圳	8.98	312	240	204	23	15	15	443	222	—
珠海	6.76	1 459	1 226	297	44	27	28	487	202	143
佛山	7.30	627	488	577	79	56	27	805	240	—
惠州	3.31	4 086	3 171	564	170	75	74	929	191	148
东莞	5.33	434	328	309	58	54	53	481	293	179
中山	5.61	909	693	730	130	112	77	559	188	160
江门	3.10	3 864	2 902	722	233	98	71	879	188	112
肇庆	1.90	4 315	3 719	532	281	140	140	666	179	135
全省	3.76	2 324	1 927	486	129	80	57	789	219	130

数据来源：广东省水资源公报。

　　水资源具有多用途性，在地区分配上存在不平衡性和有限性，因此，水资源往往成为一种制约人口承载量的重要因素。为探讨珠海市水资源的支撑能力与保证程度，采用水资源承载力这一综合性指标计算水资源可承载的人口数。水资源承载力即在某一特定的历史时期，从现有的技术条件、经济水平和社会环境出发，遵循可持续发展的基本准则，在不损害人类利益和维护生态系统的良性发展条件下，在水资源合理开发利用时，区域水资源对人类社会经济活动的最大支持能力。水资源承载力是水资源可持续利用的前提，水资源可持续利用必须是在水资源承载力允许的范围内进行。

（1）估算模型

将水资源可承载的人口规模作为水资源承载力的评价指标，计算水资源承载能力，其计算方法为

$$C = \frac{\lambda W_o \sigma}{W_p \times 365}$$

式中：C——研究区的水资源人口承载力；

W_o——研究区的水资源总量；

λ——水资源利用系数，反映水资源利用的技术条件；

σ——生活用水占用水总量的比重，反映水资源的可持续性因素；

W_p——研究区人均生活用水量标准，反映当地人民生活水平因素。

（2）珠海市水资源承载力估算

根据珠海市的实际情况以及珠海市 2008 年水资源公报的相关统计数据，2013 年珠海市人均综合用水量为 300 m^3。根据《广东省定额用水（试行）》规定，城市及居民用水方面，按城市居民人口数量分为超大、特大、大、中、小、镇等 6 个档次，城市越大居民用水标准越高。按照这个档次，广州居民每天的人均用水量为 210 L。综合考虑珠海市人口规划、当地居民生活水平、水资源条件、气候条件等因素，在定额值上下浮动 15% 左右范围内取用。根据同类研究表明，居民人均生活用水量 W_p 在温饱生活标准下约为 100 L/（人·d）；在小康生活标准下约为 150 L/（人·d）。水资源利用系数 λ 的取值以国际上公认的水资源合理开发利用的警戒线值 40% 为准；珠海市水资源总量为 21.41 亿 m^3；生活用水占用水总量的比重 σ 为 20.72%，按以上标准计算珠海市水资源人口承载力，具体见表 6-7。结果表明，在温饱生活标准下，珠海市水资源人口承载力为 486.15 万人；在小康生活标准下，珠海市水资源人口承载力为 243.08 万人；在富裕生活标准下，水资源人口承载力为 194.46 万人。2014 年，珠海市总人口为 161.42 万人，对比 2014 年珠海市的实际人口数可知，珠海市的水资源承载力程度高于实际人口数量，水资源可以满足珠海市区域现有人口规模的用水需求，水资源承载富裕，人水关系良好。

表 6-7　珠海市水资源承载力

指标	温饱型	宽裕型	小康型	富裕型
生活用水定额/（m^3/d）	0.10	0.15	0.20	0.25
可承载人口/万人	486.15	324.10	243.08	194.46

单纯从水资源单因素角度考虑，珠海市人口发展规模在水资源承载力阈值内，但对珠海市水资源承载力进行分析，必须考虑珠江河口咸潮对珠海供水水质的影响，以及澳门因

素的作用。近几年由于受到珠江河口咸潮上溯的影响，咸潮已严重影响珠海的供水水质，水质型缺水状况日益明显。2004 年年底至 2005 年年初，特大咸潮袭击珠三角，珠海、澳门累计无法正常取水达 48 天。磨刀门水道广昌泵站含氯度达最高量，是国家标准的 40 倍。同时，澳门淡水供应基本上靠珠海。澳门水资源极其贫乏，98%的用水来自珠海，随着澳门社会经济快速发展和人口的不断增长，澳门的用水需求逐年增加，2008 年澳门用水总量为 6 746 万 m^3，到 2014 年澳门用水增长到 7 845 万 m^3，年平均增长率为 4.4%。以该增长率预测澳门 2020 年水资源消耗量为 1.37 亿 m^3，扣除澳门用水总量，同时调低水资源利用系数，即考虑珠江河口咸潮对供水水质的影响后，再次估算珠海市水资源承载力，具体数值见表 6-8。

表 6-8 珠海市水资源承载力（考虑澳门）

指标	温饱型	宽裕型	小康型	富裕型
生活用水定额/（m^3/d）	0.10	0.15	0.20	0.25
可承载人口/万人	286.84	191.23	143.42	114.74

由表 6-8 可知，当生活水平为温饱生活标准时，珠海市水资源人口承载力为 286.84 万人；当生活水平为宽裕型生活标准时，珠海市水资源人口承载力为 191.23 万人。2014 年，珠海市总人口为 161.42 万人，即温饱型和宽裕型生活水平下，珠海市的水资源承载力程度高于实际人口数量，水资源可以满足珠海市区域现有人口规模的用水需求。当生活水平为小康型和富裕型生活标准时，水资源人口承载力分别为 143.42 万人和 114.74 万人，水资源已不能满足珠海市经济社会发展需要，出现水资源短缺。

6.1.3.2 绿色低碳的新兴产业仍未占主导地位

产业结构是一国或地区经济发展的内在质量，随着经济发展，产业结构依次升级调整。钱纳里等对工业化进程的描述，揭示产业结构变化的一般规律。如果产业结构调整出现了与一般规律不相符的现象，就表明产业结构变动与经济发展存在不一致，最终将影响经济的持续发展，我们可以看到珠海市的产业结构调整步伐出现第一产业比重下降过快，第二产业比重偏高，第三产业发展缓慢的情况，这说明珠海产业结构变动的不合理。珠海市在设市之初工业基础薄弱，但经过 20 世纪 80 年代的发展后，第二产业占 GDP 比重迅速上升到 50%以上，但是珠海并没有发展重工业，轻工业的发展也并不迅速，因此，这种产业结构上的情况反映了珠海自身产业结构的畸型格局。

目前，珠海市经济总量不大，镇、区经济实力还不够强，区域经济发展不平衡。工业化进程相对还比较迟缓，从而导致技术创新既缺少积累，也缺乏产业支撑，产业配套能力明显不足。同时，为生产企业服务的社会化服务体系尚未建立。国内外竞争激烈，长期发展过程中形成的一些体制性、结构性矛盾依然存在，资源市场优化配置仍需大力加强。所以不可否认，珠海市的战略性新兴产业处于初步发展阶段，在发展模式、技术创新、配套机制等诸方面还不成熟，存在很多制约因素。

此外，大尺度循环经济难以展开。产业层面，构成珠海市产业经济主体的企业数量不多，各主要支柱产业过度依赖少数大企业支撑，既未形成促进循环经济发展的技术支撑体系和资源能源的循环利用体系，也未形成完善的产业配套和产业之间的合作共生关系；区域层面，除珠海高新区主园区和高栏港经济区同类产业相对集中外，其他各园区产业布局散乱；城市层面，珠海市东西部区域发展不平衡，经济功能区、生活居住区与各类保护区相互交错，建立城市层面的循环体系困难不小。

6.1.3.3 产业布局仍存优化空间

产业布局不合理。珠海市的重点工业区主要分布在西部及西南部，高栏港离西部新城比较近，大气环境污染风险较高。珠海饮用水水源地部分分布在高新技术开发区（图 6-22），以及新青工业园，存在水环境污染隐患。高栏港经济区、航空产业园等园区均沿海发展，有些重化工项目在成为当地经济重要推动力的同时，也威胁着近海环境，入海口环境日益变差。年主导风向为偏东风，主导风向为海洋向陆地，沿海工业发展加剧了污染物向内陆扩散的趋势。

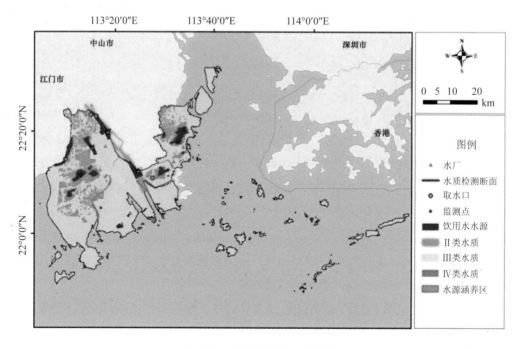

图 6-22　珠海水环境功能区划

6.1.3.4　文化休闲产业发育程度不足

文化产业总体规模偏小，文化产业增加值占全市 GDP 的比重偏低，文化产业对国民经济发展的拉动作用和在吸收劳动力方面的作用不明显。文化产业的发展还存在行业隔离和地区界限，文化产业资源的跨地区、跨行业整合能力较差，没有能够形成产业集聚效应和区域扩散效应，产业链条还不够完整。

珠海文化产业起步较晚，虽然发展迅猛，但与国内国际一些城市相比仍有较大差距，对国民经济的拉动作用不是很明显。据不完全统计，2004—2009 年，全市文化产业产值由 150 亿元上升至 355 亿元，增加值由原来不足 20 亿元上升至 55 亿元，占全市 GDP 的比重由 3.4%上升到 5.1%。而 2009 年，北京、上海、广东、云南、湖南、深圳等省市文化产业增加值占 GDP 比重已超过 5%。

6.2　环境库兹涅茨曲线（EKC）

6.2.1　EKC 的提出与发展

库兹涅茨曲线最初是由 20 世纪 50 年代诺贝尔奖的获得者库兹涅茨提出的，用来分析人均收入水平和分配公平程度之间的关系。当一个国家经济发展水平较低的时候，环境污染的程度较轻，随着经济的发展，人均收入的增加，环境污染的程度开始变高，并随着经济增长而逐渐恶化；当经济发展达到一定水平后，随着人均收入的进一步增加，环境污染不再随着经济的增长而逐渐恶化，环境质量逐渐得到改善，呈现倒 U 型曲线关系，这种现象就称为环境库兹涅茨曲线（图 6-23）。经济学家认为，在较低的发展阶段，经济增长对环境资源的影响不大，工业生产过程中排放的污染物数量有限，通过生物降解及环境系统自身的净化即可消除，此时的经济发展水平对环境污染的影响不大。随着经济的快速发展，工业和农业的发展也得到了飞速发展，此时，资源消耗和环境污染的速度开始超过了资源更新和环境自净的速度。随着经济的进一步增长，在人类社会发展的较高阶段，人们的环境意识逐渐加强，环境管理更有效，污染治理的技术更先进，使得环境退化得以遏制并逐步得到逆转，因此，此时的曲线随着经济增长和人均 GDP 的增加，呈现下降趋势。

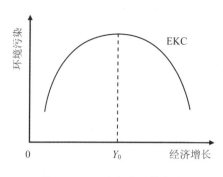

图 6-23　环境库兹涅茨曲线

6.2.2　珠海经济增长与环境质量现状概述

经济发展水平和环境是一对矛盾共同体，它们之间存在着必然的联系。珠海经济近几年增长迅速，2013 年珠海市地区 GDP 为 1 651 亿元，同比增长 10.3%；人均 GDP 10.36 万元，同比增长 9.2%，同时能源消耗与工业废物也伴随着经济增长在不断上升。对珠海经济增长与环境质量现状进行统计分析，珠海工业废水排放量、工业固体废物排放量、工业废气排放量的变化趋势与人均 GDP 整体上变化趋势相一致。

1980—2012 年珠海工业废水排放量与人均生产总值呈现同步增长的趋势；其中 1980—1992 年珠海工业废水排放量呈现逐渐上升趋势，1992—2002 年则呈现大幅度上升，2002—2012 年呈现出显著上升趋势，从 2002 年的 2 225 万 t 增长到 2012 年的 5 524 万 t。1980—2006 年珠海工业固体废物排放量与人均生产总值呈现同步增长的趋势，2007—2012 年珠海工业固体废物排放量增长速度明显高于人均生产总值增长速度；珠海工业固体废物排放量在时间轴上呈现缓慢上升到显著上升的阶段性上升趋势：1980—2006 年是第一个阶段，工业固体废物排放量缓慢增加；2006—2012 年是第二个阶段，工业固体废物排放量显著上升，上升的幅度远远超过人均国内生产总值增长的速度。珠海工业废气排放量从 1980—2000 年还只是略微增加，2000—2006 年缓慢增加，2006—2012 年变为急剧上升，但工业废气增长的速度要慢于人均国内生产总值增长速度。为了进一步分析珠海环境质量和经济发展之间的关系，选择珠海 1980—2012 年工业“三废”和经济发展的有关数据，分析珠海环境库兹涅茨曲线，并探讨珠海经济增长与环境污染变化的规律。

6.2.3　珠海经济增长与环境质量关系的实证分析

6.2.3.1　指标、数据的选取

为了研究经济增长与环境之间的关系，选取了珠海市环境保护局出版的 1981—2013

年《珠海市环境统计资料汇编》，收集了 1980—2012 年珠海工业废水排放总量（万 t）、工业废气排放量（万 m^3）、工业固体废料产量（万 t）作为珠海环境质量指标，并根据珠海市统计局出版的 1981—2013 年《珠海统计年鉴》中人均 GDP 的数据以及珠海经济发展相关资料作为数据分析的基础。

6.2.3.2　模型的构建

对珠海工业"三废"指标与人均国内生产总值采用一次型、二次型、三次型、指数、复数曲线假设这五种方式进行拟合。考虑到数据的大小和误差的精度问题，借助 SPSS 17.0 软件系统进行多种曲线回归模拟发现，三次回归曲线能较好地反映"三废"排放量与人均 GDP 之间的关系。因此选用三次回归曲线模型进行模拟，回归得到的结果如表 6-9 所示。

表 6-9　回归模型分析结果

环境指标（Y）	模型结果					回归方程
	R^2	F	df1	df2	df3	
工业废水	0.586	13.656	3	29	0.00	$Y=1\,306.952+0.109X-1.119\times10^6X2+5.091\times10^{-12}X3$
工业废气	0.973	374.127	3	28	0.00	$Y=531\,768.167-142.257X-0.01X2-6.887\times10^8X3$
工业固体废物	0.948	177.901	3	29	0.00	$Y=16.401-0.04X+1.821\times10^{-7}X2-1.151\times10^{12}X3$

6.2.3.3　模型拟合结果分析

由人均国内生产总值与污染排放量回归模型可见，珠海人均国内生产总值与工业废气和工业固体废物排放量环境指标曲线拟合效果较好，拟合优度 R^2 大于 0.94，对环境库兹涅茨曲线具有非常充分的解释意义。珠海国内生产总值同工业废水环境指标曲线拟合效果不理想，拟合优度 R^2 仅为 0.586，但从二者的二次方、三次方模拟的结果来看，三次方模拟的拟合优度为 0.586，结果优于二次方模拟的结果 0.583 和线性模拟的结果 0.55，所以还是三次方程模拟的结果更好，模型对数据的解释能力更强，F 检验为显著。从珠海工业"三废"的库兹涅茨轨迹分析可以看出，与传统的环境库兹涅茨曲线并不完全吻合，并且三条曲线的形状各不相同。

（1）工业废水排放量和工业固体废物排放量

如图 6-24 和图 6-25 所示，1980—2012 年，珠海工业废水排放量和工业固体废物排放量拟合图像显示曲线呈现出上升态势，尤其是 2006 年以来上升势头更加明显。这说明，珠海目前仍处在工业大发展时期，随着工业化进程的加快，工业废水和固体废物排放量仍将持续增长。从 2006 年开始珠海实行"工业强市"工程，大量发展工业园区，珠海工业经济进入了加速发展阶段。珠海先后建立了珠海高新区，南屏科技工业园，高栏港经济区，新青工业园，科技创新海岸，白蕉科技工业园，保税区，三灶科技工业园，香洲洪湾工业区，平沙游艇工业区，龙山、富山工业区，联港工业区，清华科技园，金鼎工业区，南方软件园，民营科技园等一批工业园区，这些工业园区企业的引进增加了珠海工业废水和工业固体废物的排放量，从而导致 2009—2012 年出现加速上升趋势。如果这种势头不能得到及时的遏制，那么一旦超过某个限度，环境污染问题将很难得到治理。

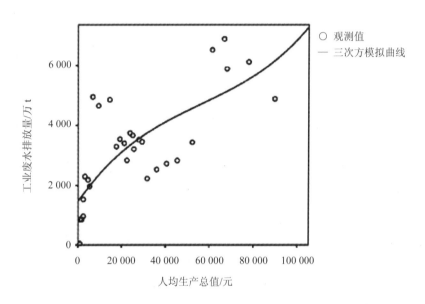

图 6-24　珠海工业废水排放量与人均 GDP 拟合曲线

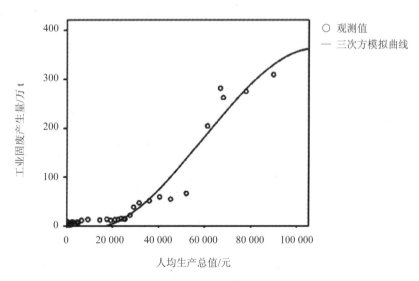

图 6-25　珠海工业固体废物排放量与人均 GDP 拟合曲线

（2）工业废气排放量

图 6-26 显示工业废气排放量与人均 GDP 之间存在明显的环境库兹涅茨曲线倒 "U" 形的特征，而且该曲线在 2009 年这一时间点出现转折点，此时人均 GDP 达到 68 042 元，说明现阶段珠海工业废气排放量在 2009 年已经达到了环境库兹涅茨曲线的转折点，从 2009 年开始珠海工业废气排放量下降趋势明显。这一结果与珠海 2006 年开始对电子信息、家电电气、石油化工、电力能源、生物医药、精密机械制造产业进行重点培育，2009 年注重引进新能源产业，到 2012 年提出产业发展政策，重点发展高端制造业、高端服务业、高新技术产业和特色海洋经济息息相关。同时，珠海以发展航空产业，每隔两年举办中国国际航空航天博览会，政府非常注重工业废气治理和废气资源化以及环境污染的治理。实际上环境质量的改善并非随着收入水平的提高而自动发生，而在很大程度上取决于政府对于环境经济政策的调整。由于珠海在废气治理方面投资较大，环保措施得当，因此在工业废气治理方面取得了显著成果。

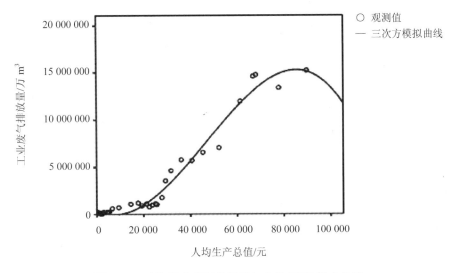

图 6-26　珠海工业废气排放量与人均 GDP 拟合曲线

6.2.3.4　结论和建议

通过珠海人均生产总值和 "三废" 污染物排放量的统计分析，可以得出不同的工业污染物与经济增长率呈现不同的关系，这就需要根据所处的发展时期及模型本身的理论基础，在治理环境污染方面有针对性地制定合理有效的政策。实证研究表明，珠海自 20 世纪 90 年代以来，随着经济增长，环境恶化程度得到一定程度的遏制，开始逐渐进入经济与环境协调发展的高级阶段。

在经济增长初期阶段，珠海忽视了环境问题。随着经济增长，污染物排放水平也在增长，环境质量水平不高，随着收入提高到某一水平后，环境质量开始改善。虽然珠海环境质量有所改善，但由于珠海工业中多数为传统工业企业，如电子电器、精密制造、纺织化纤、石油化工、机械加工等多个产业领域，粗放型经济发展模式还没有得到根本性的改变，环境压力仍处于上升趋势。珠海废水排放和工业固体废物排放与人均 GDP 的关系曲线均呈现出倒"U"形的左半部分，处于上升阶段，尚未到达转折点；工业废气排放曲线类似于倒"U"形，具有比较典型的 EKC 特征。从上面的 EKC 曲线来看，珠海除工业废气排放量有所改善外，其他两个指标都处于不断恶化的状态。

可见，珠海环境质量要得到提高还有很长的路要走，政府要加大对环境质量的治理力度。珠海要进一步调整产业结构，提升第三产业在整个国民经济中的比例，优化第二产业结构，重点发展低耗能、低排放的高新技术产业。2014 年，珠海确定重点发展航空、会展业、金融业等战略性新兴产业，加快以全国生态文明城市建设为基础、全力构建高端现代服务体系的发展思路，为珠海新一轮产业结构调整、经济发展方式转变提供了现实支撑和良好保障。

所以，整体上看珠海所推行的环境政策是成功的。珠海今后只有进一步完善目前的环境保护政策，加大对工业废水和工业固体废物的环境保护和治理工作的力度，不断强化工业废气的治理，才可能最终实现生态环境质量的全面改善，建设生态型宜居城市，需要加快产业结构转型，实现珠海节能减排，优化产业结构，构建珠海高端现代服务体系；提高资源利用率，实施绿色产业计划，推行清洁能源、清洁生产，积极推进生态珠海建设，制定环境保护措施，加强对环境保护的投资力度，把珠海建设成宜居、宜业、宜旅游的生态城市。

6.3　绿色产业发展目标

6.3.1　发展目标

到 2020 年，绿色低碳循环产业体系基本确定。低碳生态发展模式基本形成，综合管廊和海绵城市建设走在全国前列。能源和水资源消耗、建设用地等总量和强度控制水平处于全国前列，主要污染物排放逐年下降。全面完成省里下达的单位国内生产总值二氧化碳排放强度、能源消耗强度、用水总量、万元工业增加值耗水量等约束指标。

6.3.2　主要指标

到 2020 年，万元 GDP 耗水量累计降低 20%；单位工业用地工业增加值≥87 万元/亩；

城镇生活垃圾无害化处理率=100%；城镇生活污水集中处理率≥96%。

6.4　绿色产业主要任务

6.4.1　推进产业结构和布局优化

6.4.1.1　产业布局优化

合理确定发展布局、结构和规模。建立健全适应主体功能分区的重点行业准入机制并严格落实。坚持集聚发展和区域统筹协调，严格落实产业园区项目准入和投资强度要求，积极促进产业向园区集中；制定严于国家要求的禁止新、扩建高污染工业项目名录。2017年年底前基本完成环境敏感地区及城市建成区内已建的钢铁、石化、化工、有色金属冶炼等重污染企业和污染排放不能稳定达标企业的搬迁和提升改造工作。

加快产业循环集群发展。调整产业发展格局，推进产业集聚发展。继续推动重大工业项目向开发区（园区）集中、优质资源向优势产业集聚，将开发区（园区）单位面积产出水平作为扩容的前提条件，建立完善土地集约利用评价指标体系，单位面积产出率列入各开发区（园区）的评价体系，逐步提高投资强度和产出效益，节约集约利用土地，到 2020 年，开发区（园区）地区生产总值占比超过 40%，单位工业用地工业产值达到 60 亿元/km²。

优化水资源空间布局。充分考虑水资源、水环境承载能力，以水定城、以水定地、以水定人、以水定产。重大项目原则上布局在优化开发区和重点开发区。继续稳步推进化学制浆、电镀、鞣革、印染等重污染行业的统一规划、统一定点管理，于 2018 年年底前依法关停污染严重、难以治理又拒不进入定点园区的重污染企业。研究建立海洋资源环境承载能力监测评价体系，适时提出区域限制措施。

6.4.1.2　产业结构调整

严格环境准入。切实加强环境影响评价管理，落实生态保护红线、环境质量底线、资源利用上线和环境准入负面清单的"三线一单"约束，建立项目环评审批与规划环评、现有项目环境管理、区域环境质量联动机制，协同实施行业产能总量控制、能耗等量替代和污染物排放总量控制。不再规划建设燃煤燃油电厂和企业自备电站，不再规划新建、扩建炼油石化、炼钢炼铁、水泥熟料、平板玻璃（特殊品种的优质浮法玻璃项目除外）、有色金属冶炼等项目，化工、陶瓷建设项目原则上应进入依法合规设立、环保设施齐全的产业园区。严格执行《广东省地表水环境功能区划》《广东省近岸海域环境功能区划》等区划，地表水Ⅰ、Ⅱ类水域和Ⅲ类水域中划定的保护区、游泳区以及一类海域禁止新建排污口现有排污口执行一级标准且不得增加污染物排放总量；严格落实《广东省实施差别化环保准入促进区域协调发展的指导意见》等文件要求，要通过提高环保准入门槛，促进产业转型升级，不断改善环境质量，逐步实现水清气净。建立水资源、水环境承载能力监测评价体系实行承载能力监测预警；到 2020 年，市和各区应组织完成辖区内水资源、水环境承载能力现状评价，已超过承载能力的地区应编制并实施水污染物削减方案，加快调整发展规划和产业结构。

依法淘汰落后产能。每年根据工信部、省政府下达的淘汰落后产能目标任务，按照工业行业淘汰落后生产工艺装备和产品指导目录、产业结构调整指导目录及相关行业污染物排放标准，结合大气环境和水质改善要求及产业发展情况，制订并实施落后产能年度淘汰方案，于每年 1 月底前将上年度落后产能淘汰方案实施情况和当年度落后产能淘汰方案报省经济和信息化委、省环境保护厅备案。以电力、石化、建材等行业为重点，强制淘汰污染重点企业和落后产能、工艺、设备与产品，切实控制高耗能、高排放和产能过剩行业发展规模。未完成淘汰任务的辖区，暂停（从严）审批和核准其相关行业新建项目。

推动"三高"企业退出。按照《关于印发珠海市进一步加强淘汰落后产能工作实施方案的通知》（珠府函〔2014〕339 号）要求，制订城市建成区"三高"（高能耗、高排放、高污染）企业搬迁改造实施方案。加强督查落实，督促城市建成区内应搬迁改造的钢铁、有色金属、造纸、印染、原料药制造、化工、电镀等"三高"企业实施搬迁。自 2016 年起，对城市建成区内现有钢铁、有色金属、造纸、印染、原料药制造、化工、电镀等"三高"企业进行排查并制订搬迁改造或依法关闭计划。表 6-10 为企业搬迁改造计划。

表 6-10　企业搬迁改造计划

序号	企业名单	预计搬迁时间
1	粤裕丰钢铁有限公司	2018
2	红塔仁恒纸业有限公司	2018
3	正大水产（珠海）有限公司	2016
4	岐关车路有限公司	2016
5	珠海市前山粮库	2017
6	机施楼和南沙湾村	2017
7	珠海醋酸纤维公司	2018
8	诚成印务有限公司	2018

调整种植业结构与布局。建立科学种植制度和生态农业体系，推广与种植业、养殖业和加工业紧密结合的生态农业模式。制定政策鼓励使用人畜粪便等有机肥，减少化肥、农药和类激素等化学物质的使用量，推进农业清洁生产，实现农业生产生活物质的循环利用，推动粗放农业向生态农业转变。

6.4.1.3 实施煤炭消费总量控制

实行煤炭消费总量中长期控制目标责任管理，实现煤炭消费总量负增长。实施新建项目与煤炭消费总量控制挂钩机制，耗煤建设项目实行煤炭减量替代。强化高污染燃料禁燃区管理。从 2014 年起，建成区应划定为高污染燃料禁燃区，并逐步将禁燃区范围扩展到近郊。禁燃区内已建成的不符合要求的各类燃烧设施要在 2014 年年底前拆除或改造使用清洁能源。

6.4.1.4 推进能源清洁利用

继续推动工业项目向工业园区集中，统筹建设工业园区热电冷联产和分布式能源系统，强化集中供热供电，推进小企业节能减排。到 2015 年，有用热需求的工（产）业园区基本实现集中供热，重点建设珠海年接受处理 350 万 t LNG 项目及配套输气管线，横琴岛多联供燃气能源站、中海油珠海天然气发电有限公司珠海高栏港经济区热电联产等燃气电厂项目。加强高污染燃料禁燃区管理，启动煤炭消费总量控制试点工作。2017 年年底前，有用热需求的工（产）业园区基本实现集中供热，重点建设珠海年接受处理 350 万 t LNG 项目及配套输气管线，横琴岛多联供燃气能源站、中海油珠海天然气发电有限公司珠海高栏港经济区热电联产等燃气电厂项目。2020 年年底，单位地区生产总值用水量实现 20 m³/万元以下。加强高污染燃料禁燃区管理，启动煤炭消费总量控制试点工作。

6.4.2 推动工业绿色高端化发展

6.4.2.1 加快工业绿色转型升级

推进工业产业绿色、高端发展。强化节水减排的刚性约束，积极引导低消耗、低排放和高效率的先进制造业和现代服务业发展。制定扶持政策推动"两高"行业过剩产能企业转型发展。积极培育节能环保产业和低碳服务产业，着力推动高端产业生态化。制定实施环保产业发展规划，建立健全有利于环保产业发展的政策体系，推进污染治理设施建设和运营的专业化、社会化、市场化。推行环境监测社会化，推进污染第三方治理。

6.4.2.2 大力发展循环经济

加快高新区国家级生态工业示范园区创建。出台优惠政策推动循环发展，着力推进工业园区生态化建设。推进高栏港循环经济试点园区工作，鼓励生产和使用节能节水节材产品、再生产品，提高工业园区集中供热供冷供电水平。到 2020 年，基本完成开发园区的生态化改造。

促进再生水利用。完善再生水利用设施，工业生产、城市绿化、道路清扫、车辆冲洗、建筑施工以及生态景观等用水，要优先使用再生水。推进高速公路服务区污水处理和利用。自 2018 年起，单体建筑面积超过 2 万 m^2 的新建公共建筑应安装建筑中水设施，积极推动其他新建住房安装建筑中水设施。推动海水利用。加快推进淡化海水作为海岛生活用水补充水源。推行直接利用海水作为循环冷却等工业用水。到 2017 年，单位工业增加值能耗比 2012 年降低 20% 以上，50% 以上的各类国家级园区和 30% 以上的各类省级园区实施循环化改造，有色金属品种以及钢铁的循环再生比重达到 40% 以上。

推进再生资源回收利用。以制造、电子等产业为依托，以龙头企业为核心，以循环经济项目为载体，优化配置各类资源，构建循环经济产业链，实现项目间、企业间和产业间的物料闭路循环，最大限度地提高资源循环利用率和废弃物综合利用水平，进一步提升产业生态竞争力。推进再生资源回收体系建设，培育一批资源综合利用骨干企业，建成国家级资源综合利用示范基地。到 2020 年，全市再生资源循环利用率达到 60% 以上。

6.4.2.3　提高工业清洁生产水平

对钢铁、石化、化工、有色金属冶炼等重点行业进行清洁生产审核，针对节能减排关键领域和薄弱环节，实施清洁生产先进技术改造。到 2017 年，重点行业排污强度下降 30% 以上。到 2020 年，创建一批清洁生产先进企业，培育一批在国内同行业处于领先水平的示范工程。依法全面推行清洁生产审核，到 2020 年，应当实施强制性清洁生产企业通过审核的比例达到 100%。

6.4.2.4　实施技术改造

推进重点行业实施技术改造，实施造纸、焦化、氮肥、有色金属、印染、农副食品加工、原料药制造、制革、农药、电镀等行业清洁化改造。2017 年年底前，各区（功能区）造纸行业力争完成纸浆无元素氯漂白改造或采取其他低污染制浆技术；钢铁企业焦炉完成干熄焦技术改造，印染行业实施低排水染整工艺改造；制药（维生素、抗生素）行业实施绿色酶法生产技术改造；制革行业实施铬减量化和封闭循环利用技术改造。

6.4.3　加快现代生态农业建设

6.4.3.1　建立生态循环农业模式

拓展农业循环产业链。探索种养结合、生态养殖、农业废弃物资源化利用等生态循环农业模式。大力推进大中型沼气工程、秸秆育菇基地及生物有机肥厂建设。推广规模化养殖场污染达标排放、规模化适宜密度的水产生态养殖和清洁化养殖等养殖业发展模式。加强农作物秸秆综合利用，提高农业废弃物综合利用率。到 2020 年，规模化畜禽养殖场畜禽粪便无害化处理与资源化利用率达到 75%以上。

6.4.3.2 扩大"三品"基地生产规模

大力推进无公害农产品、绿色食品和有机食品种植养殖基地建设，为城乡居民提供优质、安全的农产品，切实保障"米袋子""菜篮子"的有效供给和质量安全。以珠海国家农业科技园区等为主体，推广无公害蔬菜、名优水果、河口渔业、高端花卉苗木等优势特色农产品种植养殖。到 2020 年，"三品"率稳定在 75%以上。

6.4.3.3 实施化肥农药零增长行动

加强农业面源污染防治。大力推广土壤改良技术，提升土壤有机质含量和养分水分保蓄能力。大力推广多种生态种养模式，建立生态种植模式，坚持土地用养结合，扩大绿肥种植面积，采用配方施肥技术，改善土壤肥力。推广使用高效、低毒、低残留农药及生物农药，全面推广测土配方施肥，鼓励使用有机肥或有机无机复混肥，实施农药化肥减施工程，减少农药化肥使用量。到 2020 年，化肥农药施用量实现零增长。

6.4.3.4 大力发展都市生态农业

大力发展以生态、观光、休闲为特色的农业生态旅游产业体系，打造集休闲观光、农渔体验、文化娱乐、生态环保、农产品流通于一体的综合性休闲农业园区。全面推进乡村旅游标准化建设，推广"斗门乡村旅游节""悠游金湾""畅游唐家湾"等主题乡村旅游品牌。连片开发斗门镇至莲洲镇沿线分散的旅游资源，整体打造 4A 级景区。大力发展民宿产业，鼓励农家乐项目提质升级。

6.4.4 促进服务业生态化转型

6.4.4.1 推进服务业高端发展

依托横琴粤港澳现代服务业聚集区，大力发展总部经济、商务金融服务等产业。完善拓展十字门中央商务区功能，做大做强中国国际航空航天博览会、国际打印耗材展、国际赛车会和国际游艇展，举办中国国际马戏节，引领会展业国际化、专业化、品牌化发展，建设区域会展基地。加快香洲产业转型升级步伐，打造一批现代服务业集聚区，重点发展研发设计、信息、物流、商务、金融等现代服务业。高起点建设高栏港综合保税区，优化提升保税区功能，规划建设港珠澳大桥国家级产业物流园，大力发展港口航运、保税物流。推动电子商务和其他产业深度融合，促进电子商务企业集聚发展，创建国家级电子商务示范企业基地，争取保税区成为国家跨境电子商务综合试验区。以高端制造业为延伸，加快互联网与现代物流融合，形成以第三方、第四方物流企业及供应链服务企业为主体的物流产业群。到 2020 年，服务业增加值比重不低于 48.1%，现代服务业增加值占服务业增加值比重达 58%。

6.4.4.2 大力发展生态旅游

在建设全国"旅游休闲示范城市"过程中，要紧密结合森林、湿地、公园、海洋、海岛、滨海等自然景观，以及特区和岭南文化等，促进旅游业生态化转型，建设国际休闲旅游和港珠澳世界级旅游目的地。按照发展生态旅游的要求，加快长隆海洋度假区第二主题公园、航空大世界主题公园等项目建设，推动珠港澳一程多站式旅游向粤西延伸，建设横琴国际休闲旅游岛。高标准规划建设凤凰山旅游观光塔、港珠澳大桥观光塔和情侣路沿线滨海艺术景观，打造环珠澳滨海游游品牌，建设世界著名的城市海岸休闲观光带。以万山区为重点，坚持在开发中保护、在保护中开发的原则，有序推进整岛开发、"一岛一品"，建设世界一流、中国最好的群岛休闲旅游目的地。以白藤湖整治提升综合开发项目和斗门生态农业园合作开发项目为抓手，结合"斗门乡村旅游节""悠游金湾""畅游唐家湾"等主题乡村旅游品牌，到 2020 年把斗门区打造成为全国生态休闲养老基地。

第7章 生态文明"软实力"研究

城市"软实力"是城市品牌和竞争力的重要标识，是城市科技创新力、文化感召力、社会凝聚力、国际影响力的集中体现，是提升珠海国际影响力和竞争力的根本路径，是解决当前珠海创新力不足、感召力不够、凝聚力不强、影响力不大问题的关键所在。"十三五"时期，提升珠海城市"软实力"将以推进社会创新为核心任务，大力弘扬特区生态文化，倡导全民生态生活，提高全民生态文明意识，抓好绿色创建，加强国际交流，快速提升珠海市国际竞争力和影响力。

7.1 生态文明"软实力"内涵界定

城市"软实力"是城市科技创新力、文化感召力、社会凝聚力、国际影响力的集中体现。生态文明下的软实力内涵包括创新、生态文化、绿色生活、文明意识、绿色创建、交流合作6个方面（图7-1）。

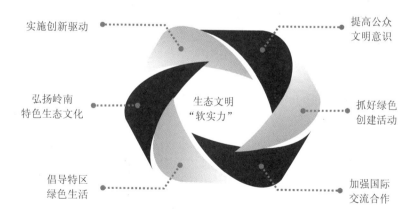

图 7-1　生态文明"软实力"内涵

7.2 生态文明"软实力"现状评估

从约瑟夫·奈 1990 年正式提出软实力的概念至今只有不到 30 年时间，软实力的学术研究尚处于起步阶段，为了对城市的软实力进行比较，研究构建了城市文化、公共管理、城市创新、生活质量和国际沟通 5 个方面的评价指标。结合珠海市"十三五"生态文明示范市的创建要求，从社会创新能力、生态生活、生态文化、生态文明、社会意识和对外开放等层面对珠海市的生态文明"软实力"进行论述。

7.2.1 创新能力现状

作为全国首批国家环境保护模范城市，珠海先后荣获国际改善居住环境最佳范例奖、国家园林城市、中国十大最具幸福感城市等荣誉，2014 年入选全国首批中欧低碳生态城市，在中国可持续发展城市综合排名中居首位，连续两年在"中国宜居城市排行榜"中名列第一，被央视新闻联播誉为"生态文明试验田"。

近年来，珠海紧紧围绕建设"生态文明新特区科学发展示范市"的发展定位，大力实施"蓝色珠海科学崛起"战略，以创建全国生态文明示范市为重要抓手，通过完善机制、空间管制、产业升级等方式，实现了经济和环境的双赢。

2014 年，珠海市财政一般预算科技支出 12.52 亿元，占全市财政支出的比重达到 4.54%，同比增长 3.20%。全社会研发投入（R&D）50.76 亿元（表 7-1），占 GDP 的比重达 2.73%，超过珠三角"四年大发展"自主创新考核 2.6%的目标。2008—2014 年，全社会研发经费投入平均增速高达 30%以上。落实企业研发费税前加计扣除等鼓励政策，减免企业所得税额 2.8 亿元。

表 7-1　2012—2014 年珠三角 9 市 R&D 与 GDP 指标的对比

地区	2012 年			2013 年			2014 年		
	R&D 投入/亿元	GDP/亿元	占 GDP 比重/%	R&D 投入/亿元	GDP/亿元	占 GDP 比重/%	R&D 投入/亿元	GDP/亿元	占 GDP 比重/%
全省	1 236.15	56 965.44	2.17	1 443.5	62 163.97	2.32	1 375.28	67 809.85	2.03
广州	262.87	13 550	1.94	292.07	15 420.14	1.89	292.97	16 706.87	1.76
深圳	488.37	12 954.11	3.77	584.61	14 500.23	4.03	588.35	16 001.82	3.68
珠海	37.89	1 503.57	2.52	41.98	1 662.38	2.53	50.76	1 857.32	2.73
佛山	149.44	6 612.39	2.26	163.16	7 010.17	2.33	182.93	7 441.6	2.46
惠州	45.31	2 372.25	1.91	55.6	2 678.35	2.08	54.75	3 000.37	1.83
东莞	83.02	5 001.2	1.66	109.93	5 490.02	2	115.05	5 881.32	1.96

地区	2012 年			2013 年			2014 年		
	R&D 投入/亿元	GDP/亿元	占 GDP 比重/%	R&D 投入/亿元	GDP/亿元	占 GDP 比重/%	R&D 投入/亿元	GDP/亿元	占 GDP 比重/%
中山	53.66	2 439.09	2.2	62.1	2 638.93	2.35	66.39	2 823.01	2.35
江门	28.1	1 885.91	1.49	32.14	2 000.18	1.61	35.05	2 082.76	1.68
肇庆	12.55	1 459.3	0.86	15.61	1 660.07	0.94	17.07	1 845.06	0.93
珠海名次	7	8	2	7	8	2	7	8	2

数据来源: 广东省科技厅及各市统计局发布的年度统计公报或年报。

2014 年, 珠海市高新技术产品产值达 2 022.77 亿元, 同比增长 11.65%, 占全市规模以上工业企业工业总产值 (3 695.77 亿元) 的 54.73%; 占全市工业总产值 (3 851.39 亿元) 的 52.52%。2014 年, 高新技术企业达到 346 家 (2014 年新增 115 家), 实现工业总产值 1 701.50 亿元, 占全市工业总产值的 44.18%。高新区内企业实现工业总产值 1 286.63 亿元, 占全市工业总产值的 33.41%。软件产业总收入达 435.45 亿元, 同比增长 23.05%。珠海市国家、省、市级工程中心和企业技术中心总数达到 336 家, 国家级创新型企业 1 家。经认定的 34 家省级以上创新型 (试点) 企业主要集中在珠海市重点发展的软件与集成电路、电子信息制造、生物医药和医疗器械、电力系统自动化、游艇等领域。

7.2.1.1　科技创新投入不断增加

(1) 科研实力不断增强

创新平台即通过建立企业间、企业与高校和研究院所间的战略联盟, 创新产学研结合机制, 提升企业技术创新能力和加速科技成果向现实生产力转化。珠海市现有 10 所普通高等院校, 各级工程中心达到 142 家。其中国家级工程中心 4 家, 省级工程中心 82 家, 市级工程中心 56 家。

截至 2014 年年底, 设立博士后科研工作站点共 27 个 (其中工作站 6 个、分站 14 个、创新实践基地 7 个), 覆盖制药、软件、医学影像、家电、智能卡、农业、建筑、打印耗材、医疗器械、激光、电子、生物饲料等行业和领域。累计招收培养博士后 41 人, 其中在站 25 人, 出站 16 人 (留珠 6 人)。累计完成国家级项目 21 项, 省部级项目 157 项, 取得发明专利 30 个、发表 CSSCI 或国际期刊等论文 60 余篇。

专栏 7-1　珠海市国家重点实验室及公共实验室情况

2010 年，珠海市出台了《珠海市引进和建设国家重点实验室扶持与管理办法》（珠府〔2010〕166 号），优化引进和建设国家重点实验室的政策。先后引进了吉林大学"无机合成与制备化学国家重点实验室"、电子科技大学"电子薄膜与集成器件国家重点实验室"、大连理工大学"精细化工国家重点实验室"、武汉大学"软件工程国家重点实验室"、中山大学"光电材料与技术国家重点实验室"五个国家重点实验室在珠海设立分支机构。

5 家重点实验室在珠海共有固定的研发场地 16 900 m^2，拥有 5 000 多万元仪器设备，引进了包括 1 名院士在内的教授、博士、硕士生共 105 人长期在珠海分支机构从事科研工作，同时以实验室为平台引进了一批优秀海外中青年科学家，产生了一批科技成果。大连理工大学"精细化工国家重点实验室"成功攻克了耐候性特种染料及墨水、碳粉材料等关键技术，打破了国外在这一领域的垄断，为国产第一台自主产权激光打印机的诞生做出了重要贡献。

珠海市共有公共实验室 13 家，合计科研场地 19 341 m^2、设备价值 13 438 万元，科技人员 327 人，科研投入及实验室条件建设投入 8 729 万元。2014 年市公共实验室为社会提供科技服务超过 400 项，具备了一定的科研和开展公共服务的实力。

（2）专利数量逐年增加

2014 年，全年专利申请量 8 998 件，同比增长 12.24%，专利授权量 6 258 件，同比增长 30.24%。其中发明专利申请量为 3 172 件，同比大幅增长 16.23%；全市每百万人人均发明专利申请量为 1 975 件，全市每万人人均发明专利拥有量为 15.2 件，每百万人人均发明专利申请量和授权量均排名全省第二。图 7-2 为珠海市 2014 年每百万人授权专利数与其他城市的对比情况。

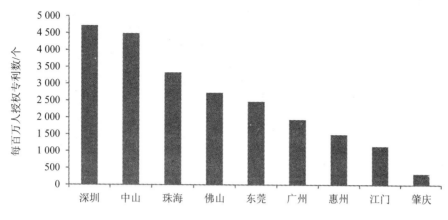

图 7-2　2014 年珠海市每百万人授权专利数对比

（3）资金投入充足，人才聚集

2014 年，珠海市加强法定存款准备金政策和利率政策实施管理，灵活运用差别存款准备金政策工具，增强宏观调控的灵活性和针对性，提高政策执行效果；引导地方法人机构加强流动性管理，切实防范流动性风险。优化信贷结构，对科技型中小企业和小微企业信贷支持力度进一步加大，办理再贴现业务 10.02 亿元，有力支持小微企业发展；企业融资增信平台扩充功能后更名为企业投融资增信平台，并在全市进一步推广。

2014 年，全市企事业单位承担的科技项目获得省部级科技奖励 16 项及市级奖励 44 项。投入专项资金招才引智，新增留学人才创业项目 42 个、省创新创业团队 1 个、省领军人才 2 名、"国家千人计划" 特聘专家 6 名，创新人才队伍快速发展。到 2014 年年末 346 家高新技术企业从业人员达到 158 886 人。在从业人员中，归国人员 401 人，其中硕士以上 275 人，占归国人员的 68.58%。大专以上人员 69 092 人，占从业人员的 43.49%，其中科技活动人员 43 630 人，占从业人员的 27.46%，见图 7-3。

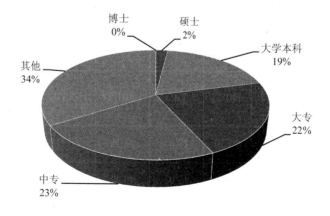

图 7-3　高新技术企业从业人员学历结构（2014 年）

专栏 7-2　珠海青年人才培养活动

2014 年，珠海共青团以青少年实际需求为出发点，构建青少年社会化服务体系，着重关注异地务工青年、高新技术人才和高端管理人才、大学生、中小学生、重点青少年五大群体。针对异地务工青年，依托 20 家"亲青家园"、8 家外省市驻珠团工委和 1 553 家"两新"团组织，重点增强异地务工青年的城市归属感和认同感，创设融入本地、服务社会和共同成长的群体自我认知。针对高新技术人才和高端管理人才，重点做好联系与服务工作，组织引导其发挥智力优势，参与社会服务、推动珠海发展；依托珠海青年智库、市青年联合会、市青年企业家协会、市海归青年交流促进会等平台，联系 1 000 多名青年精英。针对大学生，依托"启航计划"和"展翅计划"，重点做好就业创业的引导服务、创新创意的培育支持工作，联系推荐 150 个创业项目入驻青年创业孵化基地，以 187 家青年就业创业见习基地为平台，为青年募集 20 个行业的 6 059 个实习、见习岗位；由团市委选送的优秀大学生创业项目珠海爱游唯科技有限公司夺得广东青年创新创业大赛创业组一等奖。

针对中小学生，重点做好理想信念教育工作，通过"与人生对话""我的城市我的梦""奋斗的青春最美丽"等主题活动，将"中国梦"和社会主义核心价值观主题教育覆盖珠海近 20 万个学生家庭；组建社会主义核心价值观宣讲团，开展宣讲活动 20 多场次，直接参与人数 6 000 余人。针对重点青少年，以"青春护航计划"和"阳光行动"为依托，重点开展结对帮扶工作，帮助其顺利回归社会，引导服务重点青少年群体超过 4 万人次。

7.2.1.2　产业创新能力不断增强

（1）核心企业创新能力全国领先

格力电器"基于掌握核心科技的自主创新工程体系建设项目"荣获国家科技进步二等奖。丽珠集团原创新药获得广东省科技进步一等奖。截至 2014 年年底，全市拥有中国世

界名牌产品 1 个，广东省名牌产品 73 个；拥有中国驰名商标 10 个，广东省著名商标 88
个。2014 年，新增国家高新技术企业 40 家、火炬计划重点高新技术企业 5 家，国家高新
技术企业总数达 346 家。涌现出云洲智能、健帆生物等新一批创新型企业。移动互联网产
业增长 75.6%，软件企业营业收入增长 20%，智能电网行业产值增长 35.8%。小米通信、
魅族通信销售额分别增长了 1 倍多和 2 倍多。

（2）高新技术行业前景良好

2014 年，珠海市纳入科技统计范围内的企业生产的高新技术产品共 1 254 种，产值达
2 022.77 亿元，同比增长 11.65%，占全市规模以上工业企业工业总产值的 54.73%，占全市
工业总产值的 52.52%。

高新技术产品全年销售收入为 1 900.66 亿元，同比增长 8.93%；高新技术产品出口创
汇 118.25 亿美元，同比下降 2.73%；实现利税总额 197.19 亿元。作为全市工业产品的高端
产品部分，高新技术产品的发展趋势同全市工业整体的发展状况保持正相关，见图 7-4、
表 7-2。

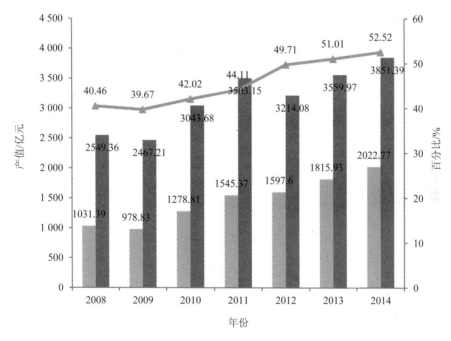

图 7-4　高新技术产品产值与全市工业总产值对比（2008—2014 年）

表 7-2　高新技术产品概况（2008—2014 年）

项目	2008 年	2009 年	2010 年	2011 年	2012 年	2013 年	2014 年	同比增长/%
高新技术产品总产值/亿元	1 031.39	978.83	1 278.81	1 545.37	1 597.60	1 811.74	2 022.77	11.65
占全市工业总产值的比重/%	38.66	39.67	42.02	44.11	49.71	51.01	52.52	—
占全市规上工业总产值的比重/%	41.31	40.70	42.97	45.76	51.41	53.12	54.73	—
高新技术产品销售收入/亿元	1 037.15	940.22	1 226.08	1 401.85	1 530.05	1 744.83	1 900.66	8.93
高新技术产品出口创汇/亿美元	60.92	51.79	80.19	77.63	109.28	121.57	118.25	−2.73
高新技术产品利税总额/亿元	92.46	97.4	111.40	139.64	150.73	273.66	197.19	−27.94

注：各年度数据已按照《珠海统计年鉴》进行修订；2014 年度数据以省统计中心公布数据为准。

7.2.1.3　科技服务逐渐完善

近年来，珠海市紧紧围绕强化企业创新主体作用的需要，调动社会各方面力量，着力打造和进一步完善"公共平台+服务机构+孵化器"三位一体的科技服务体系。

（1）公众数据平台日益完善

珠海市公共科技资源共享的基础平台包括："科技文献信息平台""科学仪器设备共享平台""科技成果公共服务平台""产学研合作信息平台""中小企业信息化服务平台"等以公共科技资源为依托的服务平台。2014 年，珠海市进一步完善科技文献资源、科学仪器设备、科技成果、产学研合作、专利信息服务等科技基础条件平台，并对平台进行管理和维护，提高科技资源的利用效率。

珠海市国际信息检索中心每年引进以万方数据库群为代表的国内最大数据库群，共汇集国内大型数据库 73 个，涵盖国内 6 300 多种学术期刊和数十万条专利、科技成果、行业及产品标准信息，国内数百万家厂商信息；虚拟引进国际上最大的数据库群——美国 DIALOG 系统、德国 STN 系统 900 多个数据库。同时还大力发展产业化共性技术平台，对产业提供针对性的数据支持。

专栏 7-3　珠海市产业化共性技术平台

电子信息、生物医药是珠海市重点扶持产业，产业化共性技术平台主要包括珠海市针对这些优势科技产业发展需要而建设的共性技术支撑平台，目前珠海市拥有以 "软件网络评测中心" "集成电路设计中心" "打印耗材检测中心" 等为代表的共性技术支撑平台 4 个。

序号	技术平台名称	地址	级别	成立时间
1	珠海南方软件网络评测中心	唐家湾	国家级	2001
2	国家印刷及办公自动化消耗材料质量监督检验中心	香洲	国家级	2007
3	珠海南方集成电路设计服务中心	唐家湾	省级	2004
4	珠海南方数字娱乐公共服务中心	唐家湾	省级	2008

珠海南方软件网络评测中心面向产业提供 40 多种信息系统安全可靠的专业技术服务，并具备维持 11 年提供全球 55 个国家认可测试报告权威资质。目前，评测中心共为 500 多家，送检单位 300 多家，开放实验室会员近 2 000 个产品提供多种类型测试服务和 10 000 多人次技术咨询及培训，定位 60 多万个质量问题；共完成包括 40 篇共性关键技术论文的论文集两部，并在近百家会员单位中无偿分享。同时，组织多家企业制定国家技术标准 12 项，正在承担制定 3 项行业技术标准和 2 项广东省地方标准。

国家印刷及办公自动化消耗材料质量监督检验中心由国家质检总局于 2007 年 2 月批准在珠海（市质量计量监督检测所）成立，承担国家法定检验检测工作。

珠海南方集成电路设计服务中心（以下简称珠海 ICC）于 2004 年 4 月由原省信息产业厅和市科信局共同出资，在市民政局注册成立的非营利机构，是广东省集成电路设计与生产基地的依托实体单位，承担该基地的建设与运营管理工作。

珠海南方数字娱乐公共服务中心（以下简称 DEC）是 2008 年由省、市与国家高新区出资 3 000 万元联合共建，为数字娱乐企业提供孵化和公共技术服务，重点以影视后期制作、多媒体研发和制作、电脑动画业、游戏设计制作企业作为主要服务目标。

（2）科技服务机构实力不断增强

珠海市科技服务机构可以分为公益性科技服务机构和私营科技服务中介机构，业务领域包括高新技术企业认定、创新基金管理、国际联机检索、科技咨询等。目前，珠海市拥有珠海（国家）高新技术创业服务中心、各级孵化器、工程中心、企业技术中心、科技咨询公司等各类性质科技中介服务机构 400 余家。2014 年，对 28 家科技服务单位开展了典型性抽样调查，结果显示：从业人员达 1 841 人，平均每家机构拥有 66 人，超过全省平均拥有 50 人的平均水平。从业人员中，拥有大专以上学历的人员达到 64.6%，其中博士 20人、硕士 285 人，学士 885 人。

2014 年，珠海市继续加强和完善市生产力促进中心、市中小企业服务中心等以政府公共科技资源为依托的重点骨干科技公共服务机构的建设，增强了其科技服务能力，使之成为政府科技服务职能的有效承载者，同时充分发挥了在科技创新服务体系中的引领和示范作用。

（3）科技孵化平台不断壮大

实行了孵化器倍增计划，制定了促进科技金融融合发展政策措施，一批科技金融机构投入运营，新增股权（创业）投资企业 192 家、新三板挂牌企业 12 家。国家知识产权运营公共服务试点平台落户横琴。2014 年，国家及省市科技部门对科技型中小型企业和服务平台继续扶持，珠海市企业获得国家创新基金立项 3 项，资助经费 275 万元；省创新资金立项 12 项，资助经费 360 万元。2014 年，珠海市拥有国家级孵化器一家，省级孵化器五家，孵化总面积 27.87 万 m²（表 7-3）。2014 年，孵化器在孵企业数 287 家，在孵企业员工 5 497 人，在孵企业 R&D 投入 21 392 万元；当年毕业企业 28 家，累计毕业企业 224 家。

表 7-3　孵化器一览表

序号	孵化器名称	级别	2011 年总面积/m²	2012 年总面积/m²	2013 年总面积/m²	2014 年总面积/m²
1	珠海高新技术创业服务中心	国家	23 270	23 270	23 270	23 270
2	珠海南方软件园发展有限公司	省	42 163	42 163	42 163	42 163
3	广东珠海高科技成果产业化示范基地有限公司	省	17 831	30 229	57 056	57 056
4	珠海清华科技园创业投资有限公司	省	65 180	65 180	40 000	24 000
5	珠海新经济资源开发港有限责任公司	省	66 398	60 098	60 098	23 379
6	珠海康德莱医疗产业投资有限公司	省	—	—	—	108 800
	合　计		214 842	220 940	222 587	278 668

7.2.1.4　管理创新有突破

（1）政府政策推动社会创新

珠海把创新驱动发展作为核心战略，全面深化科技体制机制改革，优化创新创业环境，构建了以珠海科技创新 18 条政策为主体的 1+N 政策体系，创造良好的社会创新环境。相继印发了《珠海市加快推进科技创新若干政策措施》《珠海市企业研究开发费补助资金管理暂行办法》《关于推进珠海市新型研发机构发展的实施意见》《珠海市创新驱动发展三年行动计划（2015—2017）》《珠海市智能制造产业发展实施意见（2015—2025）》《珠海市加快培育高新技术企业专项行动工作方案（2015—2017）》等文件（图 7-5）。

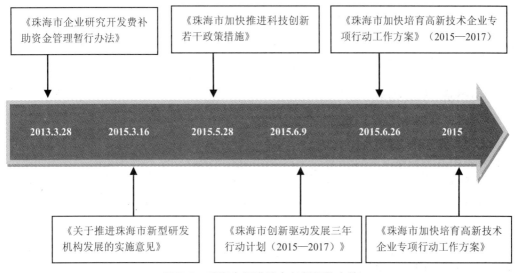

图 7-5　珠海市促进社会创新相关文件

（2）推进简政放权

行政审批是行政权力的体现，是实施行政管理的必要手段，同时也是滋生腐败的肥沃土壤。各地市保留审批的行政许可事项数和非行政许可事项数反映了政府简政放权，以及深化行政执法体制改革的程度。根据各地市行政许可事项数和非行政许可事项数之和，即保留行政事项总数，并依据保留行政事项总数与对应实施单位的比值进行排序，得出珠海、佛山和惠州分别以 11.4、12.8 和 14.2 名列前三名。

截至 2014 年 12 月，珠海市保留行政审批事项共 497 项，其中包括行政许可 347 项，非行政许可 144 项，是珠三角地区的最低水平。2013 年，珠海启动第五轮行政审批制度改革，砍掉近五成审批事项，在珠三角地区已是力度空前。珠海市于 2014 年 3 月出台《关于加强行政审批制度改革调整事项监管工作的通知》配套权力清单管理措施，要求各部门对取消的行政审批事项积极创新监管方式，逐项建立监管办法，以"宽进严管"的方式激发市场活力。"权力清单"推出后，一些领域非禁即入，这就降低了市场准入门槛，将事前监管转向了事中与事后监管，加大了后续监管的难度和压力。当准入门槛降低后，市场主体会更多，市场行为的自由度更大，如果缺乏有效的后续监管配套措施，可能会使"权力清单"的制度红利不能充分释放。因此，采取配套措施，在执行层面有效加强事中与事后监管也至关重要。

（3）电子政务在全市推广普及

随着珠海市"智慧城市"的建设，电子政务公共应用支撑体系初步建立，建成覆盖全市各职能机构，与省和区对接的珠海市电子政务外网；建成全市统一的政府信息资源管理及网络交换中心；在全省率先开通电子公文协同处理系统；整合深化应用逐步推进，建成市电子政务综合工作平台，实现部门内部信息系统的整合；初步建立政务信息资源交换和共享平台，推进信息资源共享交换；新版"中国•珠海"政府门户网站充分整合各区、各政府部门和各公共企事业单位的信息，突出服务功能。

7.2.2　生态生活现状

珠海市作为首批"国家园林城市"之一，先后荣获"国家环保模范城市""国家卫生城市""全国文明城市""国家生态市"等众多荣誉称号，具有优美的生态景观、一流的人居环境。珠海市从市民的"吃、穿、住、行"倡导绿色化生活方式，全社会营造厉行节约、拒绝浪费的浓厚氛围，相继在"绿色交通""旅社建筑""绿色社区""绿色照明"等推出管理办法及专项行动。

7.2.2.1　绿色交通初见成效

（1）区域交通发展迅速，枢纽地位初步奠定

大力推进交通基础设施建设，积极构建现代综合交通运输体系，珠海作为珠江口西岸交通枢纽城市的地位得到初步确立。交通基础设施建设取得重大突破。公路建设方面，港珠澳大桥人工岛填海工程、机场高速、高栏港高速、珠海大道辅道、金海大桥、金琴高速、香海路等工程相继建成或加快推进。轨道交通实现从无到有的突破，广珠铁路、广珠城轨建成通车，珠海市区至珠海机场城际轨道和广佛江珠城际轨道珠海段等项目加快推进。港口建设方面，高栏港10万t级主航道开通，2个5万t级集装箱码头正式运行，神华粤电珠海港煤炭储运中心码头预交工验收，珠海港货物吞吐能力达到1.18亿t，实现了港口能力超亿吨的跨越。一大批重点工程为珠海市建设"珠江口西岸交通枢纽城市"奠定了基础。表7-4为2014年珠海市交通情况。

表 7-4　2014 年珠海市交通情况

指标	货运量/万 t	年增长率/%	客运量/万人	年增长率/%
铁路	300.2	173.7	1 211.3	25.7
公路	9 241	9.3	3 104	10.6
水路	1 633	16.0	611	20.4
航空	1	−4.1	158.14	14.02
合计	11 175.2	12.1	5 084.44	17.0

公路。2014 年珠海市公路通车里程达到 1 446.71 km,其中高速公路 124.69 km,路网密度达到 83.9 km/100 km²,基本形成较完善的功率网络。市区对外公路运输主要包括:西部沿海高速、京珠高速、江珠高速、太澳高速、高栏港高速和机场高速。全年公路货运量为 9 241 万 t,客运量 3 104 万人,公路货运周转量 50.5 亿 t,公路旅客周转量 61.1 亿人·km。珠海市道路绿化工程完善,目前道路绿化率达到 93%,已超过了 80% 的国家标准。道路绿化美化了道路周边景观,净化空气,有效降低了汽车噪声,改善了道路小气候,是城市宜居的重要内容。

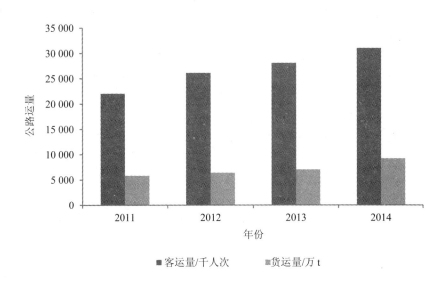

图 7-6　"十二五" 期间公路运量增长对比

港口。2014 年珠海市共有生产性泊位 155 个,非生产性泊位 5 个,万吨级以上泊位 27 个,设计年通过能力 1.52 亿 t,集装箱吞吐能力 191 万标准箱,主要港口完成货物吞吐量 10 693 万 t,增长 6.7%,其中外贸货物吞吐量 2 410 万 t,增长 5.1%,港口集装箱吞吐量 117 万标准箱,增长 34.1%。

空港。珠海机场位于市西南部,三面环海,距离市区 35 km,飞行区等级 4E,设计年起架次为 10 万架次，年旅客吞吐量 1 200 万人次，年货邮吞吐量 5 万 t。2014 年珠海机场完成旅客吞吐量 408 万人次，同比增长 40.8%；货运量 2.2 万 t，同比下降 2.4%；航班起降 36 135 架次，同比增长 39.3%。

铁路。2012 年 12 月 29 日，广珠货运铁路正式开通，改变了珠江口西岸无货运铁路的历史。2013 年全市铁路全年客运量为 963 万人次，旅客运输周转量 4.03 亿人·km，铁路全年货运量为 109.73 万 t，货物运输周转量 2.05 亿 t·km，发展速度快。2012 年 12 月 31 日，随着珠海站、前山站、明珠站、唐家湾站建成投入使用，广珠城际轨道全线通车，实现广珠 1 h 生活圈。截至 2013 年年底，广珠城际轨道年客运量 963.48 万人次，同比增长 115.80%，珠海的 5 个车站中拱北的珠海站客流最高，日均 1.61 万人次，其次为明珠站，日均约 0.6 万人次。截至 2014 年年底，广珠城际轨道年客运量 1 211 万人次，同比增长 25.7%。2014 年全市铁路全年客运量为 1 211 万人次，较上年增长 25.7%；铁路全年货运量为 300.39 万 t，货物运输周转量 5.63 亿 t·km，广珠城际铁路以及广珠铁路开通以来，维持高增长速度。

(2) 政策措施相继出台，推动绿色交通发展

此外，珠海市绿色公交发展取得显著成就。大力发展和推动 LNG 公交的研发和应用，珠海是广东省内第一个开启纯电动公交车线路的城市，珠海市公交事业也由此开启"零排放"的崭新一页。截至 2012 年年底，珠海市已投放绿色公交车 878 辆，占全部公交车的约 50%，到 2015 年已全部转化为新能源公交车。与此同时，珠海市加气站建设也取得突破，全市投入使用的加气站有 5 个，同时斗门加气站也正在建设中。目前，全市公共交通出行比重为 11.2%。2011 年，在中国社科院发布的《公共服务蓝皮书》中，珠海公共交通满意度排名全国第一。表 7-5 为珠海市推动城市绿色交通发展的政策和措施。

表 7-5　珠海市推动城市绿色交通发展的政策和措施

时间	单位	工作内容
2007 年 9 月	市政府	珠海市开展了城市公共交通周及无车日活动
2008 年 9 月	珠海市规划局	编制《珠海市慢行系统规划》，为具前瞻性地引导市民的慢行出行行为、构建和谐城市、打造绿色交通，制定了合理的城市慢行交通政策及慢行空间发展策略
2011 年 3 月	珠海市交通运输管理局	《珠海市交通运输局 2011 年推进绿色公交工作方案》，要求各相关单位加强组织领导，制定具体实施方案和落实措施，积极推进绿色公交工作，为节能减排尽责尽力
2011 年 9 月	市政府	实施《关于优先发展城市公共交通的若干意见》，明确提出要"举全市之力，大力推动城市公共交通优先发展"，强调坚持"公交优先"就是"百姓优先"，"关注公交"就是"关注民生"

时间	单位	工作内容
2011 年 11 月	市政府	正式批复了《珠海市城市绿道网总体规划（2010—2020）》，规划珠海市城市绿道以区域绿道 1 号线、4 号线珠海段为依托，根据珠海市山水格局及城市景观兴趣点分布，形成"四纵—两横—二环—六岛"的空间布局
2012 年 12 月	市政和林业局	珠海公共自行车正式开通运营。一期项目在主城区，建设 195 个公共自行车租赁点，总投放公共自行车约 5 000 辆
2013 年	珠海市交通运输管理局	启动编制《珠海市智能交通规划》
2014 年	珠海市交通运输管理局	编制《珠海市交通运输局年度责任白皮书》

（3）绿色交通初具规模，成效显露

公共交通稳步发展。珠海市非常重视"公交优先"，近年来，珠海市始终坚持以人为本，优先发展城市公共交通建设，不断加大对城市公共交通的扶持力度，城市公共交通事业取得又好又快发展。2011 年，在中国社科院发布的《公共服务蓝皮书》中，珠海公共交通满意度排名全国第一。一是公共交通车辆拥有水平持续增长，截至 2012 年，全市公交营运车辆达到 1 779 辆，其中 LNG 电动车 858 辆，纯电动车 20 辆；二是公共交通线网密度不断提高，截至 2012 年，全市拥有公交线路 134 条，公交线网总长度达 891.9 km，线网密度 0.66 km/km^2；三是公共交通站点覆盖率不断提升，按 300 m 服务半径计算，站点覆盖率 25.26%；按 500 m 服务半径计算站点覆盖率 70.08%。图 7-7 为珠海有轨电车。

图 7-7 珠海有轨电车

专栏 7-4　公交惠民措施

2007 年 11 月 1 日起，珠海市实施户籍年满 60 周岁以上的老人坐公交刷卡免费，开创了全国先河。7 年多时间以来，珠海全国率先实施的这一惠民举措，引起全国各地不少城市的学习和效仿。

为进一步改善外来人口的交通出行问题，珠海市于 2015 年 1 月 1 日起，实施非本市户籍年满 60 周岁老人刷卡免费乘坐公共汽车。为落实市政府惠民措施，公交集团巴士公司自 2015 年 1 月 1 日早上公共汽车第一班发车起，全面实施对非本市户籍年满 60 周岁（含 60 周岁）以上老人刷卡免费乘坐公共汽车。政策实行第一个月，共办理了外地老人免费乘车卡 14 000 多张，接听来电咨询电话约 3 000 个，增派前台窗口服务志愿者 50 人次，受理各项卡业务咨询约 20 000 人次。

2014 年全市日出行总量约 450 万人次/d，其中常规公交出行占 19.4%（图 7-8）。个体出行交通（小客车、摩托车）与出租车占 31.8%，慢行交通（步行、私人自行车、公共自行车）占 48%（图 7-9）。

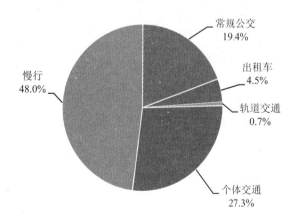

图 7-8　珠海市居民出行方式（2014 年）

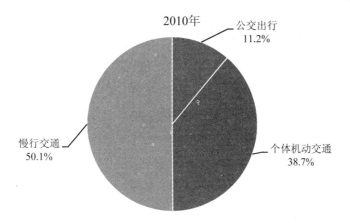

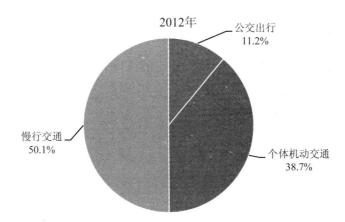

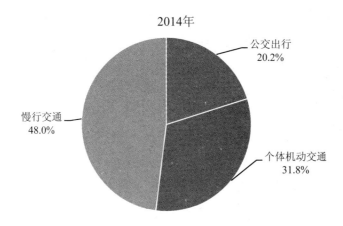

图 7-9 "十二五"期间珠海市居民出行方式的转变

慢行交通跨越发展。珠海市宜居、滨海、旅游、低碳的城市定位为慢行交通的发展创造了条件。尽管慢行交通在珠海市起步较晚，但是珠海市高标准、严要求的发展定位，为珠海市慢行交通实现了跨越式发展。

一方面，为解决城市出行"最后一公里"的问题，珠海市加快了公共自行车系统建设。现已建成公共自行车服务站点 170 个，共投放流通车辆 2 300 辆，平均日租车 12 158 人次，实施范围覆盖香洲、吉大和拱北片区，覆盖了主要的公交站点、交通枢纽、口岸地区、商业区、公共活动中心、大型居住区、旅游景点等出行热点。目前，一期的后续工程正在实施中，二期、三期工程也正在加快推进。

另一方面，为落实《珠江三角洲绿道网规划纲要》总体要求，珠海市加快了城市绿道的规划建设工作。通过珠海绿道系统的建设，为自行车和步行交通发展提供了优美的出行环境。目前，区域绿道（省立）1 号线和 4 号线在珠海境内段已基本建成，总长约 80 km，取得了良好的实施效果，深受民众欢迎。此外，珠海市绿道已建成超过 200 km，极大方便了慢行交通的出行。

专栏 7-5　公共自行车系统助力慢行交通发展

公共自行车租赁系统一期项目和二期项目的对接和顺利运行后，珠海市公共自行车租赁将增加自助注册开户、注销和远程升级、监控和手机 APP 等多个功能，将极大方便市民和外来游客。市民只需携金融 IC 卡和身份证，就可以在自助终端机上自助办理注册开户、注销公共自行车服务，这属于全国首创。

公共自行车租赁系统二期项目将建设 400 个站点，投入 8 000 辆自行车，预计 2015 年年底全部完工，其中梅华路上新建的 21 个站点 8 月将先行提供给市民使用。

　　智能交通起步发展。珠海在交通信息化和智能交通系统建设方面尚处于起步阶段。当前，为推动智慧城市建设，珠海市交通诱导信息系统、公交电子站牌、交通信息综合服务平台等智能交通示范工程相继展开。通过电子警察及卡口数据建立了初步的交通信息采集系统；在美丽湾等 10 个重要路段依托户外 LED 交通诱导屏，起步建立了路况信息发布平台；已设有视频监控 321 个（球机 146、枪机 175），其中有 23 路枪机为高速公路公司提供共享接入，布点覆盖全市，并建成卡口 19 个，发展了较为完善的交通违章监控系统；共有 100 个路口（339 个方向）安装有闯红灯电子警察，40 个路段（67 个方向）设置超速电子警察，14 路段（16 个方向）设有逆行抓拍电子警察，10 套远程手动抓拍电子警察，基本实现了主城区全覆盖，2013 年还将陆续拓展到西部地区。同时，已经在中心区部分路口埋设有检测线圈，为路口的智能化管理打下了坚实基础。

专栏 7-6　珠海市智能交通进入日常生活

　　智慧交通新创举：自 2014 年以来，珠海市按照"打造两个中心、建设八大系统、强化三个支撑"的工作思路，运用"互联网+"思维和技术，以交通执法指挥中心、信息分中心建设为基础，构建交通执法科技建设平台和大数据中心，建设了视频监控系统、GPS 监控平台、微信管理平台、单兵移动执法系统、号牌自动识别系统、超限车辆监控系统、高栏港危化品库区电子围栏监控系统及航道疏浚监管系统、危化品运输车辆自动识别监控系统等 8 大系统，将视频监控、GPS 系统、号牌识别、视频抓拍、违法行为识别等科技手段广泛应用于执法中，同时推进科技执法装备的更新换代，为珠海交通执法带来了崭新面貌，各类交通运输违法违章案件查处数均创历史新高。

7.2.2.2 绿色人居逐步推行

"绿色人居"是指具备一定的符合环保要求的"软""硬"件设施，建立起较完善的环境管理体系和公众参与机制的人居环境。

（1）绿色建筑有效发展

建立推广绿色建筑工作机制和考核体系。印发《珠海市 2014 年建筑节能暨绿色低碳建筑目标责任实施方案》《珠海市绿色建筑行动实施方案》《珠海市绿色建筑技术导则》，编制《珠海市绿色建筑发展专项规划》，拟定规章《珠海市绿色建筑管理办法》草案。对设计、施工图审查以及建设和监理单位的技术人员进行绿色建筑专项培训。制定激励办法，以点带面，开展绿色建筑项目示范，将使用预制墙板和铝合金模板等建筑工业化的"珠海华发人才公寓"和"香洲区人民法院审判综合楼"作为绿色施工示范工程进行奖励。全年有珠海十字门中央商务组团一期标志性塔楼、会展中心、珠海华发水岸花园 B、D 区、珠海市五洲湾花园一期、珠海横琴总部大厦（一期）、华发沁园项目、国家船舶及海洋工程装备材料质量监督检验中心等 7 个项目 87.7 万 m^2 取得国家或省绿色建筑设计标准评价标识，另有 12.6 万 m^2 按绿色保障性住房技术导则设计的唐家人才公寓项目通过竣工验收，超额完成省下达的 2014 年度绿色建筑推广工作任务。

推行建筑节能改造。2014 年，珠海市通过培育示范项目，引导企业以合同能源方式对既有建筑实施节能改造，并安排可再生能源专项资金对安广大厦等可再生能源改造示范项目进行补贴。运用合同能源管理、能效监测管理等方式完成对"北京理工大学珠海学院太阳能热水系统节能改造工程"等一批既有公共建筑实施节能改造，取得业主、节能服务企业、政府"三赢"。

实施建筑节能监管。2014 年，珠海市进一步规范实施细则和工作方案，加强施工过程中对建筑节能项目的监管，加大对工程建设各责任主体和节能施工重点环节的检查力度，加强对节能工程的检验检测工作，严格按要求实行节能验收，对不符合验收规范强制性条文规定，或建筑节能部分验收不合格的工程，不得予以验收、备案及交付使用。为严格落实建筑节能工程施工和验收标准，要求各在建工地对屋面隔热、墙体保温、门窗做法等节能施工重点环节，在工地现场制作施工质量样板示范指导建筑施工，并以样板标准进行工程验收，"样板引路"的成功做法，使全市新建建筑施工阶段节能监管执行率达 100%。

（2）注重规范管理，积极发展"绿色社区"

珠海市自 2002 年开始"绿色社区"创建工作，已创建各级绿色社区 34 个，其中国家级绿色社区 1 家、省级绿色社区 11 家，绿色社区成为珠海市普及环境教育的阵地和活教材。绿色社区践行低碳生活，各社区在搞好本小区绿化、美化、净化的同时，也注重规范环境管理，推进节能减排，倡导低碳生活，努力通过绿色社区建设资源节约型、低碳减排环境友好型社会。社区在创建绿色社区过程中解决了一些困扰社区的环境污染问题,如通过加强绿化美化建设,拆除违章建筑、粉饰外墙、清理卫生死角,陈旧的社区景观容貌焕然一新。

硬件建设,主要包括社区绿化、垃圾分类、污水处理、节水节能等设施,是在传统社区的基础上将 "人与自然和谐共生" 作为主旨,从社区的开始设计到消费、管理始终贯彻绿色的理念,让社区达到既保护环境又有益于人们的身心健康,同时又与城市经济、社会、环境的可持续发展相统一。

专栏 7-7 珠海市 "绿色社区" 先进案例

2013 年,珠海市创建绿色社区工作领导小组办公室组织考核组对申报珠海市第四批 "绿色社区" 的 12 个单位进行考核验收。其中,香洲区中珠上城、钰海上峰名园、万科金域蓝湾、岭南世家荣景园、御龙山庄、仁恒星园、山海一品居,斗门区金碧丽江西海岸花园、里维埃拉(一期),高新区龙腾湾等 10 个社区通过考核验收。

御龙山庄有一个 20 多名成员的 "环保志愿团",对养狗、垃圾分类等进行整治;中珠上城成立由居委会代表参加的小区环境监督小组;钰海上峰名园聘请居民代表为义务环境监督小组等。居民的环境意识逐步增强,公众对环境问题的关心和参与程度得到有效提高。

7.2.2.3 绿色消费习惯逐渐改变

(1) 政府机关引领 "绿色办公",践行低碳生活

珠海市政府在倡导市民绿色消费方面,大力宣传,党政机关单位带头示范。市政府颁布《珠海市节俭养德全民节约行动实施方案》,向市民发出《节俭养德全民节约行动倡议书》,深入开展节俭养德全民节约行动宣传教育和实践活动,在全社会营造厉行节约、拒绝浪费的浓厚氛围。具体措施包括:节俭养德进党政机关,引导广大党员干部在工作中带

头做到节水、节电、节纸、节约器材，减少一次性用品使用，全面推行绿色采购；在日常生活中严格要求自己、反对铺张浪费和浮华攀比。

（2）引导公众参与，倡导"绿色消费"

节俭养德进社区、进家庭，在社区、家庭中广泛宣传节俭理念，普及节俭知识，充分发挥社区电子屏、宣传册等多种载体作用，倡导节俭文明的就餐新风尚，推广绿色出行、垃圾分类、减少一次性用品使用。号召每个家庭节水、节粮、节电、节纸、节约钱物，开展"资源循环利用""闲置物品共享""人人节水""节约一粒粮"等主题活动，弘扬传承节俭节约的家训家风；节俭养德进企业，各行各业要积极开展"俭以养德见于管理"教育实践活动，把节俭节约理念做到管理中、融入实际工作中、贯穿于社会治理中；抓好节俭养德进学校活动，各中小学校要针对青少年缺乏对艰苦生活的感受、缺少对节约观念的认知，享受意识、攀比心理较重等问题，开展以节俭为主题的宣传教育实践活动。

7.2.3　生态文化现状

文化是城市的灵魂，是城市的珍贵资源，是城市软实力的核心。珠海的生态文化内涵主要涵盖 3 大核心：岭南文化特色、海洋文化特质和特区文化特征（图 7-10）。保护传统，对古遗址、古建筑、名人故居等重要文物有效保护。传承特色，对竹海特色的疍家、侨乡等文化传承推广。发扬创新，珠海文化特色活动多种多样，中国国际航空航天博览会、国际马戏节、WTA 超级精英赛等文化活动，为珠海市文化注入了新活力。

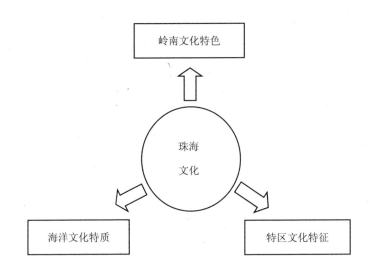

图 7-10　珠海文化

（1）历史悠久，特色鲜明

文化是社会历史的积淀物，是城市软实力的重要组成部分，是能够被传承的国家或民族的历史、地理、风土人情、传统习俗、价值观念等，是人类之间进行交流的普遍认可的一种能够传承的意识形态。珠海是疍家文化的重要区域，拥有国家级和省级非遗名录 4 项和 10 项，市级 36 项（表 7-6），包括 "斗门水上婚嫁" 和 "装泥鱼" 等极具滨海特色的非物质文化遗产。

表 7-6　珠海市国家级、省级、市级非遗名录

编号	级别	数量/项	项目名称
1	国家级	4	斗门水上婚嫁习俗、鹤舞、装泥鱼习俗、一指禅推拿
2	省级	10	沙田民歌、飘色、斗门水上婚嫁、鹤舞、装泥鱼技艺、中秋对歌会、一指禅推拿、七月三十装路香、凤鸡舞、横山鸭扎包
3	市级	36	斗门锣鼓柜、斗门水上婚嫁、斗门乾务飘色、斗门莲洲舞龙、斗门莲洲地色、沙田民歌、装泥鱼花鱼、中秋对歌会、三灶八堡歌、花袖、白蕉客家竹板山歌、前山凤鸡舞、鹤舞、一指禅推拿、醒狮、佛家拳、客家咸茶、起名、唐家湾茶果（定家湾茶果）、七月三十装路香、药线灸、曲艺、粤剧、横山鸭扎包、金花诞、淇澳端午祈福巡游、上横黄沙蚬、淇澳银虾酱、斗门赵氏皇族祭礼、三灶民歌、三灶编织、大万山岛、后诞庆典、浸泥鱙、大休丝弦古琴斫造工艺、大赤坎明火叉烧烧排骨、桂山岛天后诞

珠海是沙丘遗址较为集中的地区，与其他城市相比遗址更多更完整，据考证赤沙湾遗址距今已有 6 000 多年。根据 2009 年第三次全国文物普查，珠海市编写了《广东省珠海市不可移动文物名录》，总共 416 处不可移动文物登记在册，不可移动文物上至新石器时代，下至近现代，不仅数量较多，而且特色鲜明。

（2）包容各地文化，自成一体

珠海华侨文化浓厚，依托庞大的华侨群体，珠海作为桥梁将中华文化带到世界各地，同时将侨居地的文化，包括农耕文化、建筑艺术、思想观念以及现代工商业文明等带回国内。例如，番薯、玉米、辣椒、烟叶等农作物就是华侨从侨居地带回来的，近代许多工商企业就是华侨创办的，沿海城市的骑楼建筑也是华侨传进来的。"华侨文化" 是世界多元文化交融的典范，是不同文明对话、碰撞的产物。

珠海是改革开放的先行先试地区，经济发展起步较早，吸引了大量内陆劳动力迁居珠海，包括湖南、湖北、江西、四川等地。珠海文化受到各地文化的影响，与本地文化融合，形成了珠海特色的文化内涵。

专栏7-8　珠海文化内涵丰富

　　大型文化活动丰富多彩，熔铸城市旅游品牌，包括国际航空航天博览会、珠海WTA超级精英赛、中国国际马戏节、国际沙滩音乐节等国际性文化活动，带动珠海城市形象走向世界。

　　饮食文化独具特色。珠海咸淡水交接河域丰富，所属区域美食丰富，深在腹地的金湾区，更是特产众多，如斗门重壳蟹、白藤莲藕、白蕉禾虫，还有南屏脆肉鲩和珠海膏蟹，尤其是南水、淇澳螃蟹，闻名遐迩。珠海海岛物产丰富，万山对虾，为珠海海产八珍之一。珠海的海鲜胜在不拘一格，上至酒楼，下至街头大排档，都一样风味十足。珠海又是一座移民城市，饮食文化包罗万象，粤菜中的潮汕菜、粤西菜、顺德菜、客家菜等，深受在珠海的广东人的欢迎，而湘菜、川菜、东北菜等，遍布大街小巷。值得注意的是，20世纪末珠海高档酒楼的风格还在今天的珠海延续着，同时也受到澳门葡国菜、西餐的影响，珠海的酒楼都很注重环境的装修，这种特殊的风气，造就了浪漫之城在餐饮文化上的浪漫。

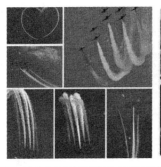

7.2.3.1　文化产业发展强劲

　　文化产业是指"那些源自个人的创造性、技能及智慧，通过对知识产权的开发和运用可创造潜在财富和就业机会的活动"，包括出版、音乐、表演艺术、电影与录像、电视与广播、软件设计、互动休闲软件、广告、建筑、设计、艺术与古玩、工艺、时尚设计等13个行业。"十二五"期间，珠海市实施"蓝色珠海，珠海崛起"的发展战略，以打造文化强市为目标。2014年全市文化产业增加值超过79亿元，文化产业占全市GDP达到4.79%。"文化+科技""文化+旅游""文化+会展"等产业特色愈加显现，影视娱乐业、数字内容业、文化旅游业等产业业态显示出强劲的发展态势，文化产业已成为珠海市国民经济发展的新亮点。

　　（1）文化产业服务体系初步形成

　　作为提升珠海市软实力的重要组成部分，珠海市政府办公室、财政局、文化体育旅游局等单位先后出台了系列政策及管理办法。2014年9月珠海市政府办印发《珠海市人民政府关于重点文化项目及文化产业园区用地管理的意见》; 2015 年 3 月珠海市财政局印发《珠海市文化产业发展专项资金管理暂行办法》; 2015 年 6 月市文化体育旅游局印发《珠海市基层文化设施建设专项资金管理办法》等。珠海市在政策制定方面从资金管理、土地使用等方面入手, 明确了政府责任, 落实了文化体制改革的管理构架。

相关政策措施成效显著。根据《珠海市文化产业发展专项资金管理暂行办法》的有关规定及年度工作安排, 积极考察相关企业, 加快程序审批, 2014 年市文化产业发展专项资金对 26 个项目、2 个园区及入园文化企业进行扶持。

珠海市着力建设公共管理服务平台, 扶持文化产业发展。2014 年珠海市文化产业管理服务申报平台建设正式上线, 重点解决三个要点: 一是所有产业专项资金在网上完成申报, 便于企业参与, 提高专项资金使用的透明度; 二是建立珠海文化产业企业和项目的大数据, 有利于综合管理和产业动态掌握, 有利于产业统计和调查研究; 三是建成集政策引导、信息发布、产业合作、金融服务等综合服务平台。

与文化产业巨头合作, 构建智库平台、资讯平台和实力平台, 深入开展报纸网络采编经营、重大文化产业项目、文化艺术金融服务等领域合作, 不断提升珠海文化软实力, 为 "蓝色珠海、科学崛起" 战略注入强大动力。

专栏 7-9 珠海市与南方报业共筑 "三大平台" 提升珠海文化软实力

双方积极推动战略合作框架协议的落实, 把南方报业传媒集团先进的经营理念和改革创新的成功经验引入珠海, 推动珠海在重大文化产业发展、文化旅游项目建设、文化艺术金融服务、报纸网络采编经营等方面取得新的更大突破, 促进珠海文化大发展大繁荣。

南方日报创立了《珠海观察》, 联同南方都市报的《珠海读本》, 在珠海构建了强大的主流宣传平台。南方报业传媒集团通过资源共享, 优势互补, 努力构筑智库平台、资讯平台和实力平台, 促进文化产业做大做强, 推动文化软实力不断提升, 为树立 "蓝色珠海、科学崛起" 新形象做出新的贡献。

（2）政策引导促进产业聚集

按照城市产业转型升级和自身发展的需要和"三高一特"的发展目标和要求，珠海市从 2013 年开始通过政策引导和产业规划，鼓励扶持文化项目聚集区形成文化产业园区，并于同年 8 月颁布了《珠海市文化产业园区管理试行细则》，作为对文化产业专项扶持基金政策的补充和完善。被列入《珠海市文化产业"十二五"发展规划》的 19 个重点项目，金地动力港文化产业园、V12 文化产业园等 11 个项目已完成并投入使用；长隆国际海洋旅游度假区和东澳岛伶仃海岸旅游项目即将开业；南方影视文化产业项目已正式动工建设；丽新星艺文创天地等 5 个项目已进入前期规划设计和土地落实等阶段。

专栏 7-10　珠海市首批 2 个文化产业园区示范单位揭牌

2014 年，珠海市首批两个文化产业园区示范单位——V12 文化产业园和金地动力港将率先得到专项基金和相关政策的扶持。

V12 文化产业园现拥有文化创意企业 80 余家，涉及数字影像、动漫游戏、影视制作、艺术创作等各个领域。园区秉持创意孵化的理念，致力为文创企业提供公共技术支撑、人才培训、商务交易、政策服务、创意展示、投资融资、信息发布、集中采购、知识产权保护交易和后勤管理等"平台式"服务。

金地动力港自 2009 年年初首次亮相深圳市国际文化产业博览会以来，已建成 20 余万平方米、可容纳 400 余家企业的大型文化产业园区，成为包括"珠江西岸影视技术博览基地""中珠澳影视产业基地""两岸四地非遗展览基地""珠海礼仪协会"等近十家文化协会及组织的挂牌活动基地。

（3）培养与推广品牌企业

目前，珠海市在数字设计、动画、艺术和娱乐设备等方面已经拥有一批优秀的企业，包括：珠海金山、珠海传奇、杨氏数字设计、天行者"悟空"和火车头"巴布熊猫"为主体的"动漫网游原创制作基地"；以会同古村画家村、珠海闲云油画公司为骨干的"油画艺术品原创基地";以红山票据印务、畅想印务、金湾印刷基地和海纳光盘为基础的 "印刷复制业生产基地";以伟创力娱乐设备制造为龙头的 "文化类产品制造基地"。

2014 年 5 月 14 日至 19 日,珠海市以 "创意珠海请您来" 为主题组织了金地动力港、V12 文化产业园、金山、小米、网易达、北裔堂等 30 多个单位(企业)及近百种(类)文化产品(项目)参展第十届中国(深圳)国际文化产业博览交易会,利用文博会平台展示珠海文化产业发展成果,推介珠海文化产业宣传环境,吸引文化产业企业项目落户珠海。

7.2.3.2　基层文化发展良好

截至 2014 年年末全市共有各类专业艺术表演团体 2 个,群众艺术馆、文化馆 4 个,县级及以上公共图书馆 3 个,博物馆 6 个,美术馆 1 个,电影城(院)21 家,文化站 24 个(图 7-11),广播电视台 2 座,有线电视用户 73.6 万户,比上年末增长 28.1%,其中有线数字电视用户 73.6 万户,比上年末增长 80.5%。全年出版报纸 16.05 万份(日发行量),各类期刊刊物 105 万册。公共图书馆藏书量 130 万册。建成 "农家(社区)书屋" 283 个。

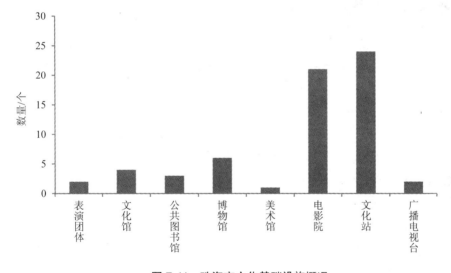

图 7-11　珠海市文化基础设施概况

(1)文化设施整体发展良好

全市共有镇(街道)文化站 23 个,社区文化活动室(农家书屋)233 个。每 1 万珠海人享有的公共文化设施面积约 1 200 m²,高于全省平均水平。珠海大剧院、市博物馆、市城市规划展览馆、长隆国际海洋度假区、东澳岛伶仃海岸等重大文化工程不断推进,陆续建成运营。

专栏 7-11 珠海市重大文化工程不断推进

　　珠海大剧院、市博物馆、市城市规划展览馆完成 3.7 亿元投资计划；确定了珠海大剧院运营管理和机构，启动博物馆陈展施工。长隆国际海洋度假区、东澳岛伶仃海岸等重大旅游项目建成运营。

　　中国唯一建设在海岛上的歌剧院——珠海歌剧院于 2010 年 4 月 28 日动工建设，选址位于情侣路野狸岛海滨，凭海临风，选址独具特色。该项目规划用地面积 5 万 m²，总建筑面积约 5 万 m²，投资估算约 10.8 亿元人民币。图为 2013 年 12 月 29 日主体结构封顶。

　　近年来，珠海市基层文化设施建设力度大大加强，数量多且密集的文化设施推动了文化惠民项目与人民群众精神文化需求的有效对接。2010 年颁布实施了《珠海市人民政府关于建设文化强市的实施意见》（以下简称《意见》），《意见》全面阐述了珠海建设文化强市的重大意义、总体要求、目标任务和具体措施。2012 年，国家 4A 级景区圆明新园"还园于民"，由昔日被高高宫墙围筑的皇家园林转为市民公园，由过去珠海游客必去变成市民游客共享；市文化馆 2014 年 3 月投入使用，全年接待市民群众 50 万人次，开展各类活动和培训 123 次；梅华城市花园、大镜山社区公园等社区公园相继落成。2014 年，全市安排基层文化建设专项资金 1 300 多万元，与各行政区共同新建 100 个村居文化中心和 60 个社区文体公园。据悉，斗门区 124 个村（居）中已有 14 个村（居）完成建设任务，已有 44 个村（居）申报第二批村（居）文化中心扶持资金。2015 年 6 月珠海市印发了《珠海市基层文化设施建设专项资金管理办法》，将进一步有效地深化基础文化设施建设工作。表 7-7 为 2014 年珠海市文化领域财政支出。

　　以"新农村建设"为基础，为边远区镇的市民们送图书、送文化、送娱乐，基础文化设施力争文化共享全覆盖。在 2014 年上半年，珠海市的 266 个行政村（社区）中，已经有 233 个建有社区文化室、图书室（农家书屋），建成率为 87%。村（居）文体基础建设"五个有"建设任务还为珠海的村居文化设施建设打造规范化，有力改善文化建设不平衡的局面：每个村居有一个不少于 200 m² 的综合文化活动室，有一个农家书屋或社区书屋，有一个不少于 500 m² 的文体广场，有一个文化信息共享工程服务网点或电子阅览室，有一个宣传橱窗或阅报栏，同时要配置必要的文化活动和体育健身器材。

表7-7　2014年珠海市文化领域财政支出

单位：万元

序号	项目内容	经费数额
1	文保专项经费	1 500
2	社会科学研究和奖励经费	200
3	基层文化设施建设	400
4	文艺创作扶持和奖励资金	900
5	市图书馆图书采购专项经费	500
6	市文化产业发展专项资金	2 000
7	文化产品采购资金	1 000

（2）文化活动丰富多彩

珠海历史人文资源丰富，珠海市组织发掘了高栏岛宝镜湾遗址等一批本地历史遗存，修复开放了一批历史名人故居。设立珠海市非物质文化遗产保护中心，建立市、区、镇三级非遗名录保护机制。先后召开 "中国留学文化" "珠海、澳门与近代中西文化交流" 等一系列国际学术研讨会。实施《珠海历史文化书系》编撰工程，出版《容闳传》等文史类著作。以城市非物质文化遗产为依托，打造出元宵节民间艺术大巡游、中秋节对歌会、端午节龙舟赛等节庆传统文化活动品牌。

现代大型文化活动丰富多彩，熔铸城市旅游品牌，包括国际航空航天博览会、珠海 WTA 超级精英赛、中国国际马戏节、国际沙滩音乐节等国际性文化活动，带动珠海城市形象走向世界。

专栏 7-12　珠海市文化活动丰富，提升城市 "品牌效应"

中国（珠海）航展是中国唯一由中央政府批准举办，以实物展示、贸易洽谈、学术交流和飞行表演为主要特征的国际性专业航空航天展览，是世界五大最具国际影响力的航展之一。1996 年成功举办首届航展，现已发展成为集贸易性、专业性、观赏性为一体的，代表当今国际航空航天业先进科技主流，展示当今世界航空航天业发展水平的盛会，跻身于世界五大航展之列。第九届航展上，共有 39 个国家和地区的近 650 家中外航空航天厂商参展，参展的各种飞行器实物超过 100 架。

2014 年珠海举办国际半程马拉松赛，吸引了 24 836 名来自 17 个国家和地区的长跑爱好者参加。全市体育健儿在国内外重大比赛中均有获奖，世界杯比赛 1 枚金牌，世锦赛 1 枚银牌，亚洲锦标赛 1 枚金牌，全国级比赛：金牌 17 枚、银牌 9 枚、铜牌 6 枚。

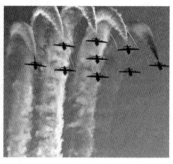

（3）信息化建设较完善

信息化建设是信息时代城市文化的重要载体，信息化建设一直以来都是珠海市的重点工作，早在 2003 年就出台了《珠海市信息化建设规定》。自 2013 年入围首批国家"智慧城市"试点，珠海市"智慧城市"建设取得新成果，基本建成区域医疗"一卡通"、智慧交通等重点项目。完成智慧城市云计算平台规划。市民个人网页和企业专属网页用户分别超过 60 万和 14.4 万。12345 综合服务热线增加了微信和网站服务新功能。"政民通"系统覆盖 94 个社区。加快推进信息基础设施建设，新建 3G/4G 基站 8 200 多座、Wi-Fi 热点近 7 000 个，完成光纤接入用户超过 20 万户，光纤入户率超过 41%，居全省第二。

7.2.3.3　文化教育实力较强

（1）教育资源名列前茅

珠海市共有 248 所幼儿园、114 所小学、65 所普通中学、2 所特殊教育学校、8 所中等职业学校、10 所普通高等院校，在校学生达 40 多万人。全市共有 27 所幼儿园被评为市一级幼儿园，目前珠海市有省一级幼儿园 26 所、市一级幼儿园 88 所，优质幼儿园比例达 44%。作为广东省第 2 大高校聚集地，2014 年珠海市普通高校全日制在校生 13.7 万人，毕业生 3 万人。高校设置专业主要包括：计算机信息技术、车辆工程、生物技术、艺术设计、旅游管理等，具备一定的科研创新能力。图 7-12 为北京理工大学珠海学院。

（2）教育综合改革不断深化

2015 年 8 月珠海市人民政府印发《珠海市深化教育综合改革提升基础教育发展水平三年行动计划（2015—2018 年）》。①优化教育管理体制，进一步明晰市和区在基础教育管理上的权责。②深化办学体制改革，促进基本公共教育服务均等化，通过组建教育集团、中小学（幼儿园）联盟、学校协作体等多种途径，显著缩小区域之间、城乡（海岛）之间、校际之间的教育质量差距。③深化教育人事制度改革，实施中小学校长职级制，优化校级领导选拔聘用机制，完善中小学教师绩效工资制度，加强校长和教师培训与交流，促进教师专业发展，全面提升教师队伍整体素质。④加强智慧教育建设，实现"粤教云"应用学校全覆盖，中小学校教育信息化水平处于全国前列。⑤全面实施素质教育，探索全人教育，促进学生身心健康成长，进一步提高教育质量，不断提升珠海市教育现代化水平和人民群众对教育的满意度。

图 7-12　北京理工大学珠海学院

专栏 7-13　珠海校园 "多样化" 的素质教育

2015 年，珠海市学生体育艺术教育联合会在珠海市体育运动学校成立。作为群众性学生体育、艺术教育社会组织，该联合会将是党和政府联系学校体育、艺术教师和体育、艺术教育工作者及广大青少年学生的桥梁和纽带，同时也是发展学校体育、艺术教育事业的平台。市学生体育艺术教育联合会成立后，通过政府职能转移与政府购买服务项目的方式开展活动，开展学校体育、艺术教育研究和学术交流活动，研究制定长远发展愿景；将加强与国内外学生体育、艺术组织的联系，开展交流，为素质教育搭建良好平台。

为增强学生体质，发展艺术特长，推动学生"阳光 60 分大课间"活动，香洲区教育局充分利用"阳光体育大课间"这一载体，在全区中小学中开展了"大课间校校展"活动，并将形式多样的呼啦操、跳大绳、棒垒球、武术等引入校园体育大课间活动中，丰富了校园阳光体育的整体发展。

7.2.4　生态文明意识现状

7.2.4.1　生态文明创建逐步成型

通过划分市、区和乡镇 3 个层次的任务与内容，构成"三位一体"的生态文明建设体系（图 7-13）。市级层面：建立生态文明建设的组织协调机构，加强组织领导和部门协调，明确各部门所承担的任务，督促各部门建设任务的落实。根据珠海生态文明建设存在的问题，确保建设规划的有关内容纳入相关规划中。制定珠海市环保工作的政绩考核内容和考核机制，检查各区政府及各经济开发区的环保机构建设情况、环保工作的政绩考核内容和考核机制。负责国家环保模范城市考核，并指导、落实、督促各区完成生态区建设规划，并获命名。制定全市总量控制、节能减排、重污染行业治理、清洁生产企业名录、禁燃区划定、水源地保护、生活垃圾及固体废物处理等一系列规划、实施保障制度。统筹安排全市生态文明建设的重大任务及资金分配，负责区域生态安全格局的优化及重要生态廊道的建设。区级层面：制定各区的生态建设规划，并报区人大审议、颁布实施。建立健全区级环保机构，将环境保护工作纳入乡镇党委、政府领导班子实绩考核内容，并建立相应的考核机制。在制定各区国民经济和社会发展中长期规划、土地利用规划、城市总体规划及其部门规划过程中，提出相关规划需要协调和解决的问题，确保生态建设规划的有关内容纳入相关规划中。落实创建全国环境优美乡镇，并指导创建活动的开展。牵头负责生态市建设的组织协调机构，加强组织领导和部门协调，明确各部门所承担的任务，督促各部门建设任务的落实。完成市政府下达的节能减排任务。确保辖区内无较大环境事件，及时解决群众反映的各类环境问题，确保外来入侵物种对生态环境未造成明显影响。乡镇（村）层面：以乡镇为建设重点，进行小城镇的绿化美化及区镇级公园建设，并全面带动乡村绿化，推动城乡绿化一体化向纵深发展。加强农田林网和农林复合生态系统建设，形成以农村道路绿化和生态片林为主的农田防护林体系和生态隔离带。通过工业入园行动，优化乡镇企业的布局, 对资源消耗型和污染严重型企业实施限制治理或强制关闭等措施。以社会主义新农村建设和农村生态环境整治为重点, 形成一批具有经济活力和生态魅力的新农村。加强农村污水处理, 根据人口、生活污水规模建立小型集中生活污水处理设施。建立农村生活垃圾分类收集机制, 提高城镇生活垃圾分类收集率和无害化处理率, 并通过沼气池产生沼气、制作绿肥等措施实现就地处理。

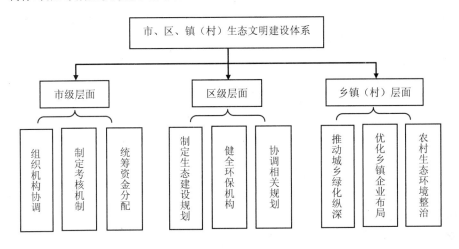

图 7-13 市、区、镇（村）生态文明建设体系

2014 年 3 月 1 日, 珠海市正式实施广东省首部生态文明建设条例《珠海经济特区生态文明建设促进条例》, 对珠海市在主体功能区管理、生态经济、生态环境、生态人居、生态文化和保障措施等 6 方面进行全面部署。6 月, 珠海市创建国家生态市通过环保部技术评估。8 月, 珠海市率先印发《珠海市生态文明体制改革工作方案》, 计划用 6 年时间推进31 项改革措施, 全面深化生态文明体制改革, 确保建立完善的生态文明建设制度体系和指标体系。11 月, 珠海市创建国家生态市通过环保部考核验收, 环保部专家组盛赞珠海市生态文明建设工作取得的阶段性成果。

2014 年, 逐步建立起具有珠海特色的生态文明建设制度体系。珠海市生态文明体制改革重点是以 "率先全面建成小康社会" 完善生态文明体制机制。结合生态文明建设要求和珠海市实际, 逐步完善生态文明建设制度, 推进珠港澳环境保护合作等方面的改革创新。"三个创新平台": 全面发展生态经济, 全面建设生态宜居城市, 全面繁荣生态文化, 打造环境宜居建设平台和全民生态自觉的公共参与平台, 推进生态经济示范区、特色生态农业、新农村建设等进行改革。表 7-8 为珠海市生态文明教育示范基地和环境教育基地名单。

表 7-8　珠海市生态文明教育示范基地和环境教育基地名单

序号	地区	基地名称	单位名称	主管单位名称	备注
1	香洲区	珠海市环境保护监测站	珠海市环境保护监测站	珠海市环境保护局	珠海市环境教育基地 珠海市生态文明教育示范基地
2	香洲区	珠海市农业科学研究中心	珠海市农业科学研究中心	珠海市海洋农渔和水务局	珠海市环境教育基地 珠海市生态文明教育示范基地 广东省环境教育基地
3	香洲区	珠海力合环保有限公司	珠海力合环保有限公司	珠海力合股份有限公司	珠海市环境教育基地 珠海市生态文明教育示范基地
4	香洲区	珠海威立雅水务污水处理有限公司	珠海威立雅水务污水处理有限公司	珠海市海洋农渔和水务局	珠海市环境教育基地 珠海市生态文明教育示范基地
5	香洲区	珠海市城市排水有限公司拱北水质净化厂	珠海市城市排水有限公司拱北水质净化厂	珠海市海洋农渔和水务局	珠海市环境教育基地 珠海市生态文明教育示范基地 广东省环境教育基地
6	香洲区	珠海市博物馆	珠海市博物馆	珠海市文体旅游局	珠海市环境教育基地 珠海市生态文明教育示范基地 广东省环境教育基地
7	香洲区	珠海市粮食储备库	珠海市粮食储备库	珠海市发改局	珠海市环境教育基地
8	斗门区	斗门生态莲江旅游开发有限公司	珠海市斗门生态莲江旅游开发有限公司	珠海斗门区莲洲镇莲江村	珠海市生态文明教育示范基地
9	金湾区	红旗镇文化广场	红旗镇文化广场	珠海红旗镇经济建设办	珠海市生态文明教育示范基地
10	横琴区	横琴新区规划建设展示厅	珠海大横琴投资有限公司	珠海横琴新区管委会	珠海市生态文明教育示范基地
11	珠海市高新区	广东珠海淇澳—担杆岛省级自然保护区管理处	广东珠海淇澳—担杆岛省级自然保护区管理处	广东省林业厅/珠海市市政园林和林业局	珠海市环境教育基地 珠海市生态文明教育示范基地 广东省环境教育基地

7.2.4.2　社会参与较活跃

2014 年，珠海市制定《珠海市志愿服务制度化建设实施意见》，创新推出志愿服务招募注册、培训管理、保险等八项志愿服务制度。建成"珠海志愿时"综合管理信息注册系统，实现志愿服务组织、志愿者、志愿服务项目"点对点"的信息交流和对接，注册志愿者 21.6 万人，注册团队 601 个，平均每天有 10 个新项目在发布和招募，总考勤志愿服务时数超过 54 万 h。其中各种社会绿色社团达 148 个，环保志愿者队伍不断壮大，人数已经超过了 7 万人，环保志愿者已经成为珠海市生态文明建设不可或缺的力量。成立全国首个公益学院，实现志愿服务标准化、专业化、系统化培训。完成主城区 122 个社区志愿服务站点建设，实现社区志愿服务站、队网络全覆盖，并在全市 22 家单位设立 243 个党员志愿服务窗口。

7.2.4.3　生态文明创建活动多样

2014 年，珠海市组织正能量电影公益放映、唱响社区主题文化活动、原创微电影大赛、"节俭养德"全民节约行动、文明礼仪系列培训等活动，举办端午赛龙舟、烈士纪念日公祭等"我们的节日"主题活动和重要纪念日纪念活动。坚持创文为民惠民。免费开放"圆明新园"和主城区 132 座社区特色公园，全面推进老旧小区、老旧街巷和农贸市场内外环境的升级改造，把主城区内 300 多个老旧小区改造列入"创文惠民"重点工程。开展文明餐桌、文明交通、文明旅游、文明公厕等文明城市创建活动。开展网络文明传播，建立"文明珠海"微博，开发"文明珠海"手机客户端，珠海文明网和珠海市网络文明传播工作在 2014 年度前三季度全国考评中，在 148 个联盟网站中均位列全国前十名。

珠海市生态文明宣教工作扎实，全民生态文明意识强。珠海市开展形式多样、内容丰富的生态文明宣教活动，全面培育生态文化。邀请北京大学专家为政府机关授课培训，为市民举行专题讲座；多次组织开展了环保先锋夏令营、绿色学校和绿色社区创建、组织市民群众参观生态文明示范基地、生态旅游等活动，在学校、社区全面普及生态文明知识。

7.2.5　对外开放现状

7.2.5.1　经济合作频繁

对外经济贸易是城市国际沟通的基础，城市的经济国际化程度是走向国际化的必要条件。珠海作为经济特区，国际贸易起步较早，贸易总量较大，2014 年外贸进出口总额 549.98 亿美元；对外经济依存度较高，为 88.83%，高于广州、中山、东莞等城市；对外贸易关系建立时间长，国际贸易伙伴多元，包括美国、欧盟、日本、东盟、韩国、俄罗斯等国家及地区。

（1）对外贸易总量逐年上升

2014 年完成外贸进出口总额 549.98 亿美元（图 7-14），增长 1.3%。其中，出口 290.54 亿美元，增长 9.3%；进口 259.44 亿美元，下降 6.3%。进出口顺差（出口减进口）31.1 亿美元，比上年（逆差 10.97 亿美元）增加 42.07 亿美元。在中国海关公布的《2014 年中国外贸百强城市》名单中，珠海市以 76.5 分位列综合竞争力第 5 名，较 2013 年上升 1 位，仅次于深圳、上海、苏州和东莞 4 市。

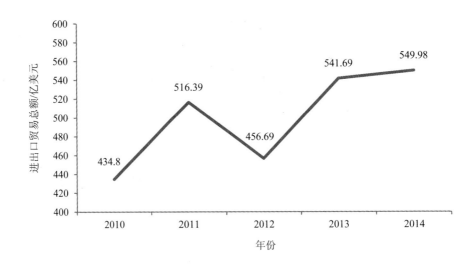

图 7-14 2014 年珠海市进出口贸易额变化

珠海市与多个国家和地区建立了贸易关系，出口额大幅增加，受中韩自贸协定的影响，2014 年，珠海对韩出口额增长 114.4%，达到 6.07 亿美元（表 7-9）。珠海市还在海外积极设立海外联络机构，加深贸易关系，目前已经在墨西哥、西班牙和澳大利亚等地设立了海外联络处，将有效推广珠海的商业合作。

表 7-9 2014 年珠海市对主要国家和地区进出口额及增速

国家和地区	出口额/亿美元	比上年增长/%	进口额/亿美元	比上年增长/%
美国	54.75	−4.1	12.43	1.0
中国香港地区	63.17	0.5	1.81	−35.1
欧盟	40.62	8.5	11.29	−29.0
日本	16.62	−14.3	14.51	−19.3
东盟	33.32	1.3	25.69	−11.5
韩国	6.07	114.4	11.83	−35.3
俄罗斯	3.59	22.9	0.65	−57.1

（2）国际经济紧密程度高

珠海是"21 世纪海上丝绸之路"沿线的重要港口之一，掘金"一带一路"，珠海企业"走出去"参与国际竞争已成为新常态。珠海成立经济特区较早，对外贸易频繁，对外经济依存度较高，为 88.83%（图 7-15），处于全国领先地位。

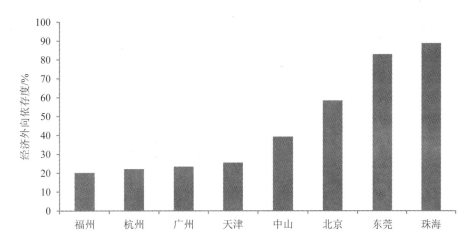

图 7-15　珠海市经济外向依存度对比

　　截至 2014 年年底，全市累计批准外商直接投资项目 12 080 个，合同吸收外资 357.46 亿美元，实际吸收外资 212.67 亿美元。全年新增非金融类境外投资项目 45 个，协议中方投资总额为 7.2 亿美元，同比增长 293.0%。对外承包工程完成营业额 474 万美元；对外劳务合作新签劳务人员合同工资总额 1.1 亿美元，劳务人员实际收入总额 2.26 亿美元；承包工程和劳务合作年末在外人员共 2.58 万人。

7.2.5.2　国际文化交流逐年增多

（1）珠海会展国际化水平高

　　珠海会展业迈向专业化、规模化、国际化。从国际打印耗材展、中国国际游艇展，到沃尔玛新年准备会议，正式运营不到一年来，珠海国际会展中心"搭高枝引来金凤凰"效应叠显，已累计举办展会 16 个，展出总面积超过 126 万 m²，参观观众近 43 万人次；累计接待会议活动 112 个，接待会议场次 486 场次，接待与会嘉宾近 11 万人次。而后续的一系列密集排期显示出，随着更多的国际化、专业化展会落户珠海国际会展中心，珠海正迈向迅速崛起的南中国会展新高地，珠海会展在专业化和国际化道路上将进一步纵深发展。

　　会展业力促城市间合作。珠海国际会展中心已与香港亚洲国际博览馆签订了战略合作协议，联合推出"一会两地""一展两地"博览计划，双方优势互补，共享宣传资源及客户资源，积极促进人才交流与培训，共同努力擦亮区域新名片。一年来，借助粤港澳深度合作契机，珠海国际会展中心一马当先，成为区域融合先行者，积极寻求珠港澳三地会展业的融合发展，开拓了"一程多站"式会展模式。珠海国际会展中心相关负责人称，港珠澳大桥即将建成通车，三地的联系会更加紧密，共建优质生活圈以及国际都会区也将成为三地共同的梦想，助力粤港澳融合，会展业冲在了最前面。

会展业上下游企业融合共同。珠海国际会展中心投入运营以来,珠海市区范围内近 30 家会展公司相继成立,11 家会展企业在横琴提前布局。平台的力量凸显,珠海会展业上下游企业的羽翼正逐渐丰满,整个产业在珠海国际会展中心的带动下,已呈现出集群式发展态势。珠海华发中演大剧院 2015 年迎来 10 万观众,从《图兰朵》到《人鬼情未了》,从祖宾·梅塔到小野丽莎,从捷克布拉格交响乐团到古巴国家芭蕾舞团,来自世界 20 多个国家和地区的艺术家和团体先后亮相珠海,会展中心成为本地人民精神生活的艺术高地和城市文化魅力的光彩焦点。

专栏 7-14　珠海国际会展中心助力珠海打造中国最佳会展目的地

珠海国际会展中心由珠海华发集团投资建设,位于珠海十字门中央商务区湾仔片区,占地面积 26.9 万 m^2,一期总建筑面积约 70 万 m^2,是国内首屈一指的集展览、会议、酒店、剧院、音乐厅、甲级写字楼及配套商业于一体的大型会展综合体,是珠海城市和产业转型升级的重要支撑。珠海国际会展中心正是创新的产物。作为十字门中央商务区的核心项目,珠海国际会展中心的投资建设率先采用了创新的 PPP 模式,在短短四年内即完成了 70 万 m^2 的专业场馆建设,被业界赞为"十字门奇迹"。

国际会展中心 2015 年累计举办大型展览 16 个,展出总面积近 126 万 m^2;累计接待会议活动 100 多个,其中千人以上的会议接近五成;成功接待世界零售业巨头沃尔玛的新年准备会议,经受住了万人规模的"会议+展览+餐饮"综合"大考";豪取包括"2014 最受欢迎国际会议中心"在内的 7 个会展业专业奖项,获得业内广泛认可……试营业仅仅半年,珠海国际会展中心亮出的一系列耀眼成绩单令世人刮目相看。

（2）国际旅游规模逐年上升

珠海市旅游人数平缓上升,国际旅游收入保持稳定。2014 年接待入境旅游人数 460.43 万人次,增长 15.5%。其中,外国人 68.24 万人次,增长 10.3%;香港、澳门和台湾同胞 392.19 万人次,增长 20.8%。在入境旅游人数中,过夜游客 292.34 万人次,增长 11.1%。

国际旅游外汇收入 9.32 万美元, 增长 11.2% (表 7-10)。

表 7-10 2010—2014 年珠海市入境旅游情况

年份	入境旅游人数/万人	入境外国人数/万人	国际旅游外汇收入/万美元
2014	460.43	68.24	9.32
2013	398.65	57.92	8.38
2012	438.18	65.25	9.5
2011	451.68	70.93	10.67
2010	448.46	68.34	12.23

整合珠港澳旅游资源, 打造国际旅游形象。珠海与香港、澳门在旅游行业方面的合作由来已久。早在 2006 年, 珠澳两地旅游部门就签署了合作备忘录。澳门、珠海、中山的旅游资源进行整合, 以 "大香山" 文化为依托, 宣传推广珠澳旅游形象, 并开发了包括中珠澳美食之旅、香山文化之旅、中西历史文化之旅、节庆盛事游、都市风情游等多条 "一程多站" 旅游线路, 进行大力推广, 目前已经成为市场操作较为成熟的线路。

多年来, 澳门、珠海、中山三地旅游局共同赴日本、韩国、葡萄牙、加拿大、马来西亚等国外客源市场挖掘商机, 以及在长沙、郑州、武汉等国内高铁沿线城市均举办了联合推介会。此外, 澳门旅游局在海外设有 20 多个办事处, 每年 6 月, 办事处代表们均回澳参加市场年度会议。经过珠海旅游局与澳门旅游局协商, 每年借此机会珠海旅游局都邀请代表们到珠海考察最新的旅游项目, 借助澳门旅游局驻外办事处的力量, 吸引更多的海外游客来珠休闲、度假, 并通过他们在国际旅游市场上宣传珠海卓越的旅游形象。

(3) 教育对外交流频繁

珠海市对外教育交流活动日益频繁, 合作领域进一步深化。基础教育、高等教育和职业教育与国外先进地区交流频繁, 海外留学生交流人数上升, 教育交流活动丰富多样, 搭建国际交流平台。积极打造珠海留学生节, 吸引海归人才回国创业, 搭建中外文化交流平台, 推动高端项目落户珠海。组织留学生夏令营, 通过策划各式文化活动, 国外师生充分体会了岭南民俗文化, 提升了汉语水平, 活动目前已经吸引了全球 15 所高校 80 余名师生的参与。珠海市依托高校的资源积极与新加坡、英国、德国、乌克兰、加拿大等优质教育资源签订战略合作协议, 通过选派学生实习、研究生预科项目、博士后交流、网上远程学习等方式加强了双方交流与合作。

专栏 7-15　珠海留学生节打造服务海外学人新名片

第二届留学生节暨 2014 海外学人回国创业周在珠海国际会展中心闭幕。为期 3 天的第二届留学生节共举办了 12 项精彩活动，吸引了约 1 000 名海外学人齐聚珠海，有效推动海归人才回国创业、高端项目落户珠海，也成功打造了中外文化交流的良好平台。

留学生节定位为"打造海归人才创业归谷、高端项目聚集热土、中外文化交流平台"，邀请到众多"重量级"嘉宾与广大海归青年面对面交流。小米"教父"雷军在 12 月 5 日的开幕式上做主题演讲，分享了他的"梦想之路"，凤凰卫视首席主播吴小莉与雷军面对面展开"青春励量"访谈；北京启明星辰信息技术股份有限公司 CEO 严望佳与高智发明中国区总裁严圣做客海归创业论坛主讲"创业经"，鼓励海外学人把握大好时机回国创业、实现梦想。组委会还通过多种形式的文化交流活动，既向世界展示了珠海作为容闳故乡、中国近现代留学教育发祥地的良好形象，也搭建了海外学人交流互动、合作共享的良好平台。

7.2.5.3　政府国际合作密切

（1）创建中欧低碳生态城市，拓展国际合作

2015 年珠海成功入选"中欧低碳生态城市合作项目"综合试点城市，以此为契机，珠海政府与欧盟方面开展多方面国际合作，合作领域涉及城市紧凑发展规划、清洁能源利用、绿色建筑、绿色交通、水资源与水系统、垃圾处理处置、城市更新与历史文化风貌保护、城市建设投融资机制、绿色产业发展等 9 大领域。通过对接中欧在可持续城镇化相关政策、技术领域的合作研究、示范与经验共享，提高建设低碳生态城市、实现城镇可持续发展的能力。

（2）对接"一带一路"战略，打开合作渠道

国家《推动共建丝绸之路经济带和 21 世纪海上丝绸之路的愿景与行动》计划中，明确提出要充分发挥珠海横琴等开放合作区作用，横琴将充分利用毗邻港澳的区位优势和自贸试验区的创新优势，有效对接国家"一带一路"战略，建立与葡语系国家贸易合作机制。

围绕三方面开展制度创新，构建跟国际投资贸易通行规则相衔接的制度体系；金融体制改革创新；推进粤港澳的服务贸易便利化，促进多方交流，进一步打开合作渠道。

7.3　生态文明"软实力"问题诊断

"硬实力突出，软实力薄弱"是当前我国城市竞争力结构的突出特点，也是制约珠海进一步生态文明创建的瓶颈之一，本章结合生态文明试点的创建要求，对珠海市的生态文化、生态生活、社会创新和生态文明意识等方面进行了论述。

7.3.1　创新能力短板

珠三角是中国工业发展的排头兵，但是在创新能力方面总体不足，在研发经费投入、专利数量和高新技术产业增加值等方面都落后于世界先进地区。长期以来珠海的城市创新能力存在短板，根据《全球城市竞争力报告2009—2010》的研究，珠海在创新资源、创新机构、创新环境和创新产出上与世界先进城市差距较大，也落后于珠三角其他先进城市。2010年珠海教育指数为0.44，仅为新加坡的40%左右；科技公司指数、专利指数和跨国公司指数都落后于广州、深圳等邻近城市。图7-16和图7-17为珠海市与其他城市在创新指数和专利授权量的对比情况。

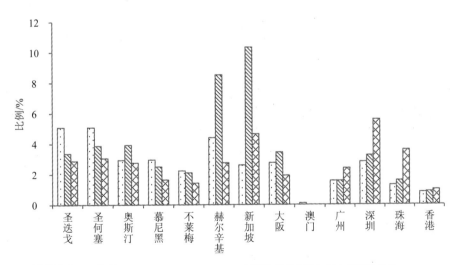

图 7-16　珠海市创新产出指数对比

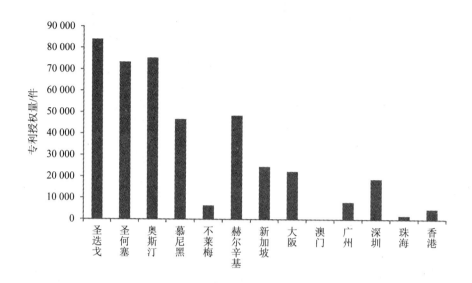

图 7-17　2010 年珠海市专利授权量对比

近几年社会创新成效显著，2013 年，珠海全社会 R&D 经费投入超过 40 亿元，占 GDP 比重达 2.55%，刚好达到国际创新型城市 2.5% 的指标，排名仅次于深圳；每百万人口拥有研发人员和每百万人口发明专利申请量居于全省第二；连续第 7 次被评为"全国科技进步先进市"；高新技术产品产值预计达到 1 800 亿元，增长 12%，占规模以上工业总产值比重达到 52%，科技助推产业转型升级成效明显。2014 年上半年，珠海市专利申请数和授权数为 3 863 件和 3 006 件，同比增长 28.17% 和 19.43%，在珠三角九市中分别排在第一和第二位。

珠海市制冷、信息技术和打印耗材方面产业技术创新突出，处于全国前列。统计表明珠海市专利申请量飞速增长，从 2000 年的 509 件增长到 2012 年的 6 747 件，增长了 11 倍；其中发明专利由 58 件增长到 2 200 件，增长了 38 倍。发明专利所占的比率由 11% 逐年增加到 33%，实用新型专利近年来稳定在 49% 左右，外观设计专利由 53% 逐年下跌到 18%。

图 7-18 和图 7-19 为 2014 年珠海市与广东省其他城市在专利授权量和每百万人授权专利数对比情况，表 7-11 为 2000—2012 年珠海市发明专利申请 IPC 分布。

珠海近几年在社会创新上取得了较大成果，但在产业创新、科技创新支撑和创新平台搭建上仍然问题严重。

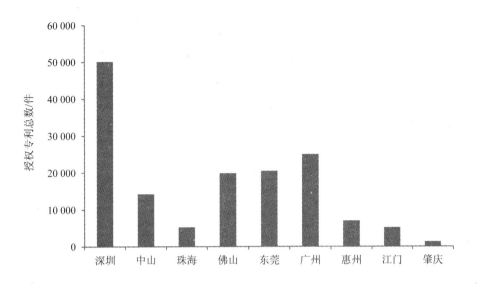

图 7-18　2014 年珠海市专利授权量对比

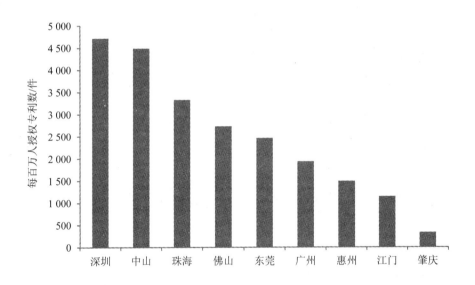

图 7-19　2014 年珠海市每百万人授权专利数对比

表 7-11　2000—2012 年珠海市发明专利申请 IPC 分布

排名	IPC 大类	发明专利申请量/件	比率/%	IPC 分类说明
1	F24	795	11.10	供热、炉灶、通风
2	G06	633	8.90	计算、推算、计数
3	A61	426	6.00	卫生学、医学
4	H04	408	5.70	通信技术
5	H01	321	4.50	基本电气元件

排名	IPC 大类	发明专利申请量/件	比率/%	IPC 分类说明
6	B41	317	4.40	印刷、排版、打字
7	G01	297	4.20	测量、测试
8	H02	292	4.10	发电、变电
9	G03	278	3.90	摄影术、电影术
10	F04	215	3.00	液体变容式机械

7.3.1.1 创新平台服务成效不足

（1）发展目标未能精确定位

与深圳前海和广州南沙的创新区规划对比，珠海的产业发展定位过宽，特色不够突出，区域间在定位目标和发展重点上过多重合，存在一定程度的功能替代和同质竞争问题。从发展内容上看，重点发展的产业至少有五种，区域内的产业之间缺少关联度，没有形成产业之间的配套关系，技术和信息等方面的资源就无法共享。这种有限性会迫使各产业间互相挤压，争夺资源，规模经济也难以产生。

（2）创新制度安排未能与港澳协调一致

目前珠海已经规划了横琴创新产业的总体规划，但目前制度尚缺乏系统性安排，具体工作由哪些部门哪些人员主要负责，何时完成，也没有明确规定，与之相应的实施细则具体要求也迟迟未出，造成政策缺乏一致性和稳定性。粤港与粤澳间虽已分别签订了《粤港合作框架协议》与《粤澳合作框架协议》等合作文件，但目前所签署的这些框架协议的合作制度以及由此建立起来的联席会议都还只是形式，没有真正起到推动三地融合的作用。

（3）配套管理还不够成熟

试验区仍存在"政企""政会"不分现象，政府过多地干预市场和经济领域，人为壁垒和限制使得区内人力、物力、资本、技术、信息等生产要素不能自由流通，有违自由市场原则。在政府职能的履行上，试验区政府在职能转变、从管理到服务的角色转换方面做得不够彻底，在市场监管和经济调控上力度不足，在公共教育、医疗卫生、社会保障、劳动就业等社会管理和公共服务职能的履行方面做得不够，不能形成良好的投资氛围，不能真正起到守夜人和支持者的作用。

7.3.1.2 产业创新能力有待加强

（1）小微企业创新能力不足

格力系企业（含珠海格力电器股份有限公司、珠海格力节能环保制冷技术研究中心有限公司等）发明专利的申请量达到 1 789 件，占全市总量的 25%；打印耗材企业（珠海天威飞马打印耗材有限公司、珠海天威技术开发有限公司、珠海赛纳打印科技股份有限公司、珠海艾派克微电子有限公司）发明专利申请量达 448 件，占全市总量的 6.3%。创新团队集中于格力电器公司、天威飞马打印耗材公司等核心企业，容易受到核心企业的制约，而数量众多的小微企业缺乏核心技术或未申请发明专利，不利于发展壮大。

（2）高校技术成果转化能力有待加强

由于珠海辖区内高等教育校区多为文科专业，且校区定位以教学为主，对科研重视程度不够，造成珠海辖区高校专利工作相对落后，发明专利申请数量低，对比中山市差距明显（表 7-12）。

表 7-12　2000—2012 年珠海、中山市高校发明专利申请情况

珠海高校	发明专利申请量/件	中山高校	发明专利申请数量/件
广东科学技术职业学院	24	电子科技大学中山学院	47
吉林大学珠海分校	15	中山火炬职业技术学院	37
北京师范大学珠海分校	5	中山职业技术学院	11
北京理工大学珠海分校	7	广东药学院中山校区	8
暨南大学珠海分校	2		
北京师范大学香港浸会大学联合国际学院	1		
合计	54		103

7.3.1.3　科技创新支撑不足

（1）科技服务行业缺乏规划

珠海市缺乏科技服务机构发展政策法规体系完善的规范，政府职能依然没有实质性转变，更多地充当一个领导者和决策者的角色，而不是一个协调者。在业已形成的科技政策体系中，还没有针对科技服务体系建设和发展的具体政策措施，从而导致市场秩序不规范，科技服务机构得不到应有的政策扶持和引导，大多数类型科技机构的法律地位、经济地位、管理体制、运行机制等还未得到明确。

（2）公共科技资源共享平台利用率低

支持科技服务业发展的公共科技基础条件平台相对不够健全，公共信息流通不畅。珠海拥有的公共科技资源共享基础平台包括科技文献支撑平台、科学仪器设备共享平台、科技成果公共服务平台、产学研合作信息平台、知识产权电子证据服务网、中小企业信息化服务平台等以公共科技资源为依托的服务平台。

（3）专业人才支撑偏弱

珠海市科技服务业从业人员的专业人才总量不足，且素质偏低。目前珠海市的科技服务人员素质与其工作要求还有很大的差距。2014 年广东省科技中介机构的调查结果显示，

在 28 家被调查机构中，从业人员中，拥有大专以上学历的人员达到 64.6%，其中博士 20
人、硕士 285 人，学士学位 885 人，博士学位比例非常低，仅 1%，严重缺乏科学家级人
物和领军人物。

（4）专业结构不合理，地域布局不均

各类科技服务机构的发展程度存在很大差异，发展规模和速度也相当不一致。科技咨
询服务机构、技术推广服务机构、技术检测服务机构和各类科技企业孵化器等机构发展较
快，但总体实力很弱。从事评估、法律咨询、审计、仲裁、风险投资、专利代理等业务的
机构发展很慢，不能满足产业发展的巨大需求。从地域分布来看，香洲区聚集了珠海市大
部分科技服务机构，且种类齐全，竞争力较强，斗门区和金湾区则发展得很落后，科技服
务机构数量极少，业务内容狭窄，服务范围也不如香洲区全面、专业。

7.3.1.4 人才聚集偏弱

2014 年年末 346 家高新技术企业从业人员达到 158 886 人。在从业人员中，归国人员
401 人，其中硕士以上 275 人，占从业人员的 2%。大专以上人员 69 092 人，占从业人员
的 43.49%，其中科技活动人员 43 630 人，占从业人员的 27.46%。

2014 年，根据对 28 家科技服务单位开展了典型性抽样调查：从业人员达 1 841 人，
平均每家机构拥有 66 人，超过全省平均拥有 50 人的平均水平。从业人员中，拥有大专以
上学历的人员达到 64.6%（图 7-20），其中博士 20 人、硕士 285 人，学士学位 885 人。

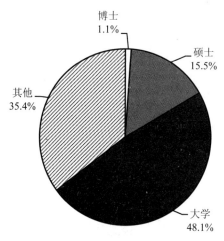

图 7-20 科技服务机构从业人员学历结构（2014 年）

高端科技人才难以在珠海扎根的原因主要有两个方面：一是相关科研机构本身经营管
理机制呆板，沟通方式欠缺效率，主导业务不突出，服务手段陈旧，市场意识淡薄，缺乏

核心竞争力。很多机构是从过去政府主导的事业单位改制而来,运作经营不规范,收入不高,很难形成对高端人才的吸引力。二是珠海整体社会环境不适合高端人才发展,教育、医疗滞后。很多人才,尤其是海归人员是因为孩子教育问题而离开珠海的。由于科研机构总数过少,有很大一部分机构都属于10人以下规模的微型机构,其中不乏从业人员只有1~2人的企业。这样的企业状况使得高端人才选择的机会过少。

7.3.2　生态生活短板

由于城市空间日趋饱和,拓展空间受限,基础设施不足,导致了交通拥堵的问题,严重影响了珠海市实现生态生活的目标。对照生态文明示范市新指标,珠海市生态生活方面仍有部分指标存在较大的差距。

7.3.2.1　绿色交通面临压力

(1)车辆增加,交通拥堵加剧

车辆保有量快速增加,交通压力凸显。近年来珠海市机动车数量平均年增长速度高达10%以上,截至2015年5月,珠海市机动车保有量超过42万辆,其中珠海市区29.7万辆,同时还有8万辆长期在珠海市行驶的外地车、港澳两地车。目前中心城区的拥堵程度为轻度拥堵,总体可控,但随着机动车保有量的快速增长,如不尽快采取有效措施,交通拥堵程度有加剧的可能。

"十二五"期间,根据2013年调查数据,中心城区主要道路平均车速23 km/h,较2010年综合交通大调查时期的平均车速(26~30 km/h)下降了12%~23%,表现为高峰时间主要道路拥堵严重。图7-21为2013年珠海中心城区主要道路晚高峰平均车速。

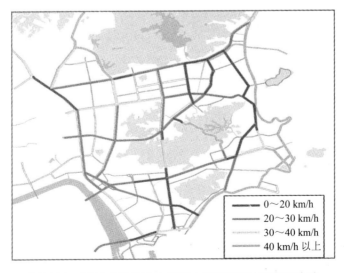

图 7-21　2013 年珠海中心城区主要道路晚高峰平均车速

（2）高速路网尚未成形，西部带动作用弱

珠海在珠三角总体规划中的定位是，珠江西部中心城市、珠江西岸的经济带头作用，但由于现阶段高速路网缺乏珠江口东西岸的连通性，珠海市一直处于一个交通末梢的地位。交通运输地位较弱，直接影响区域辐射作用，限制了城市软实力的提升。

对外联系通道数量不均衡，与区域路网的连通性不足。区域一体化是未来发展的趋势，珠海与江门、中山陆地相连，但多年来与他们之间的路网连接没有形成完善的区域性路网，这已经影响到珠海的对外经济联系及其经济发展。

（3）市内东西交通板块间瓶颈突出，通行能力不足

珠海市 30 年来社会经济的发展，主城区与外部、特别是与西区的联系更加紧密，交通问题随之显现，存在"珠海特有的东西部两大板块交通瓶颈突出""各组团各板块内部交通的网络也不很完善"等问题，其中东西方向交通出行问题尤为突出。

市域东西向交通通行能力不足，中心城区南北向交通通道短缺，西区整体路网骨架缺乏，组团过境交通与组团内部交通在处理上难以分离，相互干扰。城市东西区联系通道，由于受到行政区划、山体的制约，十几年来始终只有依赖一条珠海大道（粤西沿海高速由于是收费的高速公路，承担的城市交通作用较小），珠海大道高峰时出现拥堵。

城市道路网络密度不合理，道路级配失调。新建城区的主干路比例较高，次要等级道路过少，已建成的老区，低等级的道路比例高，高等级的城市道路比例过低，道路级配的失调，导致老城区解决交通问题难度增加，刺激了新建城区沿主要道路两侧土地开发的规模。

（4）港口吞吐量持续上涨，环境风险增加

随着珠海高栏港等港口吞吐量持续增加，5 万 t 级石化码头建成投产，海域溢油事故风险、陆域储运事故风险、港口及其附近海域赤潮风险的管控压力大大增加。高栏国码作为全港唯一的集装箱危险货物作业场所，是环境分析防控的重中之重。

专栏 7-16　高栏中化珠海"6·30"空罐闪爆事故

2014 年 6 月 30 日下午 4 点 43 分，中化珠海仓储区南迳湾库区 TK2205 储罐发生闪爆，顿时明火、烟雾四起。15 min 后，在工作人员和消防队的喷淋降温下，明火被扑灭。

经调查，中化珠海石化储运有限公司委托施工单位河南中础建工集团进行改造 TK2206 罐管线项目时，因有一条管线经过 TK2205 罐体下方，与 TK2205 罐的氮气罐位置冲突，施工单位提出更改 K2205 罐氮气管线位置，中化珠海公司内部现场负责人未履行 TK2205 罐动火作业审批程序，即同意施工单位动火切割 TK2205 罐氮气管线，因 TK2205 储罐在清空混合芳烃物料后尚未彻底清洗，存有残留挥发的可燃气体，从而导致该罐闪爆。

（5）铁路运力与需求欠缺存在较大矛盾

客运方面，珠海是珠三角唯一没有规划及运行高铁线路的城市，与珠海市定位珠江口西岸核心城市不匹配。广珠城轨的性质与全国高铁系统均采用动车组，在设计施工时已考虑将来纳入全国高铁网的可能。但目前广珠城际轨道仅与广州南站之间衔接，长途出行的旅客需要通过广州南站进行换乘，珠海尚无始发的长途轨道客运线路。应广大市民呼吁，珠海市政府与广铁集团进行积极沟通，在珠海增开至省外的高铁线路，但仍有一些基本内容尚未达成一致。

（6）绿色交通发展存在的不足

一是绿色交通基础设施还有提升空间。一方面，城市绿色交通硬件设施还需进一步完善，表现在城市公共交通的运行环境亟须改善，慢行交通刚起步发展，智能交通建设和管理还比较落后等；另一方面，珠海市绿色交通的出行比重还不高，尤其是城市公共交通，与国际绿色交通城市相比尚有较大差距。

二是绿色交通的相关规划和措施缺乏整合。从绿色交通的范畴来看，尽管珠海市在各个板块已做了相应的规划，并出台了相应发展措施，但是各个规划之间缺少整合。绿色交通系统是一个综合性交通系统，需要在规划思想、交通车辆、交通方式、交通管理和政策体系等各方面采取一揽子政策措施，协调各个组成部分，达成有效衔接，紧密配合，发挥整体效能。

7.3.2.2　绿色人居建设尚存在差距

与生态文明示范市创建指标存在一定差距。珠海市大力发展绿色建筑，成效显著，但是要达到生态文明示范市的指标差距较大。生态文明示范市"指标 25：城镇新建绿色建筑比例"要求为 50%。根据珠海市提供的资料，珠海市 2014 年绿色建设完成约为 86 万 m^2，差距较大。

城市自然空间建设还有提升空间。2014 年珠海市中心城区该指标为 80.71%，对标国际国内标杆城市现状水平——新加坡 80%居民步行 10 min 可达公园、哥本哈根 96%的市民步行 15 min 可到达户外休闲区、温哥华大部分居民步行 5 min 可达户外开放空间。

7.3.2.3　绿色消费比例有待提高

与生态文明示范市创建指标存在一定差距。珠海市现阶段绿色消费的问题主要表现在数据不明，难以判断现状。节能、节水普及率家底不明。"指标 27：节能、节水器具普及率"要求东部地区≥80%，现在缺少本底数据，需开展摸底调查。政府绿色采购家底不明。"指标 28：政府绿色采购比例"要求≥80%，全市对绿色采购方面尚未开展统计，需开展摸底统计。

7.4　"软实力"建设目标与指标

7.4.1　主要目标

城市"软实力"是城市品牌和竞争力的重要标识，是城市科技创新力、文化感召力、社会凝聚力、国际影响力的集中体现，是提升珠海国际影响力和竞争力的根本路径，是解决当前珠海创新力不足、感召力不够、凝聚力不强、影响力不大问题的关键所在。"十三五"时期，提升珠海城市"软实力"将以推进社会创新为核心任务，大力弘扬特区生态文化，倡导全民生态生活，提高全民生态文明意识，抓好绿色创建，加强国际交流，快速提升珠海市国际竞争力和影响力。

7.4.2　指标

指标按照《关于印发〈生态县、生态市、生态省建设指标（修订稿）的通知》（环发〔2007〕195 号）和《关于印发〈国家生态文明建设试点示范区指标（试行）的通知》（环发〔2013〕58 号），并结合珠海特点研究确定主要指标和目标。生态文明软实力涉及指标12 项，其中 7 项基础指标、5 项特色指标（表 7-13）。

表 7-13　珠海生态文明软实力指标

分类	序号	指标名称	单位	现状值（2014）	2020 年目标值	指标类别
文化	1	党政领导干部参加生态文明培训的人数比例	%	—	100（100）	基础指标
	2	生态文明知识知晓度	%	60.6	≥85（≥80）	基础指标
	3	公众对生态文明建设的满意度	%	93.3	≥95（≥94）	基础指标
生活	4	节能、节水器具普及率	%	—	≥85（≥80）	基础指标
	5	公众绿色出行率	%	68.2	≥75（≥70）	基础指标
	6	城镇新建绿色建筑比例	%	15.8	≥52（≥50）	基础指标
	7	政府绿色采购比例	%	—	≥85（≥80）	基础指标
	8	城镇居民生活垃圾分类收集率	%	—	≥50	特色指标
科技	9	研究与发展（R&D）经费支出占地区生产总值比例	%	2.7*	≥4.0	特色指标
	10	每万人发明专利拥有量	件	22*	≥25	特色指标

注：2020 年目标值一列中，括号内的数据是 2018 年的目标（即国家生态文明建设示范区指标的目标值）。

* 珠海市 "十三五" 经济社会发展主要指标表中的数值，现状值为 2015 年，其余为 2014 年。

7.5　"软实力" 建设主要任务

7.5.1　实施创新驱动核心战略

7.5.1.1　鼓励创新发展

推进《珠海市实施创新驱动战略 "十三五" 规划》落实。抓住建设珠三角国家自主创新示范区重大战略机遇，以科技创新为核心，大力推进产业、金融、制度和文化创新，积极吸引、培养和聚集创新创业人才，依靠创新驱动快速发展珠海。到 2020 年，R&D 经费支出占 GDP 比重≥4%。

完善自主创新机制。全面落实中共十八届五中全会精神，以 "创新、协调、绿色、开放、共享" 五大发展理念为引领，大力实施创新驱动核心战略，努力打造珠江西岸先进装备制造业重要增长极，加速建成创新型城市，强化科技支撑。到 2020 年，力争规模以上工业企业研发机构覆盖率超过 25%。

7.5.1.2　深化企业创新

加快发展先进装备制造业。对接《中国制造 2025》国家战略，加快发展智能制造，落实智能制造实施意见和工作方案。牢牢抓住智能制造这个主攻方向，以机器人、智能家居为重点，打造格力国际智能制造园、国际机器人科技园、云洲智能无人船产业基地等。聚焦船舶与海洋工程、航空航天、轨道交通、新能源汽车装备等六大重点，依托高栏港打造沿江沿海装备制造产业带。到 2020 年，形成 1～2 个千亿级先进装备产业集群。

推进工业和信息化深度融合。统筹落实珠海市"互联网+"行动计划各项任务，力争在跨境电子商务、互联网金融、互联网创业、工业与互联网融合创新等方面有所突破。启动建设"珠海工业云"，促进大数据集成应用。鼓励格力电器等大型企业建设公共或私有云平台，促进企业生产管理智能化，支持制造企业开展 O2O、柔性制造、大规模个性定制等制造模式创新试点。到 2020 年，高新技术产品值占规模以上工业总产值比重≥58%。

推动新一轮技术改造。滚动实施技术改造三年行动计划，推广应用自动化、数字化、网络化、智能化、供应链管理等先进制造技术和管理服务，力促传统产业转型升级。积极帮助企业争取国家和省级技改专项资金，做好与广东省事后奖补政策的对接，争取珠海市更多技改项目获得广东省的支持。

7.5.1.3　搭建金融支撑平台

增强金融服务，推动技术创新。发挥金融创新对技术创新的助推作用，建立从实验研究、中试到生产的全过程科技创新融资模式，鼓励发展风险投资、天使投资等各类创业投资基金，探索建立股权众筹平台。继续做好"四位一体"融资平台服务，减轻企业融资门槛和成本。推广横琴国际知识产权交易中心运营模式，发展知识产权金融、科技银行、科技保险等新兴业态。

7.5.1.4　增强孵化能力

提高孵化器发展水平。以孵化器建设为中心，研发中介、技术转移、创业孵化、知识产权、科技咨询、会计法律服务等领域为重点，推动科技创新服务发展。落实科技企业孵化器用地政策，引导有条件的工业厂房、闲置楼宇转型成为各类孵化载体。推动华南理工大学现代产业创新研究院、清华科技园、南方软件园等有条件的孵化器申报国家级认定。顺应互联网时代创新创业需求，鼓励大学生创业孵化基地、高新技术创业服务中心等孵化器开辟创客空间。

完善中小创新企业服务。落实国家、省和市科技型中小企业创新资金。推动民营中小企业公共服务平台上线运行，实现科技成果转化、市场对接和大数据等功能。落实促进小升规、个转企实施意见，继续开展小微工业企业"幼狮计划"，整体提升中小企业创新能力。

7.5.1.5　创新社会管理平台

加快信息化建设，统筹智慧城市建设。建设高速、移动、安全、泛在的新一代信息基础设施，大力推进 4G 网络，积极布局 5G 网络。加快光网总体建设，建成全覆盖的城市无线宽带网络，"政府 Wi-Fi 通"覆盖公共服务场所。协调各通信运营商，推动宽带提速降费，制定移动通信基站布局规划，促进电信基础设施共建共享。继续推动"光纤入户"工程，提高全市互联网普及率和光纤入户率，扩大无线热点覆盖范围。统筹建设智慧城市，打造综合平台，成为珠三角世界级智慧城市群的重要一级。

继续简政放权，促进政府管理创新。不断深化行政审批制度改革，促进政府管理创新，提高行政效能，增强市场配置资源的基础性作用。进一步实施政府部门权力清单，减少政府的直接管制，压缩腐败空间，促进廉洁政府建设，降低经济运行成本，继续释放制度红利，为市场松绑、为企业添力。

7.5.2 弘扬岭南特色生态文化

7.5.2.1 保护传统文化

传承珠海海洋文化、特区文化和岭南文化。深入挖掘珠海的历史、民俗、饮食等地方特色文化，加强对古镇、古村落及非物质文化遗产保护和开发利用，举办特色文化活动。进一步加大媒体对外宣传，擦亮中国国际航展、国际马戏节等城市品牌。

保护珠海文化遗产，提升文化形象。继续做好文物的保护管理工作，保存好现有的文物遗存物，同时要加大保护与利用力度，举办"文物开放日"等活动，拉近市民与珠海文化的距离，提升珠海对外的文化形象。搭建粤港澳台四地非物质文化遗产项目合作交易的平台，积极举办专业知识讲座，开展特色群众文化活动，让市民近距离感受珠海特色的文化。

7.5.2.2 引导文化产业聚集

促进区域间合作。依托毗邻港澳优势，加强粤港澳三地合作，吸引港澳、国际资金的注入，引进先进的文化产业理念、技术、人才。利用大学园区丰富的人才资源，为文化产业提供一流的理论支持、人才支持、创意支持。将现有文化产业园区（V12 文化产业园和金地动力港等）成为创意人才再充电、再深造、职业培训的基地。到 2020 年，文化创意产业占 GDP 比例达到 8%。

推动文化产业跨界整合。推进"文化+科技""文化+旅游""文化+会展"等文化产业跨界合作，整合优势资源，推动影视娱乐业、数字内容业、文化旅游业等产业领域的拓展与成长。大力发展体育产业，促进体育消费，培育足球和网球等体育文化，继续办好 WTA 超级精英赛等赛事。

加强企业间交流与合作。整合国际及全国文化创意产业研究领域的人才资源，团结相关的产业协会、研究者、企业家和民间咨询机构，构建政、产、学、研一体，聚集文化、艺术、影视、传媒、动画、会展、设计、旅游、广告及传播科技等文化创意产业方面跨界合作的大平台。

7.5.2.3 完善文化设施建设

推进政策扶持，引导市场参与文化设施建设。完善珠海市文化设施建设，统筹好国有文化设施和民办文化设施规划。借鉴先进地区做法，鼓励民间力量投入到文化设施建设。到 2020 年每 10 万人文化艺术场、博物馆馆数≥0.70。

加强文化基础设施建设和管理，提升服务水平。进一步向公众开放公共空间设施场地和基本公共文化服务，开展更广泛形式的免费艺术培训（讲座），结合特色岭南、海洋与特区等文化内容，组织市民文化节等活动，提升珠海的"文化热度"。

7.5.3 倡导特区绿色生活

7.5.3.1 继续推进绿色交通

发展公共交通，缓解交通拥堵。提高常规公共交通系统的线网覆盖率，进行公交专用道的建设，大力推动现代有轨电车等新型快速公共交通系统的建设。推进公交专用道网络化建设，进行公交站台扩容，大力提升公交运能。继续推进珠海北站 TOD 土地开发项目建设，以公共交通为导向推进城轨站场周边土地的综合开发利用。推行换乘优惠体系，实施免费换乘或换乘优惠，远期建立新票价体系，消除换乘费用。到 2020 年，清洁能源公交比率达到 100%；TOD 模式周边开发率达到 2。

推进慢行交通建设，衔接城市交通"最后一公里"。整合现有公共绿地、旅游景点和开放空间，通过绿道串联城市景观，构建优美的慢行交通环境。培养市民绿色出行习惯，推行"市民 1 公里以内步行、3 公里以内骑自行车、5 公里乘坐公共交通工具"的出行方式。新建及改扩建城市主干道、次干道，设置步行道和自行车道；居住区、公共设施要配置足够的停车空间、方便的停车设施和公共自行车站点。到 2020 年建设慢行道占城市道路比例达到 90%，公交站自行车租赁点衔接率达到 75%。

完善城市发展布局，不断提升交通出行效率。注重城市各组团规划中职住平衡，内部增加具有吸引力、功能良好、适宜步行的高密度、紧凑发展的办公、居住和商业等混合功能综合体，通过增加生活性配套设施，减少不必要的跨组团交通，缓解城市中心城区的交通压力。形成 20～40 min 交通圈，即中心城内通勤出行时间平均不超过 20 min，新城到中心城出行时间平均不超过 40 min。

7.5.3.2 推行低冲击开发模式

以建设海绵城市为契机，完善公共设施建设，加强城市地下管线统一规划、建设、管理，有序推进综合管廊建设，提升市政设施的维护效率，提高城市综合承载力。进一步推进绿色建筑快速发展，全面实施绿色建筑标准，完善激励政策及综合性绿色建筑评估体系，全市范围内新建、改建、扩建的民用建筑全面执行绿色建筑一星或以上标准。到 2020 年，城镇新建绿色建筑比例达到 52%。

7.5.3.3 倡导绿色消费

制定推动生活方式绿色化的政策措施，引领生活方式向绿色化转变，全面构建推动生活方式绿色化全民行动体系。加强宣传低碳理念，改变生活习惯。举办宣传教育活动，提高市民在日常生活中的节约意识，推动日常生活加快朝着勤俭节约、绿色低碳、文明健康的方式转变，遏制攀比性、炫耀性、浪费性行为增长。引导绿色饮食，减少使用一次性餐具，鼓励餐饮企业对餐厨垃圾实施分类回收与利用。推广绿色服装，鼓励居民穿着符合环保标准或绿色服装标准的纺织品和服装。倡导绿色居住，鼓励选用节水器具、节能家电、鼓励居民利用太阳能等。借鉴先进地区，为城市垃圾回收企业提供相应政策优惠。发挥政府的行政力量，调动市场与群众的积极性，绿色消费达到 "市民得实惠、企业有利益、政府收成效" 的效果。到 2020 年，节能、节水器具普及率达到 85%。

倡导低碳办公，落实政府绿色采购。推行节约型机关、单位、公司作风，出台相关的规章制度，树立节能减排、节约办公的理念。在政府机构中率先执行绿色采购，将绿色采购纳入政府采购管理过程中，加快政府绿色采购法制化、体制化的进程；制定绿色采购标准，购买节能、环保的产品；公开绿色采购信息，完善监督机制，加强日常管理，逐步建立完善能耗定额管理制度和能耗统计体系，建立长效机制。到 2020 年，政府绿色采购比例达到 85%。

7.5.4 提高公众文明意识

7.5.4.1 加大宣传教育力度

争取设立全国生态文明指数珠海发布中心，设立 "珠海生态文明日"，积极发挥生态文明的示范作用，形成全民参与生态文明建设的良好气氛，形成生态文明珠海指数在全国乃至全球的影响力。组织社会活动，拓宽宣传教育途径。开展公益宣教活动、文艺义演、环保纪录片等多种形式的宣教活动，提高社会公众对生态文明建设和生态环境保护的重视和了解程度。开展 "绿色珠海" 等全民生态环保教育，推行世界环境日、地球日、湿地日、无车日、"清洁海岛"等主题活动。依托博物馆、展览馆等，完善生态文明教育设施，建设生态文明教育基地。制作印发《生态文明建设公民行为手册》，规范公众行为。

调动社会资源，宣扬生态文明理念。建立绿色生活服务和信息平台，培育生态环境文化，积极搭建绿色生活方式的行动网络和平台。编写并发放《生态文明建设干部读本》，在政府机关各网站设置生态文明建设栏目，举办生态文化大型宣传活动。多渠道完善公共传媒宣传先进事迹，激发民众参与示范市建设的积极性。到 2020 年，生态文明知识知晓度达到 80%。

7.5.4.2 建立全民教育机制

开展党政机关生态文明教育。依托党政机关工作文件，开展生态文明宣传工作，提高行政机关生态文明水平。通过生态文明培训和生态文明机关创建，开展行政机关的生态文明教育。开展生态文明教育进党校的活动，加强党政机关生态文明理论培训，强化管理者生态文明意识。

加强企业生态文明培训。加强企业员工的生态文明意识培养，强化企业的社会责任意识。政府和行业协会推动企业积极制订生态文明教育培训计划，培育体现生态文明理念的企业文化，履行生态文明建设社会责任行动计划。到 2020 年，规模以上工业企业开展环保公益活动的比例达到 7.5%。

创新学校生态文明教育体系。依托珠海目前 165 所"绿色学校"的环境教育"阵地"，通过实践培养、教师培训、教材编制等方式开展中小学校生态文明教育。组织编写生态文明教育科普读本，开展生态文明课堂教育，增加生态文明教育课时。组织学生深入滨海湿地、社区和企业，开展生态文明社会实践教育。

开展乡镇生态文明教育。针对乡镇干部和乡镇居民开展生态文明教育，加强对乡镇群众的宣传和教育，树立人与自然平等、和谐相处的自然观，合理利用海洋资源的思想观念。利用流动图书馆、图书室和活动室向乡镇居民传播生态文明知识。

7.5.5 抓好绿色创建活动

7.5.5.1 推进生态工业园区创建

抓好工业园区创建工作。在富山工业园区入选广东省第二批绿色升级示范工业园区的基础上，推进高栏港开展省绿色升级示范园区创建工作和高新区创建国家生态工业示范园区。到 2020 年建成国家生态工业示范园区 2 个，广东省绿色升级示范工业园区 1 个。

提升生态工业企业建设水平。依托珠海市生态工业园区创建工作，实现工业园区产业及环保管理升级，改变传统工业发展观念，促进工业园区科技创新，建设企业内部和企业之间的循环经济，节约资源，较少污染，提升生态环境效益。创新园区统筹管理机制，协调企业间共生、协调的发展理念，提升整体经济、社会、生态效益。

7.5.5.2　继续创建绿色学校

以 "绿色学校" 为契机，带动社会参与生态文明创建。在成功创建 165 所绿色学校的基础上，以继续推动 "绿色学校" 创建工作为契机，加大环保宣传力度，拓展学校教育功能，抓住课堂主阵地，深化环境素质教育，提高师生的环境素养，逐步形成通过学生带动家庭、家庭带动社区、社区带动公民的机制，动员更多的人参与到建设生态文明新珠海中来，力争到 2020 年，绿色学校比例达到全市学校的 50%。

筑起绿色教育链条，形成良好社会风尚。构筑起以学校为主导、学生为主体、课堂和社会为载体、学校和环保部门共同参与的学校环境教育体系，形成 "绿色校园" — "绿色教育" — "可持续发展教育" 的教育链条。激发珠海广大师生的生态环境意识，通过 "创建" 活动生态文明理念拓展到社会生活的各个层面，形成一种人人关心环保、参与环保的良好社会风尚。

7.5.5.3　积极开展生态文明示范区建设

编制示范区、乡镇、村居创建规划。按照国家生态文明建设示范区创建指标和创建规划指南，编制生态文明建设示范区、乡镇、村居创建规划。注重规划的科学性、协调性、实用性，密切衔接市、区总体规划，经济社会发展规划，产业规划，城镇发展规划，土地利用规划以及道路、管网等专项规划。

全面推进示范区、乡镇、村居创建工作。2016 年年底，香洲区南坪镇等 12 个乡镇达到国家生态文明建设示范乡镇标准；斗门镇、万山镇 2 个乡镇达到国家级生态乡镇建设标准。2017 年年底前，香洲区、金湾区、斗门区三个区创建成为国家生态文明建设示范区。到 2018 年年底，珠海创建成为全国首批国家生态文明建设示范市。表 7-14 为珠海市生态文明建设示范乡镇创建情况。

表 7-14　珠海市生态文明建设示范乡镇创建情况

区名称	镇名称	区名称	镇名称
香洲区	南屏镇	金湾区	三灶镇
	唐家湾镇		红旗镇
	桂山镇	斗门区	白蕉镇
	担杆镇		井岸镇
金湾区	南水镇		莲洲镇
	平沙镇		乾务镇

7.5.6 加强国际交流合作

7.5.6.1 促进国际贸易合作

推动经济国际交流，寻求新的贸易合作。结合国家战略，继续大力实施促进珠海外贸经济发展的基地建设、通关作业改革等政策措施，力促珠海对外贸易积极健康平衡发展。对接国家《推动共建丝绸之路经济带和 21 世纪海上丝绸之路的愿景与行动》计划，充分发挥珠海横琴等开放合作区作用，充分利用毗邻港澳的区位优势和自贸试验区的创新优势，建立与葡语系国家贸易合作机制，搭建贸易平台，引导内地企业和个人到葡语系国家和地区投资。

7.5.6.2 推进国际文化交流

迎接"大桥时代"，擦亮城市名片。借助港澳平台，依托中国航空航天博览会、中国国际马戏节、珠海国际半程马拉松公开赛、北山世界音乐节、沙滩音乐派对和珠海国际情侣双人自行车赛等文化、娱乐和体育方面的城市活动旅游盛事，提高国际知名度，提升城市文化形象。到 2020 年，全年组织举办国际文化、会议、赛事活动次数达到 5 次。

构建科学平台，促进技术合作。加强与优势国家与地区在人才、教育、科技等领域的交流合作。继续深化与新加坡等国际城市在高端电子信息、先进制造业和生物医药等科学技术领域合作；继续组织高等教育国际论坛，加强与欧美、日韩、港澳地区高等教育领域合作；推进实施博士后国际交流计划，建设全国人才管理改革试验区"粤港澳人才合作示范区"。到 2020 年，中小学校与境外学校、教育机构建立友好合作关系的数量达到 3 所。

7.5.6.3 创建中欧低碳生态城市

以中欧低碳生态城市合作项目综合试点建设为契机，通过开展合作，引进欧盟先进的理念、技术、管理经验和人才，同时在城市规划、环境提升、城市节能、全民低碳生活方式引导和低碳生态法律法规体系建设上改革创新，到 2018 年完成低碳生态合作项目建设。

第8章 生态文明体制改革创新研究

通过提高环境标准，健全生态文明法治，强化对珠海市环境保护的刚性约束；通过理顺体制机制，推动生态文明建设的统一规划、统一管理、统一监督；通过完善生态保护经济政策，推动多方参与环境保护；通过健全资源集约节约利用管理体系，全面建立资源利用与保护的长效机制，努力用制度保护生态环境。

8.1 生态文明制度问题诊断

8.1.1 法律法规体系建设

8.1.1.1 现状

（1）珠海市生态文明法治体系建设水平走在全国前列

生态环境法规体系相对成熟。珠海市充分发挥特区的立法优势，坚持以完善的法律法规体系保障和推进生态环境建设，通过法规形式明确生态文明建设的目标，保障生态文明建设，走出了一条法治生态的可持续发展道路，法制建设走在全国生态文明建设的前列。自 1998 年出台《珠海市环境保护条例》，成为珠海拥有地方立法权后通过的第一批法规，2009 年 5 月，珠海市人大以"生态文明建设"理念，组织修订并实施了新的《珠海市环境保护条例》，新条例首次纳入"生态建设""节能减排"等内容。目前，珠海市已经先后颁布、修订了 16 件地方性法规、16 份规范性文件，内容涵盖了规划布局、产业发展、土地开发、执法查处、污染治理等领域，为珠海市生态文明法治保障奠定了坚实的法律基础（表 8-1）。

表 8-1 珠海市生态文明相关法规文件一览表

序号	时间	文件名称	文件类型
1	1998 年	珠海市城市规划条例	地方法规
2	2000 年	珠海市渔港管理条例	地方法规
3	2001 年	珠海市防治船舶污染水域条例	地方法规
4	2002 年	珠海市港口管理条例	地方法规
5	2006 年	珠海市服务业环境管理条例	地方法规
6	2006 年	珠海市供水用水管理条例	地方法规
7	2006 年	珠海经济特区市容和环境卫生管理条例	地方法规
8	2007 年	珠海市城市规划条例	地方法规
9	2008 年	珠海市旅游条例	地方法规
10	2008 年	珠海市土地管理条例	地方法规
11	2008 年	珠海市供水用水管理条例	地方法规
12	2009 年	珠海市环境保护条例	地方法规
13	2009 年	珠海市排水条例	地方法规
14	2011 年修改	珠海市森林防火条例	地方法规
15	2011 年	珠海市战略性新兴产业（不含新能源汽车）专项资金管理暂行办法	规范性文件
16	2011 年	珠海市《声环境质量标准》使用区划分	标准
17	2011 年	珠海市环境空气质量功能区划分	标准
18	2012 年	珠海市基本农田保护经济补偿办法（暂行）	规范性文件
19	2012 年	珠海市最严格水资源管理制度实施方案	规范性文件
20	2012 年	珠海市实行最严格水资源管理制度考核暂行办法	规范性文件
21	2012 年	珠海市低碳试点城市实施方案	规范性文件
22	2013 年	珠海经济特区城乡规划条例	地方法规
23	2014 年	珠海经济特区生态文明建设促进条例	地方法规
24	2014 年	珠海市生态文明体制改革工作方案	规范性文件
25	2014 年	莲洲镇生态保护补偿财政转移支付方案	规范性文件
26	2014 年	关于进一步加强节约集约用地工作的若干意见	规范性文件
27	2014 年	珠海市土地节约集约利用考核办法（试行）	规范性文件
28	2014 年	珠海市畜禽规模养殖污染防治办法	规范性文件
29	2014 年	珠海市排污权有偿使用和交易试点工作实施方案	规范性文件
30	2015 年	珠海市饮用水水源保护区扶持激励办法	规范性文件
31	2015 年	珠海市 2015 年排污权有偿使用和交易试点工作方案	规范性文件
32	2015 年	珠海市非居民计划用水大户计划用水调整程序管理规定	规范性文件
33	2015 年	珠海市计划用水工作细则	规范性文件
34	2015 年	关于印发珠海市生产建设项目节水"三同时"管理制度的通知	规范性文件

生态文明规划体系已经建立。2012 年，珠海决定启动全国生态文明示范市创建工作，先后印发了《珠海市关于率先创建全国生态文明示范市的决定》《珠海市创建生态文明示范市"四年行动计划"》《珠海市创建国家生态市实施方案》等一系列纲领性文件，明确将用四年时间，通过"三步走"，实现"生态市"与"生态文明示范市"成功连创的目标，为创建工作提供了坚实的法律保障。2013 年，《珠海市生态文明建设规划》通过修编论证，正式将创建国家生态市作为珠海生态文明建设的阶段奋斗目标。该规划从生态经济、生态环境、生态文化、生态安全、生态人居和生态工程六个方面，推动国家生态市创建，推进"五规融合"工作，将生态文明建设融汇到城市空间和行政管理的各领域和环节中。2014 年，珠海市委全面深化改革领导小组发布了《珠海市生态文明体制改革工作方案》，从生态制度、生态环境、生态经济、生态人居、生态文化五个方面积极推进生态文明体制改革。

生态文明法治体系初步形成。随着生态文明建设地位的凸显，珠海先行先试，率先进行生态文明立法，2014 年出台了《珠海经济特区生态文明建设促进条例》（图 8-1），是广东省首个生态文明建设条例，也是党的十八届三中全会后全国首部生态文明建设地方性法规，在体制、机制和制度上均有创新。不仅提出了探索自然资源资产离任审计制度、探索排污权交易制度、明确主体功能区管理、探索生态文明考核制度等创新做法，而且规定政府、企业和公民应当各尽其责，政府要身体力行，打造生态文明政府，对全社会起到引领示范作用；企业要勇于承担生态文明建设主力军的重任；公民在日常生活中要逐步形成"尊重自然、顺应自然、保护自然"的良好行为和习惯。2015 年 5 月，珠海市荣获"全国生态环境法治保障制度创新最佳事例奖"。

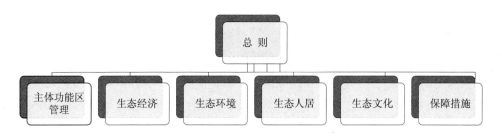

图 8-1 珠海经济特区生态文明建设促进条例基本内容

（2）珠海市生态文明司法保护机制初步建立

为强化珠海生态文明建设的司法保障，按照《珠海市全面深化改革 2015 年工作要点》和《珠海市生态文明体制改革工作方案》的要求，珠海市中级法院开展了环境审判模式改革，2015 年 4 月 2 日成立了广东省第一个中级法院的专业环境资源合议庭。合议庭均设在民事审判第一庭，归口审理全市资源类和环境类案件。环境资源合议庭由 3 位法官组成，珠海中院民一庭副庭长、法学博士何敏任审判长，另两名法官均为法学硕士。

8.1.1.2 存在的问题

（1）法规条款可操作性有待提高

原则性和提倡性规定过多。虽然《珠海经济特区生态文明建设促进条例》从主体功能区管理、生态经济、生态环境、生态人居、生态文化和保障措施等方面都进行了具体规范，规定了各行政区对当地生态环境负责，但如何负责、负责到何种程度、失职后承担何种责任没有明文规定。

选择性执法范围较大。前面所述的各项地方性法规在责任追究方面大多限于罚款、限期改正、警告、行政处罚、责令停产关闭等行政处罚，并没有规定对环境侵权受害人的救济办法。《珠海市环境保护条例》等法规的有关处罚自由裁量权过大，缺乏可操作性，给行政执法人员随意执法、选择性执法带来了很大的空间。

部分领域存在立法空白。珠海市在土壤污染、化学品污染、农村环境污染等方面尚存在立法空白。

（2）环境保护标准体系还需完善

珠海市结合本市实际情况出台的《珠海市〈声环境质量标准〉使用区划分》《珠海市环境空气质量功能区划分》等文件仅仅是对珠海市不同区使用的标准进行了明确，具体标准依旧参考国家《声环境质量标准》（GB 3096—2008）、《环境空气质量标准》（GB 3095—1996）等标准执行。而珠海市是全国最宜居城市，并积极建设国际宜居城市，环境保护标准不仅要满足国家要求，而应该提出更高的标准和要求。

（3）生态文明司法保护机制还不成熟

虽然珠海市已经成立了中级法院的专业环境资源合议庭，但是珠海市民遇到噪声、污染等生态环境问题时，通过诉讼途径解决的不足 1%，绝大部分市民选择通过环保局投诉寻求行政救济途径解决，珠海市生态环境公益诉讼机制还在探索阶段。同时，珠海市各基层人民法院还没有设立专门的生态环境保护法庭，影响了珠海市生态环境司法保护制度的实现进程。

8.1.2 政策体系设计

8.1.2.1 现状

（1）自然资源资产产权制度初见端倪

积极推进不动产统一登记工作。珠海市委编办已于 2015 年 7 月底批复了珠海市不动产统一登记机构的方案，其中，市不动产登记局设在市国土资源局，市不动产登记中心由市房地产登记中心更名并行使相关职能。为加快建立自然资源资产产权制度，市国土资源局正制定不动产统一登记实施方案，市政府已专题研究不动产统一登记相关事宜。自 2015 年 12 月 1 日起珠海市实施不动产统一登记，开展土地、房屋、林地、海域等不动产统一登记工作。

（2）空间开发保护制度与规划体系基本形成

2013 年，珠海市出台了《珠海市主体功能区规划》，将珠海市划分为提升完善区、集聚发展区、生态发展区和禁止开发区共四类，明确了各功能区的功能定位、发展方向和开发指引。积极推进珠海市生态控制线划定工作，目前《珠海市生态线控制性规划》正在珠海市住房和城乡规划建设局网站上进行批前公示。此外，珠海市还积极落实"五规融合"要求，将国民经济和社会发展规划、主体功能区规划、城市总体规划和土地利用总体规划与生态文明建设规划相互衔接与协调。

（3）资源节约集约使用制度正不断完善

全面实施最严格节约集约用地制度。珠海市土地利用效率与珠三角其他主要城市相比，土地利用效率不高，存在粗放式低效开发利用土地的局面。为此，珠海市开展了"三清"（清土地、清项目、清政策）工作，盘活和处置低效、闲置土地，淘汰了一批低端、产出效益低下的项目，节约了土地和资源，为经济社会发展清出空间，形成了节约集约用地新路径。制定《关于进一步加强节约集约用地工作的若干意见》和《珠海市土地节约集约利用考核办法（试行）》，建立健全节约集约考核机制、调控机制、有序供给机制、批后监管机制、存量盘活机制、农村留用地与工业园配套互动机制等六大机制。同时，大力开展违法用地、违章建筑"两违"专项整治行动，提出了"零增长、减存量"的目标，维护良好的国土资源管理秩序，为节约集约用地提供保障。

初步建立水资源节约使用制度。2012 年，珠海市人民政府办公室印发了《珠海市最严格水资源管理制度实施方案》和《珠海市实行最严格水资源管理制度考核暂行办法》，将省下达到珠海市的用水总量、用水效率、水功能区限制纳污等控制指标分解到各县（区），并对各县（区）实施情况分阶段进行年度抽查、中期考核和期末考核。目前，珠海市正积极开展国家节水型城市创建工作，并已成立以市领导为组长、副组长，各有关单位主要负责同志为成员的节水型城市领导小组，出台《珠海市创建国家节水型城市工作方案》。

（4）生态补偿制度已成为有效的环保激励机制

为了改变珠海市水资源保护区、基本农田保护区等生态保护重点区域"越保护越落后"的不合理局面，珠海市先后出台了《珠海市基本农田保护经济补偿办法（暂行）》《莲洲镇生态保护补偿财政转移支付方案》《珠海市饮用水水源保护区扶持激励办法》《珠海市财政生态保护转移支付办法》等制度，逐步建立了基本农田保护补偿机制、饮用水水源保护补偿机制以及基本公共服务能力保障机制。同时，珠海市注重生态保护考核，在《莲洲镇生态保护补偿财政转移支付方案》中特别增加了对资金使用以及生态指标的考核，并将考核结果作为下一年度生态补偿资金分配的重要依据。

珠海市生态补偿已经形成了"输血式"补偿和"造血式"补偿方式互为补充的补偿模式，在通过资金的形式确保了生态补偿资金来源的同时注重加强自身可持续发展能力，积极探索产业补偿等非资金式的补偿方式，有效确保了生态补偿机制长效运行。生态补偿具有两大创新点：一是在国内首创建立了以社保直接补贴饮用水水源保护区居民的创新机制；二是积极探索多元化生态补偿方式，突破了"为保护而保护"的模式（图8-2）。

国内首创建立了以社保直接补贴饮用水水源
保护区居民的创新机制

政府通过专项资金直接为水源保护区群众购买医疗保险和养老保险，使珠海市水源保护区 10.8 万农民"病有所医，老有所养"。这一创新机制体现了权利义务对等原则和公平正义的价值理念，"以补偿促发展"是对生态保护制度的重要补充，也是由传统的"惩罚性"生态环境保护向多元保护方式转变的有效手段。

珠海市首次建立了对特定地区（莲洲镇）的生态保护补偿机制，通过引入激励性资金引导当地发展生态农业、生态旅游业等产业，使生态保护区域得到应有的利益补偿，通过"造血型"补偿促进生态保护区经济社会可持续发展。

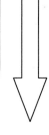

积极探索多元化生态补偿方式，突破了"为保护而保护"的模式

图 8-2　珠海市生态补偿机制突出特点

专栏 8-1　珠海市生态补偿实践一览

（1）饮用水水源保护区扶持激励机制

2010 年，珠海市出台《珠海市饮用水水源保护区扶持激励办法（试行）》（以下简称《办法》），市财政每月给予补贴，直接为水源保护区群众购买医疗保险和养老保险。按照《办法》，一级保护区的居民，18 周岁及以上参加居民医疗保险的符合条件居民，由市级资金按每人每年 275 元的标准给予个人缴费补贴；18 周岁以下未成年人参加未成年人医疗保险的符合条件居民，由市级资金按每人每年 85 元的标准给予个人缴费补贴。18 周岁及以上符合条件参加农民和被征地农民养老保险的居民，由市级资金每人每月补贴 40 元。二级保护区 18 周岁及以上参加居民医疗保险的符合条件居民，由市级资金按每人每年 125 元的标准给予个人缴费补贴，18 周岁以下未成年人参加未成年人医疗保险的符合条件居民，由市级资金按每人每年 85 元的标准给予个人缴费补贴。18 周岁及以上符合条件参加农民和被征地农民养老保险的居民，由市级资金每人每月补贴 20 元。

2015 年 2 月，珠海市政府修改印发了《珠海市饮用水水源保护区扶持激励办法》，每年市、区两级财政共同出资设立饮用水水源保护区扶持激励专项资金 8 500 万元补偿给斗门区，用于保护区范围内居民购买社保、农保的补助，部分用于公共服务设施建设。

（2）基本农田经济补偿机制

2012 年 10 月，出台《珠海市基本农田保护经济补偿办法（暂行）》，从 2013 年起按照 100 元/（亩·a）的标准由市、区两级财政共同出资 3 860 万元，转移支付给基本农田所在区，补偿资金主要用于农田水利、机耕路等农业基础设施建设。从 2016 年开始，补偿标准将提高到 150 元/（亩·a）。通过财政转移支付方式，缩小基本农田保护与建设用地的收益差距，提高农民保护基本农田的积极性，为促进区域公平、均衡发展进行了有益的探索。

（3）莲洲镇生态保护补偿机制

2014 年 1 月，珠海市财政局印发了《莲洲镇生态保护补偿财政转移支付方案》，由市、区两级财政共同出资 2 847 万元通过转移支付补偿给斗门区莲洲镇，对因实施饮用水水源保护和基本农田保护令经济发展受限的莲洲镇地区给予经济补偿，补偿资金主要用于提高莲洲镇居民基本公共服务均等化水平，弥补部分政府民生支出缺口。

（5）生态环境保护市场化制度正在探索和试点

积极探索建立排放权有偿使用和交易试点。按照广东省关于开展排污权有偿使用和交易试点工作的部署及要求，珠海市已于 2014 年 9 月印发了《珠海市排污权有偿使用和交易试点工作实施方案》，部署了相关工作。2015 年 5 月，珠海市环保局印发了《珠海市 2015 年排污权有偿使用和交易试点工作方案》，明确了 2015 年度具体工作安排。2015 年 6 月，珠海市政府与广东省产权交易集团有限公司签订了战略合作框架协议，就珠海市排污权有偿使用和交易试点工作开展深入合作，借助该集团的技术力量，帮助珠海市建立运作机制、完善配套制度、搭建交易平台。根据《广东省碳排放权交易试点工作实施方案》，珠海市已经参与到广东省碳排放权交易试点工作中。

8.1.2.2　存在的问题

（1）自然资源资产产权制度还需要进一步健全

目前，珠海市不动产统一登记刚刚实施，下一步需要重点明确产权边界，包括所有权、占有权、使用权和处置权等，解决目前因产权边界不清晰导致自然资源产权主体之间的利益冲突以及各类自然资源之间用途及监管责任的重叠或缺失等问题。此外，由于自然资源资产的生态价值和社会价值具有外部性，在缺乏有效的政府干预和宏观政策调控下，单纯依靠市场途径无法对其进行有效管理，导致了对资源的掠夺性消费和对环境的无节制破坏。因此科学合理地核算自然资源资产价值也是珠海市接下来需要重点解决的问题之一。

（2）生态环境保护市场化制度还没进入实质性阶段

目前广东省已经出台了《广东省排污许可证管理办法》《广东省排污权交易规则》《广东省环境权益交易所排污权交易电子竞价操作细则》《广东省排污权有偿使用和交易试点管理办法》等一系列排污权交易相关文件，确立了全省排污权有偿使用和交易的基本框架，规定了排污权初始分配、交易及监管等基本要求，明确了排污权交易程序、交易方式及电子竞价的具体要求。珠海市应该在广东省排污权交易框架下尽快推动与广东省产权交易集团有限公司的战略合作框架协议进入操作层面。另外，珠海还没有建立用能权、用水权等交易制度。

（3）资源节约集约使用制度还存在空缺

能源节约集约使用制度还需要强化。在《珠海市能源发展"十三五"规划》《珠海市低碳试点城市实施方案》中都有涉及节能和提高能效等内容，但不够具体和系统，还没有出台专门的能源节约集约使用制度来进一步强化能耗强度控制等问题。

8.1.3 体制建设

8.1.3.1 体制优化得到重视

近年来，随着《中共中央　国务院关于加快推进生态文明建设的意见》《生态文明体制改革总体方案》等文件的出台，珠海市根据国家对生态文明体制建设的新要求，适时调整优化体制结构、出台了《珠海市生态文明体制改革工作方案》，对珠海市的体制机制建设进行了详细的计划安排。

一是环保部门对机构职能进行了优化配置。2015年，珠海市环保局按照转变职能、提高效率、突出主业的原则对环保部门的机构及职能进行了优化配置，经优化后，珠海市环保部门机构设置较为全面，职能较明确（图8-3）。同时，珠海市环境执法队伍实行垂直管理，成立了珠海市环境保护局环境监察分局，在全市设置7个环境监察大队，形成"小机关大基层"的管理架构。

二是组织建立了生态创建领导小组。2004年珠海市启动了国家生态市创建工作，为统一组织、指挥、协调、督促创建工作，珠海市委、市政府设立了国家生态市创建领导小组，形成了市委领导、人大、政协督导、政府实施的组织管理机制（图8-4）。

三是在广东省首创了生态文明议事机构。2013年，为加强珠海市生态环境宜居建设管理，建设科学、民主、公平、公正的生态环境宜居建设决策机制，珠海市成立了"珠海市环境宜居委员会"（简称"环居委"，图8-5）以充当珠海市人民政府进行生态环境宜居建设决策的议事协调机构。珠海市环居委是广东省首个生态文明议事机构，有利于推动社会参与、协同共治，为珠海市生态环境宜居建设事项提供更为科学、民主的决策依据。

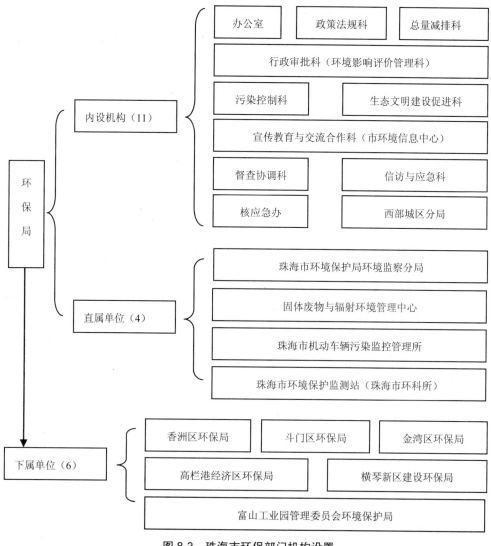

图 8-3　珠海市环保部门机构设置

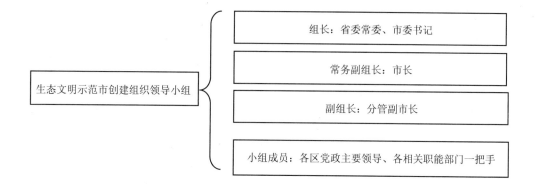

图 8-4　生态文明示范市创建组织领导

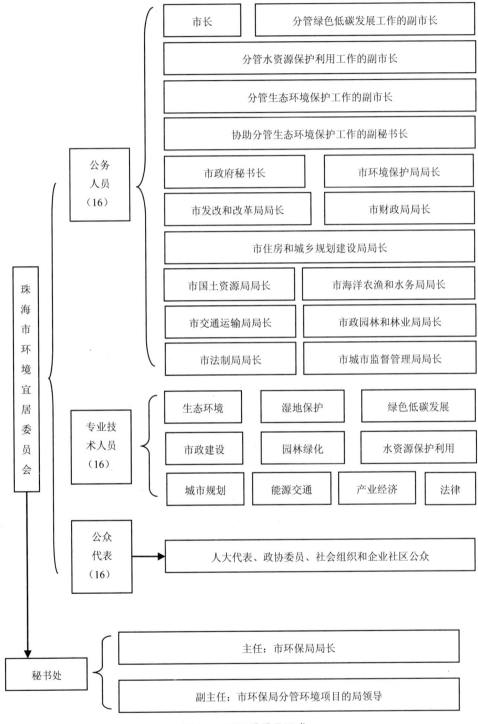

图 8-5　环居委委员组成

专栏 8-2　珠海市环居委

【定位】受珠海市政府委托，就生态环境宜居建设事项充分吸收公众意见并进行审议，最终向市政府提出审议意见。

【宗旨】鼓励公众参与，监督生态环境宜居建设项目的实施，提高相关决策的科学性、民主性。

【机构设置】主任委员 1 名，由市长担任；副主任委员 4 名，由分管绿色低碳发展、水资源保护利用、生态环境保护等工作的副市长以及一名公众代表担任。

【环居委职责】①发挥专家智囊团作用，发布环境宜居年度报告（绿皮书）；②审议有关珠海市生态建设、环境保护较敏感重大的生态宜居建设项目、相关规定草案等；③开展生态文明建设、环境宜居城市宣传教育。

【秘书处职责】①组织环居委相关会议；②负责环居委对外业务联系；③负责环居委各项章程、工作规则的起草和修改工作；④负责委员库的更新；⑤其他职责。

四是成立了生态文明体制改革专项小组。2014 年，珠海市出台了《珠海市生态文明体制改革工作方案》，市委专门成立了生态文明体制改革专项小组（图 8-6）。专项小组办公室设在市环保局，负责全市生态改革的总体设计、统筹协调、整体推进、督促落实；各成员单位相应成立改革工作小组，配置骨干力量，负责推进本部门的改革工作。

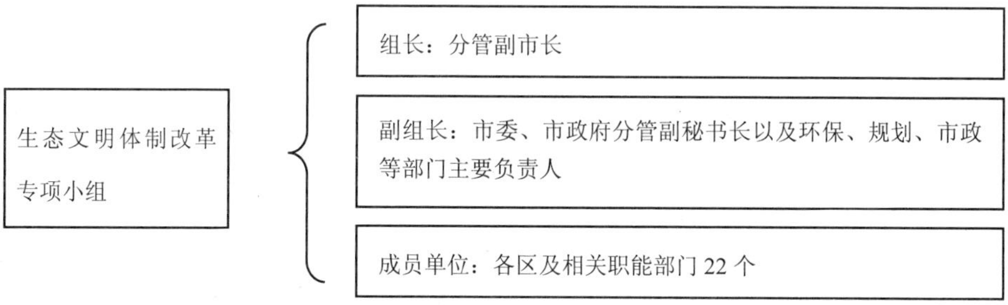

图 8-6　生态文明体制改革专项小组组成

8.1.3.2　体制不顺导致生态文明建设统筹协调能力不足

虽然珠海市为推进生态文明建设已成立了国家生态市创建领导小组、珠海市环居委、生态文明体制改革专项小组等多个组织领导小组，为珠海市生态文明及宜居建设的工作提供了较为坚实的保障；但珠海市体制设计仍然存在着一定的局限性，虽然部门职能较为清晰，但条块分割情况严重，导致政府对生态文明建设统筹协调能力不足，在一定程度上影响了生态文明建设工作的效率和效果。

在生态基础设施建设、环境污染防控、生态产业发展等领域，生态文明以及宜居建设相关工作的涉及面相当广泛，需要规划、土地、产业、市政、交通、环保等各个部门共同协调；但目前各项工作仍分别由不同部门承担，使得一些整体性较强的工作不能作为有机整体统筹安排，而是被人为地条块分割、分而治之；部门间职能交叉、权责不清的问题依然存在，执行分工时职能越位、缺位、重复的现象时有出现，人员、经费不能充分利用，各项工作不能有效衔接，责任难以溯源。

在现有体制下，生态文明建设无法达到国务院提出的"统一法规、统一规划、统一监督"的要求。各部门为了各自的部门利益，在政策制定和规划计划上相互衔接的程度不足，生态文明建设工作的相关规定和标准各异，措施综而不合，不利于全市对生态文明建设的宏观调控和监督。

另外，党的十八届五中全会审议通过了《中共中央关于制定国民经济和社会发展第十三个五年规划的建议》，提出要实行省以下环保机构监测监察执法垂直管理制度，以加强基层执法力量、减少基层执法成本。为落实此项制度，珠海市需逐步调整体制设计，并为相关领域的变化设计一系列的人员变动、职能配置、工作保障等方面的政策安排。

专栏 8-3　珠海市海洋管理体制障碍

海洋环境问题的污染源大多来自陆地，海岸和近海海域环境尤为突出；因此，海洋环境问题不仅涉及珠海市海洋农业和水务局，还涉及市政、工业、交通、旅游、规划建设等多个管理部门。然而目前根据自然资源要素划分的管理体制将统一的海洋生态系统人为分解到不同部门监管，使得海洋自然资源或生态要素被分而治之，而不是根据海洋生态系统的整体性进行综合管理。各部门分管的工作难以协调，相关资源未能有效整合，跨部门的海洋生态环境问题难以解决。

8.1.4　机制建设

8.1.4.1　机制建设全面铺开

珠海市已建立一系列生态文明建设管理机制，对顺利推进生态文明建设与环境宜居工作的开展起到了重要作用。

一是建立了部门协调机制。设置创建生态文明示范市办公室（简称"创建办"）并下设环境综合组、生态文化组、生态经济组、生态人居组、考核监督组等 5 个工作组，主要负责生态文明示范市创建的协调工作（图 8-7）。另外，《珠海经济特区生态文明建设促进条例》第八条确立了环境宜居委员会的构成及任务，环居委作为生态文明议事机构的法律地位得到保障。

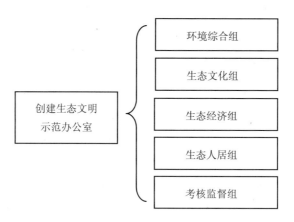

图 8-7　创建办构成

二是创新探索环境监管机制。大力构建环境监控体系，推进实现自动监控、移动执法。目前珠海市已建立环境空气质量自动监测系统、河流水质安全预警体系、机动车排气检测联网系统、重点污染源在线监控系统，已与珠海市污染源在线监控中心实现联网的重点污染源自动监控网点 225 个，包括 168 个环保部门建设站点及 57 个企业自建站点，覆盖全市 130 家重点工业企业。全市域范围分为 53 个网格，明确每个网格的监管人员，落实监管责任、明确监管任务，初步实现环境监察网格化管理，形成全方位、立体化的环境监控体系。

三是加强环境政务信息公开机制。打造"珠海市政府信息公开目录系统"，利用政府及各部门门户网站、"珠海环保"公众网、微博微信等渠道及时发布环境政务信息，对建设项目环评审批信息"八公开""三公示"，对环境监测信息、突发环境事件等信息及时通报。2015 年 4 月，珠海市环境宜居委员会在全国首发"生态环境指数"，每周向八个功能区的公众公布包括环境空气、水环境、公众投诉等 6 项生态环境状况。

四是完善投入机制。把环境保护和生态建设投入放在优先保障的位置，生态建设和环境保护经费逐年递增。2012 年以来，生态环保投入占 GDP 比重超过 3.70%，为生态环保工程建设提供雄厚的资金保障。通过《节能减排专项资金管理办法》设立总量减排专项资金及清洁生产奖励资金，用于环境保护重点项目的奖励和补贴，以及对通过省级清洁生产审核的企业进行奖励。

五是制定环保责任考核奖惩机制。从 2002 年开始，珠海市实施"环保目标责任考核"，"环保一票否决"考核机制，将环境指标纳入党政领导干部政绩考核体系。之后又出台了

《关于印发〈珠海市各区领导班子和领导干部落实科学发展观评价指标体系及考核评价办法（试行）〉的通知》以及《珠海市生态文明建设考核实施方案》，将环境指标及生态文明建设工作效果作为党政领导干部政绩考核、提拔任用及奖惩的重要依据。

8.1.4.2 管理机制仍需优化

一是部门协作和区域合作机制等范围还比较狭窄。部门协作方面，虽然已有创建生态文明示范市办公室负责生态文明示范市创建的协调工作，但其主要是负责珠海市创建国家生态市的相关工作，未能全范围、常态化地协调生态文明建设及宜居建设工作。而环境宜居委员会主要是对相关建设规划及计划提出审议意见，对各部门工作的协调作用不足。另外，广东省已出台《珠江三角洲地区生态安全体系一体化规划（2014—2020年）》，但是珠海与周边地市的区域合作几乎还是空白，仅在前山河综合整治上与中山市有联合执法等方面有限合作，在环保宣教上与中山市等周边地区有一定合作，尚未在区域环境污染联防联控机制、生态环境责任追究的区域合作机制等方面开展工作。

二是环境监察监管机制有待进一步调整。2015年7月国务院印发《生态环境监测网络建设方案》（国办发〔2015〕56号）对生态环境监测网络建设、生态环境监测与监管联动机制、生态环境信息集成共享提出了新要求，而珠海市尽管已经开始探索自动化、网格化的环境监管体系，但环境监测力量依然薄弱，特别是在饮用水水源、土壤、核辐射等方面，缺乏专业技术人才，尚不具备自行全面监测的资质，环境监管能力建设和监管执法水平有待进一步提升，环境监察监管机制尚待按照国家新要求继续调整。同时，在面临十八届五中全会"实行省以下环保机构监测监察执法垂直管理制度"要求的情况下，珠海市的环境监管能力和监管执法建设也面临着人员队伍、工作安排、分工协作等多方面的新挑战。

三是生态文明建设资金投入机制的市场化程度不够。生态环保建设仍主要依靠珠海市政府财政资金投入，2013年珠海市全年环保投资额61.59亿元，环保投资约占当年GDP的3.7%，在全国属于较高水平，但109个环境污染治理、资源和生态环境保护投资项目中，仅有5个、总计不超过1 000万元的项目引入了财政拨款外的其他资金来源。市场化途径缺失，民间资本引入力度不足，生态环保服务市场发展较为落后，政府对第三方治理等环保服务产业的重视和扶持力度较弱，阻碍了珠海市生态环保投入规模的进一步增长。

四是生态文明建设考核制度不成熟。环境及生态文明建设工作效果指标在党政实际考核中所占权重不高，尚未体现生态文明建设工作的重要性。目前珠海市8个区（功能区）的经济社会科学发展评价指标体系中，保税区、横琴区的生态环境相关指标权重仅为14%，尚未达到生态文明示范市建设中20%的要求。且各区考核指标仅涉及生态环境领域、并未涵盖生态文明建设的整体范畴，也未能根据不同区域的主体功能体现差异，不能很好地反映各功能区在生态文明建设上的重点任务。另外，考核体系设计不够科学合理，指标过多但指向性和针对性不足，不能有效反映工作量和存在的问题。

专栏 8-4 生态环保建设的市场资金投入案例

（1）黄山市吸引市场资金投入生态环保建设

安徽省黄山市加强建立新安江流域综合治理融资平台，2010—2013 年，在转移支付补偿资金远远不足以维持流域保护工作的情况下，黄山市通过融资等方式自筹了大量资金，其中与国家开发银行签订了 200 亿元的贷款协议，到 2014 年已批贷 56.6 亿元，年还息 3.7 亿元。

（2）PPP 典型案例：张家界市杨家溪污水处理厂项目

湖南省张家界市杨家溪污水处理厂采用 BOT 的方式进行建设、运营和维护。由湖南首创投资有限公司 100%出资成立张家界首创水务有限责任公司负责项目的具体运营。张家界市人民政府授权张家界市住房和城乡建设局与张家界首创水务有限责任公司签署了《张家界杨家溪污水处理厂 BOT 项目特许经营协议》就特许经营、项目的建设、运营、维护、双方的权利义务、违约责任、终止补偿等内容进行约定。

（3）国际 PPP 主要盈利模式

1）除运营收入之外，政府承诺一定的补贴，特别是在项目收益不达预期时。例如，马来西亚南北高速公路项目，收入主要来自车辆过路费，但是政府向项目公司提供最低公路收费的收入担保，即在任何情况下如果公路流量不足，公路的使用费收入低于合约中规定水平，政府将向项目公司支付差额。

2）盈利来自项目收入以及政府特许的其他相关延伸业务。香港地铁公司的经营收入主要来自地铁乘客的车费，根据条例，地铁公司有权决定票价。此外，政府还赋予香港地铁公司沿线的地产开发权。香港地铁公司充分利用地铁沿线房地产升值的优势，把发展房地产与发展地铁结合起来，建设大型住宅、写字楼和商场等，获取了巨大收入利润。

3）盈利完全来自政府的补贴。例如，南非的豪登快铁项目，其所有的运营收入均进入政府财政，政府按照 PPP 建设合约规定的价格每年支付项目公司 Bombela 保本运量所对应的收入（每年固定为 3.6 亿兰特，南非货币，1 兰特 ≈ 0.52 元人民币）。这个固定费用目前高于政府所获得的运营收入，Bombela 每年获得上述固定费用后用于日常的运营和维护工作。Bombela 有义务按照合同规定做好日常的运营管理工作，但对客流量的多少基本不承担责任。此外，项目的电力成本由政府负担，大大降低了 Bombela 的运营风险。

专栏 8-5 杭州市实施差异化考评体系

2010 年以来，杭州市逐步建立了领导干部分层分类考核评价体系，针对不同区域的生态文明建设重点任务、不同机关单位类别性质、不同干部层次，建立起各有侧重、各具特色的干部考核指标体系，避免唯 GDP 论的考核办法，将发展效益农业、保护生态环境、解决民生问题、提高老百姓满意度等其他方面也纳入实绩考核的范畴。

2013 年 7 月，杭州市决定不再考核淳安县的工业经济总量等指标，淳安县由此成为浙江全面取消工业考核的第一个县级市。此前，余姚、庆元等地已取消了对部分山区乡镇的工业经济等指标考核。淳安县作为"美丽杭州"建设实验区实施单独考评，单列考评体系由发展指标、重要工作目标、领导考评和社会评价等 4 部分构成。其中，发展指标包括生态保护、生态经济、改善保障民生等 3 大类共 11 项内容，重要工作目标则包括生态文明建设工作、全县景区化和城乡区域统筹发展工作、千岛湖科技城建设、领导班子建设、党风廉政建设等 5 项。此外，对其他各区县市的考核也降低了"人均地区生产总值（GDP）增长率"和"地区生产总值增长率"的考核权重，新增加了"高新技术企业占工业企业的比重"和"高新技术产业产值占工业产值的比重" 2 个创新型指标，以能更好地起到"创新驱动"的导向作用。

五是责任追究机制尚需强化。目前珠海市还没有系统完整的生态保护责任追究制度，没有对土地、森林、海洋等自然资源资产开展核算，因此也无法推进领导干部自然资源资产离任审计工作；在目前的责任追究实际工作中，也存在问责启动机制不完善、案件移送机制未理顺，纪检监察部门专门性力量不足等问题。受此影响，珠海市目前在生态保护方面对领导干部、企业、个人进行责任追究的实际效果有限，还没有形成明显的惩戒效应和广泛的社会影响。

专栏 8-6 中央要求开展领导干部自然资源资产离任审计试点工作

2015 年 11 月，中共中央办公厅、国务院办公厅印发《开展领导干部自然资源资产离任审计试点方案》，提出要探索并逐步完善领导干部自然资源资产离任审计制度，形成一套比较成熟、符合实际的审计规范，保障领导干部自然资源资产离任审计工作深入开展，推动领导干部守法、守纪、守规、尽责，切实履行自然资源资产管理和生态环境保护责任，促进自然资源资产节约集约利用和生态环境安全。

离任审计应坚持因地制宜、重在责任、稳步推进，审计涉及的重点领域包括土地资源、水资源、森林资源以及矿山生态环境治理、大气污染防治等。要对被审计领导干部任职期间履行自然资源资产管理和生态环境保护责任情况进行审计评价，界定领导干部应承担的责任。

8.1.5　体制改革差距分析

在中共中央、国务院印发的《生态文明体制改革总体方案》八大类共 47 项体制机制改革要求中，有如探索建立分级行使所有权的体制等 6 项属于国家层面的任务或特定区域试点任务；在其他 41 项工作任务中，有 28 项珠海市已经有一定工作基础，有 13 项仍缺乏工作基础（表 8-2）。虽然珠海市在国家发布《生态文明体制改革总体方案》出台以前率先印发了《珠海市生态文明体制改革工作方案》，对自身提出了生态文明建设制度及生态环境治理机制建设方面提出了 15 项具体要求，但部分工作仅停留在工作计划层面，尚未贯彻落实。因此，"十三五"期间珠海市仍需要重点突破 16 项工作基础欠缺的制度，建立健全八大类生态文明制度。

表 8-2　生态文明任务对照表

类别	已有工作基础	无工作基础	暂缓开展
健全自然资源资产产权制度	建立统一的确权登记系统、健全国家自然资源资产管理体制	建立权责明确的自然资源产权体系	探索建立分级行使所有权的体制、开展水流和湿地产权确权试点
建立国土空间开发保护制度	完善主体功能区制度、健全国土空间用途管制制度、完善自然资源监管体制		建立国家公园体制
建立空间规划体系	编制空间规划、推进市县"五规融合"	创新市县空间规划编制方法	
完善资源总量管理和全面节约制度	完善最严格的耕地保护制度和土地节约集约利用制度、完善最严格的水资源管理制度、建立天然林保护制度、建立湿地保护制度、健全海洋资源开发保护制度、健全矿产资源开发利用管理制度、完善资源循环利用制度	建立能源消费总量管理和节约制度	建立草原保护制度、建立沙化土地封禁保护制度
健全资源有偿使用和生态补偿制度	加快自然资源及其产品价格改革、完善土地有偿使用制度、完善生态补偿机制、完善生态保护修复资金使用机制、建立耕地草原河湖休养生息制度	完善矿产资源有偿使用制度、完善海域海岛有偿使用制度	加快资源环境税费改革
建立健全环境治理体系	完善污染物排放许可制、建立污染防治区域联动机制、建立农村环境治理体制机制、健全环境信息公开制度	严格实行生态环境损害赔偿制度、完善环境保护管理制度	
健全环境治理和生态保护市场体系	推行排污权交易制度、推行用能权和碳排放权交易制度、推行水权交易制度、建立绿色产品体系	培育环境治理和生态保护市场主体、建立绿色金融体系	

类别	已有工作基础	无工作基础	暂缓开展
完善生态文明绩效评价考核和责任追究制度	建立生态文明目标体系	建立资源环境承载能力监测预警机制、对领导干部实行自然资源资产离任审计、探索编制自然资源资产负债表、建立生态环境损害责任终身追究制	

8.2 制度建设目标与指标

8.2.1 目标

充分发挥特区的立法权优势，健全和细化地方性法规标准，明确生态文明建设的执行依据，强化对珠海市环境保护的刚性约束；通过理顺体制机制，依托建设生态文明建设统一机构，推动生态文明建设的统一规划、统一管理、统一监督；通过推动市场与公众多方参与环境治理，提高生态文明建设的执行力度、培育全面的制衡监督体系；通过建立健全环境治理和生态保护市场，提高生态文明示范建设的社会参与程度。努力用制度保护生态环境，实现管理责权一体化、环境法制刚性化、环境责任全民化、政策措施长效化。

8.2.2 指标

制度建设指标如表8-3所示。

表 8-3 制度建设指标

	指 标	单位	2014年现状值	2020年目标值	指标属性
1	生态文明建设工作占党政实绩考核的比例	%	—	各区均≥20	约束性指标
2	生态环境损害责任追究制度	—	尚未建立	建立	约束性指标
3	环境信息公开率	%	100	100	约束性指标
4	固定源排污许可证覆盖率	%	—	100	约束性指标
5	国家生态文明建设示范县占比	%	—	100	约束性指标
6	生态文明建设规划	—	通过修编	制定实施	约束性指标

8.3 制度建设主要任务

8.3.1 健全地方性法规标准

8.3.1.1 提高标准

从 2016 年年底起实施更严格的污染物排放标准体系。根据珠海市特点，重点针对大气、水等领域，加快制定珠海市重点流域水污染物排放标准、典型行业挥发性有机物排放标准、船舶柴油机排气污染物排放标准、石化工业大气污染物排放标准以及电镀、制浆造纸、合成革与人造革、制糖等行业污染物排放标准。加快制定文明施工管理标准。针对重金属特征污染物，开展重点区域重金属污染标准研究制定工作。

8.3.1.2 科学立法

完善生态文明法制体系。以《珠海经济特区生态文明建设促进条例》为基础，清理修订与生态文明建设相冲突或不利于生态文明建设的地方性法规、规章和规范性文件（表8-4）。实施能效和排污强度"领跑者"制度，开展扬尘管理、海岛保护、自然岸线保护、绿色交通、清洁能源、土壤污染防治等专项立法，修编《珠海市环境保护条例》。严格贯彻落实《关于加快推动生活方式绿色化的实施意见》（环发〔2015〕135号），2017年年底前，发布《珠海市关于加快推动生活方式绿色化的实施意见》，研究制定推进生活方式绿色化的地方性法规，通过立法提高公众生态文明意识。到 2020 年年底，形成一套符合生态文明改革新要求的法规体系。

表 8-4 生态文明相关法规修订制定清单

拟修订的法规	拟修订内容
《珠海市经济特区城乡规划条例》	体现主体功能区管理要求、绿色建筑、绿色交通等内容
《珠海市土地管理条例》	体现主体功能区管理要求
《珠海市环境保护条例》	体现清洁生产、循环经济、低碳经济、排污权交易等内容
《珠海市旅游条例》	体现生态旅游等内容
《珠海市土地管理条例》	体现绿色建筑、绿色交通等内容
《珠海市土壤污染防治条例》	在"土十条"和《广东省土壤污染防治条例》的框架下开展土壤污染防治地方立法试点
《珠海市生态文明建设考核办法》	"自然资源资产离任审计制度""生态环境损害责任终身追究制"等规定进行细化，对生态文明建设绩效考核进行更详细的规范

8.3.1.3 严正司法

探索设立生态环境资源审批法庭。按照最高法院环境资源审判庭的模式，对涉及环境保护的刑事、民事、行政、非诉行政执行案件实行"四审合一"，集中专属管辖的审判。对于涉及水库鱼塘养殖、林权及其他自然资源权属的股权转让、承包、联营、出租、抵押等案件，要将保护生态环境和自然资源作为裁判的重要因素予以考量。各辖区应当在珠海市中级人民法院的统筹指导下，设立生态环境资源合议庭，分别审理各自辖区内生态环境案件。大力推进生态环境公益诉讼，鼓励支持设立民间环境监测机构，设立珠海市环境公益诉讼救济基金。到 2020 年，建立完善的珠海市生态环境资源审判法庭体系。

8.3.1.4 严格执法

加大对环境违法行为的监督和处罚力度，实现生态环境的"刚性制度、铁腕执法"。率先建立环保与法院、检察院、公安等多部门的综合执法机制，到 2016 年年底，实行行政执法与刑事司法衔接新模式。强化行政执法与刑事司法的衔接互动，提高环保执法效能，有效震慑环境违法行为，及时处置环境污染事故。对环境立法、执法、重大环境保护决策以及环保焦点事件实行公众听证制度。

专栏 8-7　环保与公安综合执法机制

1）各级环保部门与司法机关建立联席会议制度，适时召开联席会议，互相通报案件查处和行政执法与刑事司法衔接工作情况，及时总结经验、做法，就执法协作和案件侦办过程中存在的问题，进行协调、探讨。

2）健全和落实联勤执法管理机制，当在一定区域、时段内，某类环境违法犯罪案件高发时，公安、环保部门要及时联合开展专项行动进行整治、打击，以形成威慑环境犯罪的强大态势。

3）健全和落实移交移送工作机制，严格执行涉嫌环境犯罪案件移送的有关规定，完善相关工作程序和工作机制，严格按《行政执法机关移送涉嫌犯罪案件规定》和《关于环境保护行政主管部门移送涉嫌环境犯罪案件的若干规定》，及时移送符合标准的环境犯罪案件。

4）健全完善情报信息交流机制，通过电子政务网络等多种形式实现信息共享。

8.3.2 改革创新体制机制

8.3.2.1 创新生态环保管理体制

（1）推进党政同责

贯彻落实《环境保护督察方案（试行）》关于生态文明建设工作"党政同责、一岗双责"的要求，借鉴内蒙古有关经验，2017 年年底前出台《党委、政府及有关部门环境保护工作职责》，明确各级党委和政府对辖区内生态文明建设及环境保护工作负责的具体领域，规定党政主要负责人均承担生态文明建设、生态环境保护第一责任人的职责；明确除了分管环保的各级领导和环保部门负责人外的其他班子成员和有关部门负责人应履行的生态文明建设及生态环境保护具体职责范围。

（2）推动生态文明建设统一管理

建议推进珠海市环境宜居委员会实体化。以大部制改革思路为导向，推进珠海市环境宜居委员会对全市生态文明建设的统一管理。2017 年年底前，将环居委建设成为集统筹管理、部门协商、公众参与为一体的生态文明建设统一机构，整合分散在各部门的环境保护、生态文明建设的职能机构并统一调整到环居委。环居委负责统一规划、管理和监督珠海市生态文明建设相关工作，指定项目的牵头及配合执行部门，建立协商机制并组织部门协商沟通；同时，继续推动公共参与审议、监督珠海市生态环境宜居建设事项。

统筹城乡生态保护和污染防治工作。充分发挥珠海市环居委的作用，逐渐推动生态保护和污染防治工作的统一规划、统筹安排、综合管理，减少生态保护与污染防治工作的人为割裂。将城乡建设规划与生态环保规划相结合，统一城乡生态环保工作的领导、督查与考核，逐渐实行城乡环保工作的统一管理。

配合做好广东省以下环保机构监察监测垂直管理改革。按照《关于省以下环保机构监测监察执法垂直管理制度改革试点工作的指导意见》，结合广东省具体实施方案，开展环保机构监测监察执法垂直管理制度改革情况摸底调查，向省环保厅提出珠海市及各区环保机构监测监察执法改革建议。

8.3.2.2 建立健全生态文明建设机制

（1）健全环境治理机制

完善污染防治区域合作机制。积极参与环境污染防治区域联防联控。继续推进珠三角大气污染联防联控技术示范区以及珠三角地区大气污染联防联控机制的建设；以前山河、鸭涌河为重点逐步开展与中山市、江门市、澳门的水环境污染联防联治机制；参与完善珠三角地区、珠海—澳门环保合作联席会议制度，深化与周边区域在环境质量标准、监测网络、跨界执法、信息互通、资源共享等方面的合作。

建立城乡一体的环境治理机制。完善城乡一体的环境规划，逐渐统一城镇和农村的环境质量标准、环境基础设施建设要求以及基层环保机构，不再采取城乡分割的环境治理模式。提高对生态农业、休闲农业的财政补贴，减少对造成较大生态影响的种植、养殖、捕捞方式的财政补贴。

健全环境信息公开机制。推动增加大气、水、排污、监测监管等环境信息公开的频率及深度，继续完善和扩展珠海市"生态环境指数"公布的范围及内容，建设生态文明建设考核结果公开制度。

完善生态环境损害赔偿工作机制。到2020年，制定针对集体和个人的生态环境保护责任追究和环境损害赔偿办法；加紧建立第三方鉴定评估机构和专业队伍，健全工作机制。

（2）推进生态文明绩效考核和责任追究

完善以绿色GDP核算为基础的生态文明目标考核体系。构建完善的生态文明建设决策、评估、管理、考核等制度体系及温室气体排放统计核算体系，将资源消耗、环境损害、生态效益等指标纳入政府考核评价体系。各区针对各乡镇主体功能逐渐推行分类考核，逐渐对莲洲镇等以保护生态为主的乡镇取消GDP考核。将环境保护和生态建设指标分解到各地区、各部门，落实到重点行业和单位，建立与考核配套的激励机制，将考核结果与干部选拔任用相挂钩。到2020年，生态文明建设工作占党政实绩考核的比例达到20%以上。

建立资源环境承载能力监测预警机制。由国土、发改、科工信、环保、住规建、林业、海洋农业与水务局等多部门共同参与，2018年起对主体功能区规划、生态红线划定方案的实施情况和资源环境承载情况进行全面的监测、分析和评估，定期编制资源环境承载能力监测预警报告。

实行领导干部自然资源资产离任审计。2017年选取一个区（功能区）试点编制自然资源资产负债表，2018年年底逐步扩大到全市实施；2020年起，将审计珠海市领导干部任期内辖区自然资源资产变化状况的评价结果作为其任期绩效考核依据，实现领导干部自然资源资产离任审计率达到100%。

实行生态环境损害责任终身追究。制定《党政领导干部生态环境损害责任追究办法（试行）》实施细则，争取2020年起基于自然资源资产离任审计结果、生态环境损害情况以及生态建设考核结果，追究地方各级党委和政府及其有关部门领导干部、公职人员在生态保护方面的责任。

（3）率先建立环境保护督查督政体系

开展环境保护综合督查。顺应国家环保督查部门职能转变的趋势，督查工作重心由"以督企为主"转变为"查督并举、以督政府为主",加强综合督查。尽快明确督查主体、督查对象、督查范围及针对督查中发现问题的整改措施。环保督查督政结果以及整改落实效果将纳入生态文明绩效考核评价体系,作为资金安排和领导考核的重要依据。

专栏 8-8　珠海市开展环境保护综合督查方案

1）综合督查的主要内容包括 7 个方面：

一是督查环境质量改善情况,对照历年的环境质量数据,分析查找环境质量变化的原因；

二是督查《大气污染防治行动计划》《水污染防治行动计划》的落实情况及重金属污染防治、危险废物管理、环境风险防控等工作开展情况,全面了解各项任务进展情况、存在的困难和问题；

三是督查环境监管执法情况,特别是新《环境保护法》等环境保护法律法规、《国务院办公厅关于加强环境监管执法的通知》的贯彻落实情况,全面掌握环境保护大检查的进展和环境违法案件的查处情况；

四是督查城镇污水处理厂、垃圾处理场等环境基础设施建设及运行情况,医疗废物和危险废物收集、转运、处置情况,全面检查环境风险防控落实情况,认真查找存在的薄弱环节；

五是督查自然保护区、饮用水水源地保护情况,认真调查自然保护区建设、保护、管理及违法开发情况,调查饮用水水源地一、二级保护区内排污口取缔及违章建筑的清理情况；

六是督查群众信访问题的解决情况,全面掌握影响社会和谐稳定的环境信访问题；

七是督查环境保护投入及环保队伍能力建设情况,全面了解地方政府及各有关部门在生态建设和环境保护方面的投入以及基层环保部门能力建设情况。

2）综合督查采取的方式方法,概括起来是八个字,即"听、查、看、研、签、落、验、兑"。

"听"主要是听取各区政府及有关部门关于环境保护工作情况的汇报和介绍；

"查"主要是查阅反映环境保护工作安排和进展情况的相关资料；

"看"主要是查看各行业、各部门在生态环境保护方面职责、任务、项目及管理情况落实现状,现场检查各类环境基础设施、工业污染治理设施的建设和运行情况,各类自然保护区、水源保护区的管护情况,环境风险防范措施落实情况,现场抽查大气、水污染防治行动计划各项重点工作进展情况,环境信访问题的处理情况；

"研"就是与责任方共同研究问题成因及整改初步建议,形成交换意见的提纲；

"签"就是针对督查中发现的问题,与各区政府及有关部门交换整改意见并签订综合督查备忘录；

"落"就是各区政府采取相应措施，按照有关程序与要求，落实各有关部门责任和整改任务，明确责任人及完成时限，积极推进整改工作；

"验"就是整改工作结束后，按照即改、短期、中期整改目标完成情况，由各区政府提出申请，市环境保护局按预期时间适时组织验收；

"兑"就是兑现奖惩，将整改验收情况形成评估（评价）报告，作为对各区生态环境保护工作的年度评定，计入各区绩效考核；对按时完成任务的，在重大项目建设、重要环保资金安排等方面给予支持；对未按时完成任务的，采取通报、约谈、限批等措施，并追究相关人员的责任。

8.3.3 完善环境经济政策

8.3.3.1 健全资源有偿使用和生态补偿制度

（1）完善自然资源及其产品有偿使用制度

完善水资源、矿产资源、土地资源、海域海岛等自然资源及其产品的有偿使用制度，全面实施阶梯水费，坚持实施国有土地、花岗岩、矿泉水、地热资源的市场化出让并将出让收支纳入预算管理，初步建立近岸海域、无居民海岛使用权招拍挂出让制度，并利用价格工具引导资源使用的优化配置。

（2）完善生态补偿制度

继续实施和完善珠海市现有的饮用水水源保护区扶持激励办法、基本农田经济补偿办法并逐渐将生态补偿的范围扩大到整个生态保护红线区域。继续完善莲洲镇生态保护补偿财政转移支付方案并进一步加大资金支持力度、加强对生态补偿政策实施效果的评估。到2018年年底，基本完善珠海市生态补偿制度。

（3）完善生态保护修复资金使用机制

到2018年，根据珠海市山水林田湖海系统治理的特点，整合现有的政策和资金渠道，优化相关资金的统筹使用，完善管理办法，深入推进山水林田湖海的综合整治以及矿山生态环境治理与恢复。

（4）建立耕地草地河库休养生息制度

到2018年年底，完成编制耕地、河库、海洋休养生息规划，调整污染、水土流失、15°以上坡耕地等较敏感区域的耕地用途，开展退渔还湖还湿工作，减缓湿地退化。

8.3.3.2 建立环境治理和生态保护市场体系

（1）健全多元化投入机制

加大投入，确保财政用于生态文明建设支出增长高于经济增长幅度；整合生态文明建设相关专项资金，发挥财政资金使用效率。增加生态文明建设项目中政府和社会资本合作的范围、数量及规模。通过政府购买服务、财政补贴等方式，支持环境污染第三方治理、环境质量监测等环境服务产业的发展。推动污水处理、中水回用、污泥处理、餐厨/电子/其他垃圾转运回收等的市场化定价和自主经营，争取到 2019 年年底，基本实现各类社会资本进入环境治理和生态保护市场；到 2020 年，争取生态环境保护投入中市场投融资比例不小于 1%。

（2）实行排污许可"一证式"管理

尽快根据《广东省排污许可证管理办法》制定珠海市污染物排放许可制度，规定 A、B 证管理体系，完善申领、扣证、处罚、吊销、注销等操作流程。以县市区为控制单元，按照区域 90%主要污染物排放总量来划线筛选、确定重点排污单位，并发放 A 类排污许可证（将非法排污企业列入"黑名单"）；对重点排污单位要实行有偿排污、在线监测、刷卡排污、月度监察等全过程"一证式"规范管理。其余的排污企业，发放 B 类排污许可证，实行达标管理，即只规定其排放量限值，实行企业申报领证、稽查管理。2017 年年底前，在化工、造纸、印染、发电、污水垃圾处理、养殖等重点行业率先全面实施排污许可证管理，整合、衔接、优化环境影响评价、总量控制、环保标准、排污收费等管理制度，统筹考虑水污染物、大气污染物、固体废物等要素，明确许可总量、分配方案、监管单位，实施一企一证、综合管理。2020 年完成市域内全行业固定工业源许可证核发。

（3）推行环境权益交易制度

2019 年年底以前，逐步组建广东省环境资源交易中心珠海分平台并建立排污权交易的横琴分平台。依托广东省碳排放权交易试点、广东省排污权交易试点等工作基础，出台珠海市排污权交易、碳排放交易管理细则并正式开展交易工作。开展能源消费总量研究，开展市域内以及珠海市与中山、江门、澳门的水权交易需求研究，开展用能权和水权交易试点。利用市公共资源交易中心平台组建广东省环境资源交易中心珠海分平台，为开展用能权、碳排放权、排污权、水权交易提供交易平台。

（4）建立绿色金融体系

到 2020 年年底，建立珠海市重要企业环保信息强制性披露机制，将化工、造纸、印染、发电、污水垃圾处理、养殖等重点企业环保责任履行情况纳入征信系统，引导各类金融机构加大绿色信贷的发放力度，明确贷款人的尽职免责要求和环境保护法律责任；全面推行企业环境行为评级制度，实施有差别的信贷政策。完善对节能低碳、生态环保项目的各类担保机制，加大风险补偿力度。参考《浙江省排污权抵押贷款暂行规定》《河北省排污权质押贷款方案》《重庆市排污权抵押贷款管理暂行办法》等成功经验，2016 年年底前出台珠海市排污权抵押贷款管理办法。全面推进珠海市环境污染责任保险工作，在 2017 年年底前将投保企业范围全面覆盖至全市各区所有国家、省要求的重点行业企业，并有效落实保费财政补贴的发放。

（5）建立绿色产品体系

继续坚持政府绿色产品采购政策，新增公共设施设备一律采购节能环保产品和环境标志产品。研究出台针对市域内"三品一标"农产品、畜禽及渔业生态养殖产品的生产和销售的补贴政策。争取 2016 年年底以前完善珠海市产品扶持制度。

8.3.4 推进资源节约集约利用

8.3.4.1 实行国土空间"一张图"管理

推动"五规融合"，积极促进国民经济和社会发展规划、主体功能区规划、城市总体规划、土地利用总体规划、生态文明建设规划等"五项规划"深度融合，实现国土空间"一张图"管理。建设"五规融合"服务管理平台，加快建设"一张图、一个信息平台、一个协调机制、一个审批流程、一个反馈机制"。探索规范化的市县空间规划编制程序，创新市县空间规划编制方法，扩大社会参与，增强规划的科学性和透明度。到 2017 年年底，实现"一张蓝图"干到底。

8.3.4.2 强化国土空间用途管制

加快划定生态保护红线，构建以生态保护红线、环境质量底线和资源利用上线"三线"为核心的生态保护红线体系，在重点生态功能区实施产业准入负面清单，建立健全生态保护红线管控体系。全面实施新一轮土地利用总体规划，严格落实土地用途管制要求，控制城镇建设用地规模。各县级行政区土地利用总体规划根据珠海市土地利用总体规划的指标和布局要求，具体划分各土地利用区，明确用途和使用条件。

8.3.4.3 健全自然资源资产产权制度

加快推动自然生态空间统一确权登记。健全珠海市不动产登记中心的职责分工，专门负责统一行使自然资源资产管理、执法监督和不动产登记管理，通过确权登记发证的方式明确不同类别的自然资源的占有、使用、收益、处分等权利归属关系和权责，划清自然资源全民所有、集体所有、广东省及珠海市不同层级所有权的边界，到 2016 年年底，建立归属清晰、权责明确、监管有效的自然资源资产产权制度。

8.3.4.4　实行资源总量管理和节约利用

完善资源节约集约使用制度。进一步加强土地管理的动态化、常态化、规范化，建立符合农村特点和市场经济规律的集体建设用地使用权流转新机制和管理模式。加强最严格水资源管理制度的落实，依据《珠海市实行最严格水资源管理制度考核办法》，推行合同节水管理，实施水资源管理责任和考核制度。认真执行能源项目开发的节能评估和审查制度，健全重点用能单位节能管理制度，在《珠海市可再生能源专项资金管理办法》的基础上完善可再生能源的相关配套政策，推行合同能源管理，建立能源消费总量管理和节约制度。到 2019 年，建立完善的土地、水、能源节约集约使用制度。

完善资源保护制度。要进一步深化林业、园林体制改革，明确经营主体，充分引入市场机制，使生产要素向发展森林珠海聚集。加快湿地保护，结合目前已经设置的淇澳-担杆岛省级自然保护区管理处等专职机构管理经验，逐步设置其他湿地公园及保护区专职机构。建立健全促进蓝色海洋经济发展和海域海岛管理的体制机制，严格执行《广东省海洋功能区划》《广东海岛保护规划》，推进珠海"美丽港湾"建设。建立矿产资源集约开发机制，建立完善矿产资源勘察开发准入退出机制，进一步提高建筑用花岗岩、矿泉水、地热等珠海特色优势矿产资源开发利用与保护水平。建立和完善矿业权交易市场。到 2018 年年底，形成完善的森林、湿地、海洋、矿产资源等资源节约制度。

加强资源循环利用。以建设废旧物资交易市场为平台，逐步发展废旧物资综合利用产业，构建珠海市循环经济型的再生资源绿色回收利用体系。建立垃圾强制分类制度。鼓励格力集团等大型企业开展废旧电器回收利用业务，加大优惠政策的支持力度。到 2018 年年底，构建完善的资源循环利用制度。

第9章

重点工程设计与资金概况研究

"十三五"期间，针对珠海市生态文明建设的薄弱环节，组织实施 8 大工程，支撑生态文明建设目标任务落实。2016 年，率先启动和实施一批优先项目，重点解决生态文明建设的突出短板问题。同时，加大资金投入，创新投融资机制，落实重点工程项目资金，确保工程项目的顺利实施。

9.1 重点工程

"十三五"期间，为将珠海市建设成为生态文明建设示范市标杆，需要坚持以"以人为本"为基本出发点，以"环保大工程带动环保事业大发展，通过实施环保大工程，促进大发展，实现新突破"为建设主线，重点开展水环境污染防治、大气环境污染防治、土壤环境污染防治、生态环境监测网络构建、生态文明软实力提升、产业绿色转型升级、生态红线管控、城乡人居环境提升等八大工程 41 个重点项目。对于拟要建设的工程项目，要逐一建立工作责任制，明确各项工程的责任单位、资金来源和年度建设计划。精心组织工程项目的实施，加强重大工程项目跟踪管理，定期分析通报项目建设情况，积极协调解决项目实施中的各种困难和实际问题，确保工程项目的顺利实施。

专栏 9-1 8 大工程助力珠海生态文明建设水环境污染防治工程

水污染防治工程：包括内河涌黑臭水体整治、水库水质改善、污水管网建设、海绵城建设、近岸海域养殖业污染治理、海水淡化及综合利用一体化建设等项目。

大气环境污染防治工程：包括大气污染物源解析和治理、机动车尾气监测等项目。

土壤环境污染防治工程：包括土壤加密调查、土壤环境质量监测网络建设、土壤修复示范等项目。

生态环境监测网络构建工程：包括生态环境等大数据平台建设等项目。

生态文明软实力建设工程：包括文化传承、制度研究与创新等项目。

产业绿色转型升级工程：包括养老示范、工业园建设等项目。

生态红线管控工程：包括红线划定、生态整治和修复等项目。

城乡人居环境提升工程：包括固体废物和危险废物治理、绿色智能交通、污泥综合利用等项目。

9.2　资金估算

8 大工程总投资 122.74 亿元，"十三五"期间共需投资 113.27 亿元，其中，财政投入 45.31 亿元，自筹 67.96 亿元。具体情况如下：

水环境污染防治工程共需投资 25.94 亿元，其中，财政投入 10.37 亿元，自筹 15.57 亿元；大气环境污染防治工程共需投资 32.60 亿元，其中，财政投入 13.04 亿元，自筹 19.56 亿元；土壤环境污染防治工程共需投资 3 亿元，其中，财政投入 1.2 亿元，自筹 1.8 亿元；生态环境监测网络构建工程共需投资 4.80 元，其中财政投入 1.92 亿元，自筹 2.88 亿元；生态文明软实力提升工程共需投资 0.62 亿元，其中，财政投入 0.25 亿元，自筹 0.37 亿元；产业绿色转型升级工程共需投资 2.10 亿元，其中，财政投入 0.84 亿元，自筹 1.26 亿元；生态红线管控工程共需投资 36.86 亿元，其中，财政投入 14.74 亿元，自筹 22.12 亿元；城乡人居环境提升工程共需投资 7.35 亿元，其中，财政投入 2.94 亿元，自筹 4.41 亿元（表 9-1、图 9-1）。

表 9-1　8 大工程基本情况

序号	工程名称	项目个数	"十三五"投资额/亿元
1	水环境污染防治工程	10	25.94
2	大气环境污染防治工程	5	32.60
3	土壤环境污染防治工程	3	3.00
4	生态环境监测网络构建工程	4	4.80
5	生态文明软实力建设工程	3	0.62
6	产业绿色转型升级工程	2	2.10
7	生态红线管控工程	4	36.86
8	城乡人居环境提升工程	10	7.35
合计		41	113.27

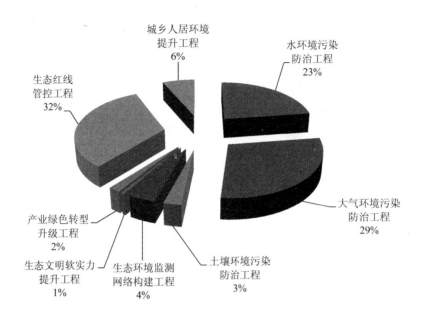

图 9-1　8 大工程 "十三五" 期间投入情况

9.3　融资建议

9.3.1　实施 8 大重点工程

实施水环境污染防治、大气环境污染防治、土壤环境污染防治、生态环境监测网络构建、生态文明软实力提升、产业绿色转型升级、生态红线管控、城乡人居环境提升等 8 大工程 41 个重点项目，总投资 122.74 亿元，"十三五" 期间共需投资 113.27 亿元，其中，财政投入 45.31 亿元，自筹 67.96 亿元。

9.3.1.1　水环境污染防治工程

主要包括内河涌黑臭水体整治、水库水质改善、污水管网建设、海绵城建设、近岸海域养殖业污染治理、海水淡化及综合利用一体化建设等 10 个项目，共需投资 25.94 亿元，其中，财政投入 10.37 亿元，自筹 15.57 亿元。

9.3.1.2　大气环境污染防治工程

主要包括大气污染物源解析和治理、机动车尾气监测等 5 个项目，共需投资 32.60 亿元，其中，财政投入 13.04 亿元，自筹 19.56 亿元。

9.3.1.3　土壤环境污染防治工程

主要包括土壤加密调查、土壤环境质量监测网络建设、土壤修复示范等 3 个项目，共需投资 3 亿元，其中，财政投入 1.2 亿元，自筹 1.8 亿元。

9.3.1.4　生态环境监测网络构建工程

主要包括生态环境等大数据平台建设等 4 个项目，共需投资 4.80 元，其中财政投入 1.92 亿元，自筹 2.88 亿元。

9.3.1.5　生态文明软实力提升工程

主要包括文化传承、制度研究与创新等 3 个项目，共需投资 0.62 亿元，其中，财政投入 0.25 亿元，自筹 0.37 亿元。

9.3.1.6　产业绿色转型升级工程

主要包括养老示范、工业园建设等 2 个项目，共需投资 2.10 亿元，其中，财政投入 0.84 亿元，自筹 1.26 亿元。

9.3.1.7　生态红线管控工程

主要包括红线划定、生态整治和修复等 4 个项目，共需投资 36.86 亿元，其中，财政投入 14.74 亿元，自筹 22.12 亿元。

9.3.1.8　城乡人居环境提升工程

主要包括固体废物和危险废物治理、绿色智能交通、污泥综合利用等 10 个项目，共需投资 7.35 亿元，其中，财政投入 2.94 亿元，自筹 4.41 亿元。

9.3.2　率先启动一批优先项目

9.3.2.1　大气中 VOCs 污染和臭氧超标防治

加强重点企业 VOCs 污染防治治理，开展 VOCs 排放总量控制、排污许可、清洁生产等。石油类炼制与化工企业完成有机废气综合治理，全面应用泄漏检测与修复技术。选择香洲区开展规模化餐饮企业在线监控试点，建立长效监管机制。完成加油站、储油库、油罐车以及化工企业储罐区油气回收治理及油气回收在线监控系统建设。在监测站增设 VOCs 监测设备；在石化行业推行"泄漏检测与修复"，对化工企业排放的有组织排放废气，采取回收、焚烧等方式进行治理，并在排放源和厂界安装在线连续监测设备。建立健全 VOCs 等臭氧前体物的监测体系和技术设备，各区至少建立一个臭氧监测站，并开展臭氧源解析研究，基于研究对臭氧污染进行分区防治。

9.3.2.2 机动车尾气实时监测网络建设

选取 G105、金凤路隧道、港湾大道、昌盛大桥、前山大桥和南屏大桥、情侣中路、海滨北路、吉柠路、板障山隧道、粤海西路、港昌路、前河东路、新老香洲通道、吉大—拱北通道等主要交通路口，购置固定式遥感监测设备建立 15 个机动车尾气监测点。基于实时尾气监测数据，在珠海市环保局官方网站搭建一个可供记录、查询的机动车尾气实时监测网络查询端口。根据该网络监测数据，对尾气超标车辆采取旧车限时报废、安装三元催化器等措施，对不限期整改的超排车辆，予以重罚。

9.3.2.3 内河涌黑臭水体整治

内河涌黑臭水体整治主要包括河涌清淤、扩展河道、排污口截污、沿岸绿化型建设等。开展 11 条河涌清淤，开挖、平整河道底部，完全清除表层腐殖底泥，减少有机质污染。拓展 10 条河涌宽度至 15～25 m。在 16 条重点河涌排涝泵站中建设污水泵站。在磨刀门水道上游河段、鸡啼门水道两侧堤岸外围 1 km 范围内，建设以水松林为植被特色的河流湿地，将磨刀门水道西岸打造成为近江生态休闲区。在虎跳门水道两岸种植以细叶榕为主的生态修复树种，打造河岸绿化廊道，建设沿河风景区。

9.3.2.4 流域环境综合提升

全面实施《珠海市实施"河长制"指导意见》，不断提高全市河涌水环境质量，依托水网资源，以水污染治理为基础，不断构建人水和谐新格局。推进前山河、黄杨河等重点流域河流治理，确保前山河实现"Ⅲ类水再巩固、Ⅳ类水再提升"的整治目标，持续改善水环境，有效保护和修复主要入海水道、河流水生态环境。按照《前山河流域环境综合提升工程方案（2013—2017 年）》要求，推进流域内畜禽养殖清理、污水处理工程建设、河渠截污纳管整治、旧村社区更新改造、生态堤岸景观提升等工程，实现水清、岸绿、景美的目标。

9.3.2.5 土壤污染状况加密调查

在珠海市目前已经开展的土壤污染状况调查、土地利用现状调查、多目标区域地球化学调查、农业地质调查等土壤环境监测基础上，以珠海市农用地和工矿企业用地为重点，兼顾全市国控土壤监测点位布设情况，开展全市土壤污染状况加密调查。查明农用地及工矿企业用地土壤污染面积及分布，农用地土壤污染对农产品质量影响。

9.3.2.6　土壤环境监测网络建设

建设覆盖全市、布局合理、重点突出的土壤环境监测网络体系，在珠海市蔬菜产业基地、饮用水水源地、重金属及有机污染物排放企业周边区域等，布设土壤环境监测风险点位，纳入土壤环境监测网络体系。

9.3.2.7　市域"生态之链"建设

市域"生态之链"建设主要包括生态保护红线区、生态空间管控区及市域绿道系统建设。划定生态保护红线区，应对生态保护红线区实行严格保护，尽量避免人类活动进入。划定生态空间管控区，即划定对构建生态廊道有重要作用的区域，对其实施保护保育，主要包括金湾斗门部分基本农田、农业用地、有林地及坑塘水面。升级原有绿道系统，构建以区域绿道 1 号线、4 号线、珠海大道—黄杨河—拦浪山绿道、"城市足迹""古村览胜" 5 条城市绿道为主轴，整合发展其他相关人文游憩线路、登山道、社区绿道、郊野绿道等，形成主次分明、综合一体的市域绿道慢行系统，加强绿道系统与生态保护红线区、生态空间管控区的整合力度，形成整体的市域"生态之链"，支撑珠海自然环境保护与人文游憩开发双提升。

9.3.2.8　生态保护红线划定与监管平台建设

划定生态保护红线，编制珠海市生态保护红线区空间方案，开展生态保护红线勘界工作，开展与"五规融合"平台对接工作；建立生态保护红线制度体系，制定生态保护红线管理办法，制定生态补偿办法、绩效考核办法，开展生态保护红线区生态环境质量评估、自然资源资产核算、领导干部离任审计制度研究等；建设生态保护红线监管平台，开展生态保护红线区本底调查，建立生态保护红线自然资产台账系统，开展生态保护红线区包括遥感监测与地面监测的生态功能监测。

9.3.2.9　污泥综合利用

在中信生态环保产业园建设一座干化污泥处置中心。试点期处理规模为 300 t/d，一期处置规模 100 t/d，污泥处置中心一期工程计划 2016 年年底前建成。

9.3.2.10　生态环境大数据平台建设

建立生态环境大数据平台。大数据平台包括生态环境保护、环境质量、污染监控三个子平台。生态环境保护管理信息系统是利用地面调查和遥感调查等手段，获取珠海市的生态数据，经过加工处理后，生成珠海市生态环境数据库，主要包括国家自然保护区、生态功能区、生态示范区、生物多样性等各类数据。环境质量管理信息系统是通过各类环境质量信息监测手段，对大气、水、城市噪声、酸雨等环境要素的环境质量监测数据进行分析处理，建立环境质量预警预报监控体系，实现环境质量的动态管理，建立珠海市环境质量数据库。污染监控管理信息系统，主要包括各类污染源申报登记信息管理、新建项目的环境保护审批及"三同时"竣工验收管理、污染物总量控制管理及排污许可证管理、排污收费管理、工业污染源远程监控等一系列污染监控环境管理应用系统。

9.3.3 拓宽投融资渠道

9.3.3.1 设立生态文明建设专项资金

市、区各级政府将生态文明建设相关专项资金纳入财政预算，列为公共财政支出重点方向，优先安排、切实加大投入。确保公共财政每年用于生态文明建设支出的增幅高于经济增长速度，确保公共财政每年用于生态文明建设支出的增幅高于财政支出增长幅度。

9.3.3.2 整合现有环境治理专项资金

按照专项资金性质不变、安排渠道不变、监督管理不变的原则，将现有市级有关生态文明建设的相关专项资金整合使用，集中解决大气、水、土壤、农村污染等突出问题，以及突发环境污染事件。积极争取国债资金和省级部门专项资金以及国家专项资金。进一步细化完善生活污水、生活垃圾处理收费政策，所得资金专项用于生活污水、生活垃圾处理。制定生活垃圾分类回收奖惩政策，惩罚所得资金专项用于奖励生活垃圾分类回收做得好的社区、单位和个人。

9.3.3.3 发挥政府对财政资源配置职能和引导作用

逐步建立"政府主导、社会参与、多元投入、市场运作"的生态文明建设投融资机制。积极利用市场机制，加快生态文明投融资平台建设，采取政府资金引导、政府让利等方式，引导鼓励符合条件的风险投资和民间资本进入环保产业领域。积极利用经济手段，培育和引导市场，试点通过财政贴息贷款、前期经费补助、无息回收性投资、延长项目经营权期限、减免税收和土地使用费等优惠政策，鼓励不同经济成分和各类投资主体以不同形式参与生态文明建设。

9.3.3.4 吸引外资投入生态文明建设

努力争取国外政府、财团和企业的外资投入，引导国外各类创业投资企业、股权投资企业、社会捐赠资金和国际金融机构贷款增加对生态文明建设领域的投入。培育资本市场，探索建立信用担保市场，营造良好的金融运行环境，吸引国外知名的保险公司、外资银行、证券、财务、保险、投资和融资租赁公司等设立地区总部、分支机构或金融后援基地。

第10章 支撑体系建设研究

加强组织领导，加快建立生态环境监测网络，提升环保科技研发转化能力，分解目标任务，严格实施成效评估考核，保障目标和任务全面落实。

10.1 加强组织领导

推进珠海市环境宜居委员会实体化，以党政一把手为组长，由分管相关工作的副市长为副组长，市政府有关部门及重大工程项目的负责人组成，下设环居委办公室，可直接协调不同部门之间的有关生态文明建设项目的合作，并负责组织生态文明建设规划的实施，信息发布、公众参与及信访工作，协调解决生态文明建设过程中产生的重大问题，确定各阶段的重点任务。建立珠海市生态文明建设的联席会议制度，由环居委办公室定期召集召开。建立珠海市包括环境评价与审查制度、公众参与制度、生态文明建设考核目标和奖惩制度、决策监督和责任追究制度、不同部门协调制度、环境与发展综合决策教育培训制度等在内的生态环境保护与社会经济发展的综合决策机制。实行基于生态环境保护的"优先否决"制度。

10.2 做好协调衔接

加强生态文明建设"十三五"规划与相关规划的协调衔接，实现生态文明建设规划与国民经济和社会发展规划、城市总体规划、土地利用总体规划、生态环境建设规划的多规融合，推动目标任务的全面转化和落实。各部门要积极做好行业规划与生态文明建设规划的衔接和细化工作，在行业规划中充分体现生态文明建设要求。各区县结合实际编制本地区的生态文明建设规划，将规划目标、指标和任务逐一落实。

10.3　加快构建生态环境监测网络

到 2020 年，基本实现环境质量、重点污染源、生态状况监测网络全覆盖，各级各类监测数据系统互联共享，监测预报预警、信息化能力和保障水平明显提升，监测与监管协同联动，初步建成陆海统筹、天地一体、上下协同、信息共享的统一的生态环境监测网络。

10.3.1　建设统一的生态环境监测网络

加快生态环境质量监测网络建设。按照《国务院办公厅关于印发生态环境监测网络建设方案的通知》的要求，开展大气、水、土壤、噪声、辐射等环境质量监测网络建设，优化监测点位，明确监测范围和污染物种类；适当增加环境监察网格密度；增加对生态保护红线划定区域以及近海海域的大范围、全天候生态监测；启动生物多样性监测；加强对面源与移动源的监测与统计。

提高生态环境监测综合能力。制定监测服务的准入及监管办法，逐渐推进政府购买监测服务；实施生态环境保护人才发展相关规划，不断提高监测人员综合素质和能力水平；继续扩大无人机、无人船、卫星等监测设备的适用范围，不断提高样品采集、实验室测试分析及现场快速分析测试能力。

10.3.2　提高生态环境管理信息化水平

建成环境信息化系统，构建全市生态环境管理信息平台，逐步实现环保部门以及国土、交通、海洋农业和水务、林业、气象等来源的生态环境监测数据的有效集成及共享，配合国家推进重点污染源监测数据共享与发布机制的建设。加快生态环境监测信息传输网络与大数据平台建设，结合智慧城市物连感知网络、智慧园区示范工程、综合传感器网络建设等智慧城市建设工程，逐步以监测数据、大数据关联分析结果向生态环境保护决策、管理和执法提供数据支撑。建立统一的生态环境监测信息发布机制，规范发布内容、流程、权限、渠道等，及时准确发布环境质量、重点污染源及生态状况监测信息。

10.3.3　提升环境风险监控预警能力

加强重要水体、水源地、源头区、水源涵养区、近海海域的水质监测与预报预警，启动土壤中持久性、生物富集性和对人体健康危害大的污染物监测。严密监控企业污染排放，提高重点排污企业和工业园区的污染物排放智能监测、异常排放信息追踪、风险预警报警与处置能力。定期开展生态保护红线划定区域以及珠江口中华白海豚国家级自然保护区等生态重要、敏感区域的生态环境风险监测、评估与预警。开展化学品、持久性有机污染物及危险废物等环境健康危害因素监测,提高环境风险防控和突发事件应急监测能力。及时更新珠海市突发环境事件应急预案,提高突发事件处置能力。

10.4 提升环保科技研发转化能力

10.4.1 加快高新技术引进

紧抓国际机遇,吸纳创新资源。抓紧推进港珠澳大桥等重大跨境基础设施建设,为人才、资金、技术等要素的自由流动创造条件,发挥横琴制度创新优势,加快技术引进。借助与澳门的合作,加强与巴西、葡萄牙、安哥拉等葡语系国家的合作交流,建立需求为导向的技术转移途径和形式多样的技术转移模式,提高吸纳和配置全球创新资源的能力。推进智能环保家居、软件和集成电路、生物医药等优势产业的技术需求与海外科技资源对接,促成更多全球先进技术落户,并实现产业化,吸纳国际一流研发机构、海外优秀创新人才参与产业科技创新活动。

10.4.2 改革科技体制机制

改革资金管理机制,促进科技研发。建立无偿与有偿并行、事前与事后相结合的财政、科技多元化投入机制。运用财政补助机制,激励企业普遍建立研发准备金,推广使用创新券。改革科研立项机制,推动在珠高校、科研院所围绕市场需求和产业发展需要确定科研课题和攻关项目。完善创新人才和科研成果评价激励机制,制定落实科技成果收益分配、期权股权激励政策。建立公共技术服务平台向全市所有初创型科技企业开放的新模式。

10.4.3 加快成果转化

发挥政府引领作用,促进科技成果转化。建议珠海市政府设立科技成果转化奖励基金,奖励科研负责人、骨干技术人员等重要贡献人员和团队。发挥公共机构和国有企业现有渠道作用,为自主创新产品提供推广、示范的渠道和途径。根据经济社会发展重大战略需求和政府购买实际需求,实施自主创新产品优先采购、首购和订购制度,促进创新产品的研发和规模化应用。

专栏 10-1　强化科技创新需求导向，建立高标准创新体系

　　重点推进清华大学珠海创新中心、华南理工大学现代产业创新研究院、诺贝尔国际生物医药研究院等新型研发机构建设。支持中山大学、吉林大学与世界一流大学合作，在珠海共建高水平理工学院，支持暨南大学在珠海建设创新型研究院，引进科研平台和大型科学设施。依托广东省科学院，高水平建设海洋工程装备、航空航天装备和生物医药三大技术研究所。发挥好国家船舶和海洋工程装备质检中心、国家食品安全科技创新中心、智能电网公共技术服务平台等作用，加强行业标准建设，推进专利标准化、标准产业化。积极参与航空发动机、智能机器人、深海探测、新材料、健康保健等领域的国家和省重大科技项目，依托优势产业建设更多国家实验室。支持格力、丽珠等骨干企业建设国家级研发机构，实现产学研协同创新。

10.5　分解落实目标任务

　　市环居委办公室根据目标任务，制定生态文明建设任务分解方案和年度工作计划，将目标任务、重点工程逐一分解到各区、各部门，制定任务分解清单。各区县、各部门细化目标任务，制定工作方案，编制并实施年度生态文明建设计划。各级政府要把生态文明建设、生态环境保护工作放在突出位置，将生态文明建设、生态环境保护作为一项长期的基础性工作来抓，确定的目标任务不因政府换届、领导变更而变化。区县以下政府按照统一部署，进一步细化工作目标和具体举措，落实本单位生态文明建设任务。

10.6　严格评估考核

　　各区县、各部门切实履行职责，定期对各自目标任务的完成情况进行自查，每年向市环居委办公室报告生态文明建设情况。市环居委办公室每年对实施情况进行考核评估，并将考核结果向市委、市政府汇报。考核过程要问需于民、问绩于民，与公众感受相吻合、体现公众意愿。加强考核结果的运用，对生态文明建设成绩突出的区、部门、个人予以奖励，对考核结果未通过的区、部门进行通报并追究责任。将各区县建设考评分值、各部门珠海生态文明建设重点工程任务完成情况考核结果定期向全社会公开。

附录 1 重大工程项目清单

建设地点	名称	主要建设内容及规模	建设年限	总投资额/亿元	"十三五"投资额			责任部门	配合部门
					小计/亿元	财政投入/亿元	自筹/亿元		
总计				122.74	113.27	45.31	67.96		
一	水环境污染防治工程			27.74	25.94	10.37	15.57		
1	市域	内河涌黑臭水体整治	内河涌黑臭水体整治主要包括 11 条河涌清淤、扩展 10 条河涌、16 条重点河涌排涝泵站中建设排污口截污、沿岸绿化型建设等	2016—2020	1.56	1.56	0.62	0.94	市水务局	
2	斗门区和香洲区	水库水质改善工程	对珠海市目前现有的 4 座中型水库（竹银水库、乾务水库、大镜山水库和凤凰山水库）进行供水水库的生态建设，供水水库的生态环境评估、健康评估，面向营养化控制的水库环境容量分析和控制，保障水库水质供水调度、水库生态监测等	2016—2020	1	1	0.40	0.60	珠海水务集团有限公司、市海洋农业和水务局	
3	富山工业园	富山工业新城污水管网配套建设	为富山水质净化厂管网配套建设的一部分，包括污水收集管道 5.499 km、1.7 km 截污管线一座污水泵站	2016—2017	1.28	1.28	0.51	0.77	富山工业园管委会	
4	中心城区	西部中心城区海绵城市建设	珠海市西部生态新城以"海绵城市"为导向建设一批"低影响开发"的，包括雨水花园和绿色市政。近期重点是西部中心城区划定 31.9 km² 水资源水环境整治（含莲福河、中央水系、中心河）	2016—2017	4.5	4.5	1.80	2.70	西部城区开发建设局	

序号	建设地点	名称	主要建设内容及规模	建设年限	总投资额/亿元	"十三五"投资额			责任部门	配合部门
						小计/亿元	财政投入/亿元	自筹/亿元		
5	香洲区	全市污水管网建设（香洲区）	对香洲片区、拱北片区、南湾片区的污水管网、排洪渠截污、污水泵站等方面进行建设	2014—2017	10.65	8.85	3.54	5.31	香洲区	
6	金湾区	全市污水管网建设（金湾区）	针对红旗片区、西湖片区和三灶片区的部分污水管网进行重建，同时新建部分污水管道以完善以上片区的污水管网	2016—2019	3.6	3.6	1.44	2.16	金湾区	
7	斗门区	莲洲镇、乾务镇农村生活污水处理、生态水网建设	设计、施工、运营珠海市斗门区莲洲镇农村湿地生态园及其配套管网工程，珠海市斗门区乾务镇农村湿地生态园工程17个行政村、乾务镇2个自然村及自然村。规模要求污水收集率不低于70%	2016	1.46	1.46	0.58	0.88	斗门区	
8	斗门区	白蕉镇、斗门镇农村生活污水处理、生态水网建设	设计、施工、运营珠海市斗门区莲洲镇农村湿地生态园及其配套管网工程，在斗门区白蕉镇8个行政村及斗门镇3个自然村建设农村湿地生态园及其配套管网。规模要求污水收集率不低于70%	2016—2020	1.19	1.19	0.48	0.71	斗门区	
9	金湾区南水镇	近岸海域养殖业污染治理	建设一个人工湿地海水养殖场外排水循环利用示范区。养殖污水经两级人工湿地串联处理进行污水处理，处理后的污水污泥经无害化处理，进行再循环利用	2016—2020	1.5	1.5	0.60	0.90	金湾区	
10	万山区	海水淡化综合利用及一体化建设	在具备条件的海岛建设具有海水资源净化功能的水资源化综合利用基地，研发海水淡化及综合利用成果的技术，并使研发成果产业化	2016—2020	1	1	0.40	0.60	万山区	

建设地点		名称	主要建设内容及规模	建设年限	总投资额/亿元	"十三五"投资额			责任部门	配合部门
						小计/亿元	财政投入/亿元	自筹/亿元		
二 大气环境污染防治工程					34.60	32.60	13.04	19.56		
1	市域	大气污染VOCs超标和臭氧防治	完成VOCs重点行业企业升级改造;建立重点行业、重点企业排放清单,制定VOCs排放治理指南;建立并完善化工园区废气监控体系;建立健全VOCs排放监测体系和技术设备并开展臭氧源解析研究	2016—2020	0.03	0.03	0.01	0.02	市环保局	
2	市域	机动车尾气实时监测网络建设	在珠海市主要交通路口建立汽车尾气监测,加大汽车尾气监测力度,建立汽车尾气监测数据平台;根据网络监测数据,对尾气超标车辆采取旧车限时报废,安装三元催化器等措施	2016—2018	0.56	0.56	0.22	0.34	市环保局	
3	市域	大气污染物源解析	开展灰霾、臭氧的形成机理,来源解析,迁移规律和监测预警等研究,为污染治理提供科学支撑	2016—2018	0.01	0.01	0.00	0.01	市环保局	
4	高栏港区	钰海2×40万kW(F级)天然气热电联产	建设2台40万kW燃气蒸汽联合循环天然气热电联产机组,以及配套天然气管道、供热管网工程	2014—2019	32	30	12.00	18.00	高栏港区	
5	市域	港口大气污染综合治理	加强非道路机械与船舶污染防治,新建邮轮码头必须配套建设岸电设施,新建10万t级以上的集装箱码头、配套建设岸电设施或预留建设岸电设施的空间和容量。2017年年底前,原油、成品油码头完成油改油工作。从2014年1月1日起实施国Ⅰ船用发动机排放标准,2017年年底前工作船和港务管理船舶基本实现靠港使用岸电	2014—2017	2	2	0.80	1.20	市交通运输局,珠海海事局,市港口管理局	

	建设地点	名称	主要建设内容及规模	建设年限	总投资额/亿元	"十三五"投资额			责任部门	配合部门
						小计/亿元	财政投入/亿元	自筹/亿元		
三		土壤环境污染防治工程			3.00	3.00	1.20	1.80		
1	斗门区	受污染耕地土壤修复	采用植物修复技术、种植结构调整、调节土壤酸碱度等环境修复技术类型,优先划定 500 hm² 耕地治理修复区,拟开展 1 项以上受污染耕地综合治理与修复试点示范工程	2016—2018	0.5	0.5	0.20	0.30	市海洋农渔和水务局	斗门区政府配合
2	耕地	农产品产地土壤重金属污染调查	实施农产品产地连片耕地的土壤重金属污染状况加密调查,全面监测重金属污染状况,完善农产品产地土壤环境质量档案	2016	1.5	1.5	0.60	0.90	市海洋农渔和水务局	各区政府配合
3	耕地	土壤加密调查	开展全市土壤污染状况加密调查。查明农用地、矿企业用地土壤污染面积及分布,农用地土壤污染对农产品质量影响	2017	1	1	0.40	0.60	市海洋农渔和水务局	各区政府配合
四		生态环境监测网络构建工程			4.80	4.80	1.92	2.88		
1	市域	生态环境大数据平台建设	建立市、区、镇、村四级生态环境大数据平台包括生态环境保护、环境质量、污染监控三个子平台	2016—2020	1	1	0.40	0.60	市环保局	
2	市域	水源地放射性监测站建设	增加重要水源地饮用水放射性监测,如大镜山水库、杨寮水库、竹仙洞水库、乾务水库、竹银水库等,加强地下水放射性污染检测	2016—2020	1.2	1.2	0.48	0.72	市环保局	
3	市域	土壤环境监测	建设覆盖全市、布局合理、重点突出的土壤环境监测网络体系,按要求布设国控土壤监测点位	2016—2020	2.5	2.5	1.00	1.50	市环保局	

建设地点		名称	主要建设内容及规模	建设年限	总投资额/亿元	"十三五"投资额			责任部门	配合部门
						小计/亿元	财政投入/亿元	自筹/亿元		
4	市域	环境舆情监测与分析系统	建立环保系统内部环境舆情监测与分析系统,开展环境舆情监测和分析,形成简报、报告、图表等信息产品,及时掌握社会公众对环境保护重大政策、建设项目环境影响评价、污染事故等热点问题的思想动态,为环保部门、相关管理部门及市政府提供舆情分析报告	2016—2017	0.1	0.1	0.04	0.06	市环保局	
五	生态文明软实力提升工程				0.62	0.62	0.25	0.37		
1	市域	民俗生态文化传承	修建岭南文化展览馆及文化广场,定期举办各类文化艺术等活动	2016—2018	0.5	0.5	0.20	0.30	市文化体育旅游局	
2	市域	生态文明体制机制创新	从体系建设、标准制定、扩大生态补偿范围、优化考评体系四方面创新生态文明体制机制	2016—2017	0.1	0.1	0.04	0.06	市环保局	
3	市域	生态环境保护干部考察体制研究与制定	开展经济发展与环境保护并重的政绩考核考察体制的研究,并制定生态文明建设生态考核办法和考察制度	2016—2017	0.02	0.02	0.01	0.01	市环保局	
六	产业绿色转型升级工程				2.10	2.10	0.84	1.26		
1	斗门区	都市休闲养老示范区建设	在斗门区莲洲镇、斗门镇、乾务镇、白蕉镇、井岸镇等20个社区建设休闲养老公共配套设施	2016—2018	0.1	0.1	0.04	0.06	斗门区	
2	高栏港区、高新区	国家生态工业示范园区建设	对高栏港经济区和高新区全面实施循环型设计和生态化改造,通过产业链的生态化链接、资源综合利用、土地集约使用、中水回用、废弃物集中处理和再资源化、热电能源共享等7项系统构建,打造循环型工业示范园	2016—2020	2	2	0.80	1.20	高栏港区、高新区	

建设地点	名称	主要建设内容及规模	建设年限	总投资额/亿元	"十三五"投资额			责任部门	配合部门
					小计/亿元	财政投入/亿元	自筹/亿元		
七	生态红线管控工程			37.86	36.86	14.74	22.12		
1 市域	生态保护红线划定与监管平台建设	划定生态保护红线,编制珠海市生态保护红线区空间方案,开展生态保护红线勘界工作,对接"五规融合"平台;制定生态保护红线管理办法,制定生态补偿办法,绩效考核办法,开展生态保护红线区生态环境质量评估,自然资源资产核算,领导干部离任审计制度研究等;建设生态保护红线监管平台,开展生态保护红线区本底调查,建立生态保护红线自然资产台账系统,开展生态保护红线区包括遥感监测与地面监测的生态功能监测	2015—2020	0.36	0.36	0.14	0.22	市政和林业局	
2 市域	市域"生态之链"建设	主要包括生态保护红线区、生态空间管控区及市域绿道建设系统		1.6	1.6	0.64	0.96	市政和林业局	市环保局
3 香洲区	流域环境综合提升	采取"五大工程措施"和"五大非工程措施"实现前山河流域珠海段"水清、岸绿、景美"规划建设目标,推进流域内畜禽养殖清理、污水处理工程建设、河渠截污纳管整治,旧村社区更新改造,生态堤岸景观提升等工程。在前山河"一河两涌"范围内(2.66 km²)分期实施生态堤岸(40 km)的修复建设;同步配套道路排水干管建设;沿线旧村河涌的清淤"一河两涌"沿线的绿道配套(包括4座湿地公园,雨水花园和生态草沟等);生态建设:沿岸相关市政设施配套(标志性雕塑、广场、景观节点、照明等),打造前山河绿堤生态水系	2015—2020	29.9	29.9	11.96	17.94	市海洋农渔和水务局	市环保局

	建设地点	名称	主要建设内容及规模	建设年限	总投资额/亿元	"十三五"投资额 小计/亿元	"十三五"投资额 财政投入/亿元	"十三五"投资额 自筹/亿元	责任部门	配合部门
4	横琴新区	横琴海洋生态修复	总面积约392 hm²。建成定位为国际级精品湿地,使其成为珠江口区域珍惜的红树林湿地资源区、琴澳地区最宝贵的海洋湿地生态系统,以海洋生态修复、湿地生态展示与生态旅游为核心功能且有横琴特色的滨海海鸟类湿地	2014—2017	6	5	2.00	3.00	横琴新区	
八	城乡人居环境提升工程				12.02	7.35	2.94	4.41		
1	市域	智能化生活固体废物回收设施建设	购置智能化生活固体废物回收设施494台,将回收设施摆放在大型商圈、机场、城际轨道站、学校等人流密集型公众场所,主要回收废饮料瓶、废纸、旧电池等可回收利用废品,回收成功后,现场通过网络平台向客户手机返现	2016—2020	0.49	0.49	0.20	0.29	市环保局	商务局、交通局、教育局
2	市域	"绿色积分系统"构建	建立1个服务系统框架,搭建1个绿色消费数据库,并设计1个亲民型"绿色积分系统"手机APP,并与银行、商家合作,标识环保纸张、绿色商品,通过手机APP推广绿色商品。并选取8个绿色社区开展垃圾分类回收"绿色积分"换购活动	2016—2018	0.5	0.5	0.20	0.30	市环保局	
3	市域	绿色智能交通建设	①改造城市主要的9条交通道路灯、将路灯更换成风光互补路灯,同时加装光能调节系统,根据光线强弱自动开关路灯;并借鉴、采用德国技术,对中心区凤凰路48盏路灯加装充电桩,为新能源汽车进行充电。②为珠海市1 824辆公交车安装GPS,通过公交GPS查询系统,乘客可以查询所在的站点以及车辆距离目前所在的站点还有几站以及乘坐的车辆距离。③慢行道路提升建设:主要是在人行道专门辅设1 m宽的慢行跑道,让慢行交通进一步融入人们的日常健身活动中	2016—2020	1.1	1.1	0.44	0.66	①9条交通道路属地区政府;②交通局、市政局,市林业局	市环保局、住建局

序号	建设地点	名称	主要建设内容及规模	建设年限	总投资额/亿元	"十三五"投资额			责任部门	配合部门
						小计/亿元	财政投入/亿元	自筹/亿元		
4	香洲区	珠海环境资源交易中心构建	依托珠海市公共资源交易中心平台组建环境资源交易中心，搭建用能权、碳排放权、排污权、水权等与资源环境交易相关的分平台，引导环境权益与自然资源资源进场交易	2016—2018	0.3	0.3	0.12	0.18	市环保局	市政务服务管理局
5	富山工业区	珠海市环保生物质热电（中信）	日处理生活垃圾1 200 t，建设2×600 t/d炉排型垃圾焚烧炉，配置2台12 MW凝汽式汽轮机发电机组15 MW汽轮机发电机组	2014—2016	6.23	1.56	0.62	0.94	市政和林业局	
6	斗门区	斗门区生活垃圾无害化处理设施建设	完善辖区生活垃圾收集设施建设，增加垃圾收运车辆的配备、强化专职环卫人员队伍的建设	2016—2017	0.1	0.1	0.04	0.06	市环保局	各区政府配合
7	斗门区	污泥综合利用	在中信生态环保产业园建设一座干化污泥处置中心。试点期处理规模为300 t/d，一期处置规模100 t/d，污泥处置中心一期工程计划2016年年底前建成	2016—2018	0.8	0.8	0.32	0.48	市政和林业局	
8	市域	危险废物处置中心	集焚烧、物理化学、资源化为一体的综合性危废物理处置处理设施	2016—2020	2	2	0.80	1.20	市环保局	
9	市域	医疗废物安全处置设施升级改造	升级改造大规范医疗废物处置设施	2016—2018	0.3	0.3	0.12	0.18	市环保局	
10	市域	危险废物调查评估及治理	开展对于市内未完全转运出的历史遗留危险物调查评估及治理项目	2016—2018	0.2	0.2	0.08	0.12	市环保局	

附录2 生态文明制度清单

时间		制度建设	主要内容	牵头部门	配合部门
2016年年底	1	修订完善地方性法规	修订珠海市经济特区城乡规划条例、珠海市土地管理条例、珠海市环境保护条例、珠海市旅游条例、珠海市服务业环境管理条例、珠海市土地管理条例、土壤污染治条例等法规	法制局、人大法工委	住规建局、交通局、国土局、环保局、文体旅游局、发改局
	2	实行行政执法与刑事司法衔接新模式	建立环保与公安综合执法机制，强化行政执法与行政司法的衔接互动	市环保局、市公安局	各区、市委组织部、市编办、市人力资源和社会保障局等
	3	贯彻落实《环境保护督察方案（试行）》要求	出台关于生态文明建设工作"党政同责、一岗双责"的相关规定，全力配合上级环保督查机构的抽查、调研工作	市委组织部、环保局	其他有关单位
	4	推动珠海市自然生态空间统一确权登记	建立归属清晰、权责明确、监管有效的自然资源资产权制度	市国土局	其他有关单位
	5	健全全国土空间用途管制制度	全面实施新一轮土地利用总体规划，严格落实土地用途管制要求，各县级行政区据此划分各类土地利用区，明确用途和使用条件	市国土局	其他有关单位
	6	建立生态保护红线管控制度体系	制定生态保护红线管理办法、制定生态补偿办法、开展生态保护红线区生态环境质量评估、自然资源资产核算、领导干部离任审计制度研究等	市住规建局	其他有关单位
	7	落实最严格水资源管理制度	制定区、镇取用水总量控制指标；健全完善水资源规划体系；加强新建项目的水资源论证和重大项目规划水资源论证、加强取水许可证管理；实施水资源管理责任制和考核制度	市海洋农业与水务局、市住规建局	其他有关单位
	8	建立能源消费总量管理和节约制度	制定和完善重点用能单位节能管理制度、健全重点用能单位节能承诺机制、探索实行节能自愿承诺机制，鼓励社会资金投向新能源产业	市科工信局（市节能减排领导小组办公室）	其他有关单位

时间		制度建设	主要内容	牵头部门	配合部门
2016年年底	9	建立农村环境治理体制机制	提高绿色生态农业生产补贴，适当减少对近海海洋生态环境破坏较大的捕捞、养殖方式的财政补贴。采取政府购买服务等方式引导农村环境治理	市环保局、市海洋农业和水务局	其他有关单位
	10	推行排污权交易制度	继续深化和完善《珠海市排污权有偿使用和交易试点工作实施方案》，积极参加广东省排污权交易试点	市环保局、市发展和改革局、市科技和工业信息化局	其他有关单位
	11	建立绿色产品采购体系	继续支持政府绿色产品采购政策，研究出台针对市域内绿色产品生产和销售的补贴政策	市委办公室、市财政局	市科技和工业信息化局、市海洋农业和水务局、市环保局
2017年年底	1	制定一批地方性法规	制定珠海市生态文明建设考核办法、珠海经济特区海域海岛保护与开发条例	创建办、市委组织部、法制局、人大法工委和水务局	
	2	实现生态文明建设统一管理	实现环居委的实体化，统筹安排生态文明建设保护工作；同时响应国家实施环保机构监测监察执法垂直管理制度作相应准备	环保局、环境监察分局	其他有关单位
	3	实现"一张蓝图"干到底	促进国民经济和社会发展规划、主体功能区规划、城市总体规划、城乡土地利用总体规划、生态文明建设规划等"五项规划"深度融合	市住规建局	其他有关单位
	4	创新市县空间规划编制方法	制定规范化的市县空间规划编制程序，规划前进行资源环境承载能力评价，加大社会参与力度	市住规建局	其他有关单位
	5	建立森林保护制度	深化林业、园林体制改革，明确经营主体，充分引入市场机制，以土地流转、税收优惠、林业保险等机制鼓励生产要素向发展森林珠海聚集	市政和林业局	其他有关单位
	6	建立湿地保护制度	结合目前已经设置的淇澳-担杆岛省级自然保护区、海泉湾湿地公园及其他国及保护区等，逐步设置其他湿地公园及保护区专职机构	市政和林业局	其他有关单位
	7	健全海洋资源开发保护制度	建立健全促进蓝色海洋经济发展和海域海岛管理的体制机制；强海域使用动态监测监察建设，实行海洋功能区划定期评估制度	市海洋农业与水务局	其他有关单位
	8	加快自然资源及其产品价格改革	全面推行城镇居民用水阶梯价格制度以及非居民用水超计划、超定额累进加价制度，适当提高特种用水水价	市政和林业局、物价局	珠海水务集团

时间		制度建设	主要内容	牵头部门	配合部门
2017年年底	9	完善污染物排放许可制	制定珠海市污染物排放许可证制度，并据此核发排污许可证，排污者必须持证排污，禁止无证排污或不按排污许可证规定排污	市环保局	市发展和改革局，市科技和工业信息化局
	10	建立生态文明目标体系	将各区（功能区）生态文明建设成效指标权重提高（大于20%），指标设计体现各区（功能区）特点，增加公众对生态文明建设工作满意率和满意度等指标，对乡镇逐步推行分类考核，建立生态文明建设配套激励机制	市委组织部、环保局	其他有关单位
	11	建立环境保护督查督政体系	建立在环居委直领导下的环境保护督查专员会、督查委员会主要督查珠海市域内所有排污单位的环保法相关工作，将珠海市环境保护督查专员纳入环保督查委员会。督查委员会（功能区）及以下督查区（功能区）及以下级别地方政府和与环保工作"组织领导、责任明确、措施保障、考核约束、加强监管"等综合措施的采取情况	市委组织部、环保局	其他有关单位
2018年年底	1	健全矿产资源开发利用管理制度	建立矿产资源集约开发机制，合理确定矿产产权投放的规模、数量、时机和密度；建立完善矿产资源勘察开发体系人退出机制。规范采矿权的有偿出让，建立和完善矿业权交易市场	市国土资源局	其他有关单位
	2	完善资源循环利用制度	建立再生资源绿色回收站和废旧物资交易市场（如平沙再生物资回收市场），对复合包装物、电池、农膜等低值可回收物实行强制回收。建立垃圾强制分类制度，鼓励格力集团等大型企业开展废旧电器回收利用业务	市商务局	其他有关部门
	3	完善海域海岛有偿使用制度	建立海域、无居民海岛使用金征收标准调整机制。初步建立近海海域、无居民海岛使用权招拍挂出让制度	市海洋农业和水务局	市国土资源局，市发展和改革局，市财政局，市公共资源交易中心
	4	完善生态补偿制度	逐渐将生态补偿的范围扩大到其他生态功能重要区域，推广莲洲镇生态保护补偿财政转移支付方案并进一步加大资金支持力度，加强实施效果评估	市环保局、市政和林业局，市海洋农业和水务局，市财政局	其他有关部门
	5	完善生态保护修复资金使用机制	根据珠海市山水林田海系治理的特点，整合现有的政策和资金渠道，优化相关资金的统筹使用，完善管理办法，深入推进山水林田湖海的综合整治以及矿山生态环境治理与恢复	市环保局、市政和林业局，市海洋农业和水务局，市财政局	其他有关部门

时间		制度建设	主要内容	牵头部门	配合部门
2018年年底	6	建立耕地草原河湖休养生息制度	编制耕地、河湖、海洋休养生息规划，调整污染、水土流失、15°以上坡耕地等较敏感区域的耕地用途，开展退田还湖还湿工作，减缓湿地退化	市环保局、市国土局，市政和林业局，市海洋农业和水务局	其他有关单位
	7	健全环境信息公开制度	继续扩展环境信息公开的内容和深度，公布的范围及内容，完善公众参与制度	市环保局、市环境居委局	其他有关单位
	8	推行用能权和碳排放权交易制度	做好珠海市域内相关企业的申报管理，排放监督工作，开展重点用能单位和新建项目能评审查和碳排放权研究，利用市公共资源交易中心组建广东省环境交易所珠海分平台	市环保局、市发展和改革局、市科技和工业信息化局、市政和林业局	其他有关单位
	9	探索编制自然资源资产负债表	选取一个区（功能区）试点编制2011年以来的自然资源资产负债对编制方案、数据来源、监测方案，任务分工及核算办法，提出针对编制方面的问题和建议	市统计局	市发展和改革局、市国土局，市海洋农业和林业局，市政和水务局，市审计局等
	10	建立资源环境承载能力监测预警机制	建立国土空间监测管理工作机制和资源环境承载能力监测预警机制，定期编制资源环境承载能力监测预警报告	市发展和改革局	市国土局、市科技和工业信息化局、市环保局、市住房和城乡规划建设局、市海洋农业和林业局、市政和水务局等
2019年年底	1	继续完善节约集约用地制度	加强"三清"的动态化、常态化、规范化，试点开展集体建设用地流转，实现集体土地与国有土地的"同地同权同价"	市国土局	其他有关单位
	2	完善土地有偿使用制度	减小非公益性用地划拨，将国有土地出让性收支纳入预算管理。完善土地价形成机制和制度，健全土地等级制度，降低工业用地比例，提高工业用地效率	市国土局	市发展改委、市财政局、市住房和城乡规划建设局、市公共资源交易中心
	3	完善矿产资源有偿使用制度	进一步完善矿业权出让制度和转让信息公开制度，坚持实施市场化出让并将出让收支纳入预算管理。调整完善矿产采矿权使用费标准，矿产资源最低勘查投入标准	市国土局	市发展改委、市财政局、市政局、市公共资源交易中心
	4	建立污染防治区域联动机制	继续推进大气污染及水环境污染联防联治机制，推进区域污染物排放标准，管制措施及监测网络的统一，加大跨界联合执法力度，强化环境信息互通与技术合作，推动建立环保合作联系会议	市环保局、市发展改革局、市海洋农业和水务局	市外事局、市级及各区海洋农业和水务局、市气象局、市国土局、市发展和改革局、市公安局等
	5	培育环境治理和生态保护市场主体	通过政府购买服务、财政补贴等方式，支持环境污染第三方治理、环境质量监测等环境服务产业的发展	市环保局、市发展和改革局、市海洋农业和水务局	市科技和工业信息化局等其他有关单位

时间		制度建设	主要内容	牵头部门	配合部门
2019年年底	6	开展水权交易试点	研究珠海市市域水权交易的范围和期限、交易主体和类型，开展水权交易试点，探索建立水权交易制度，并尽快参与广东省水权交易	市海洋农业和水务局、市环保局、市财政局	其他有关单位
2020年年底	1	实施更严格的污染物排放标准	重点针对大气、水等领域，加快制定珠海市重点流域水污染物排放标准，典型行业挥发性有机物排放标准，在用船舶柴油车污染气污染物排放标准与右化工业大气污染物排放标准、炼油与石化工业大气污染物排放标准与制浆造纸、合成革与人造板、制糖等行业污染物排放标准	环保局	其他有关单位
	2	完善珠海市生态环境资源审判法庭体系	对涉及环境保护的刑事、民事、行政、非诉行政执行案件实行"四审合一"，中级专属管辖的审判	中级法院	各区法院、市国土局、市环保局等
	3	推进生态环境公益诉讼	出台《珠海市环境公益诉讼救济专项资金管理办法》，建立珠海市环境公益诉讼救济基金	中级法院、市政法局	其他有关单位
	4	全面完善珠海市生态环境监测网络	全面建设监测网络，增加监测点位、范围、污染物种类；加强环境信息化建设，提高生态环境风险预警能力；加强监测结果对管理的支持；提高生态环境监测综合能力	环保局、环境监察分局	其他有关单位
	5	严格实行生态环境损害赔偿制度	制定针对集体和个人进行生态环境保护责任追究和环境损害赔偿制度的管理办法；加紧建立第三方鉴定评估机构和专业队伍	市环保局、市司法局	市科技和工业信息化局、市公安局等
	6	建立绿色金融体系	建立珠海市重要企业环保信息强制性披露机制，引导各类金融机构加大绿色信贷的发放力度，完善对节能低碳、生态环保项目的各类担保机制	市金融工作局、市环保局、市财政局	其他有关单位
	7	对领导干部实行自然资源资产离任审计	制定珠海市领导干部自然资源资产离任审计制度并在领导干部自然资源资产负债表的试点区（功能区）试点实施乡镇级以上领导自然资源资产离任审计	市统计局、市审计局	市发展和改革局、市环保局、市国土局、市海洋农业和水务局、市政和林业局等
	8	建立生态环境损害责任终身追究制	研究制定实施细则，追究相关部门领导干部、公职人员在生态环保方面的失误，强化党政领导干部生态环保和资源保护职责	市委组织部、环保局	其他有关单位

附录 3　对标国际生态宜居城市一览表

对比内容	珠海市	圣地亚哥市	新加坡
面积/km²	1 724	964	716
人口/万人	161.41（2015）	134（2013）	553.5（2015）
人口密度/（人/km²）	0.09	0.14	0.77
城市化率/%	88.07（2015）	78	100（2015）
城市绿化覆盖率/%	49（2015）	60	80（2013）
高新技术产业占工业总产值比重/%	27.30	28.96	
宜居城市	中国宜居城市第一名	美国十大最宜居城市之一	花园城市，立体绿化绿量大，效果显著
创新性	实施创新驱动战略。优势产业为电子及通信设备、电气机械及器材、医药制造业产业等	国际化创新型产业城市，仅在生物医药领域，就拥有多所美国最尖端的大学，过半数全美前十的生物医药研究所，近300家聚焦前沿科技的生物医药企业	新加坡在2015年度"全球创新指数"排名中保持第七位，是亚太地区最具创新能力的经济体
科研能力	北京师范大学珠海分校、中山大学珠海校区、北京理工大学珠海校区等	圣地亚哥大学、加利福尼亚大学圣地亚哥分校等	新加坡国立大学、南洋理工大学等

附录 4　指标解释

1. 生态保护红线

参照《国家生态文明建设示范县、市指标》（试行），本指标是对生态保护红线划定和落实情况的综合评定。要求按照国家有关规定划定生态保护红线，并按国家相关要求进行严格管理。

2. 受保护地区占国土面积比例

参照《国家生态文明建设示范县、市指标》（试行），指辖区内生态保护红线区域、自然保护区、风景名胜区、森林公园、地质公园、湿地公园、饮用水水源保护区、天然林、生态公益林等面积占辖区国土面积的百分比，上述区域面积不得重复计算。

计算公式：

$$受保护地区占国土面积比例 = \frac{受保护地区面积（km^2）}{辖区国土面积（km^2）} \times 100\%$$

3. 耕地红线

参照《国家生态文明建设示范县、市指标》（试行），本指标是对国家耕地保护制度执行情况的综合评定。耕地红线遵守情况根据《全国土地利用总体规划纲要（2006—2020 年）》及地方政府确定的有关耕地保护的约束性指标进行考核。

计算公式：

$$工业企业入园率 = \frac{各工业区实际入住的工业企业个数}{每个工业园区批准进入的工业企业个数} \times 100\%$$

4. 人均公园绿地面积

参照《国家生态文明建设示范县、市指标》（试行），本指标是指辖区城镇公园绿地面积的人均占有量。公园绿地是指具备城市绿地主要功能的斑块绿地，包括全市性公园、区域性公园、居住区公园、小区游园、儿童公园、动物园、植物园、历史名园、风景名胜公园、游乐公园、社区性公园及其他专类公园，也包括带状公园和街旁绿地等。

计算公式：

$$城镇人均公园绿地面积 = \frac{城镇公园绿地面积（m^2）}{辖区城镇总人口数（人）}$$

5. 规划环评执行率

规划环评执行率即规划环境影响评价执行率，是指区域近 3 年实际进行规划环评的开发利用规划数占应该进行规划环评的开发利用规划总数的百分比。其中，应该进行规划环评的开发利用规划是指地方人民政府及其有关部门组织编制的各类开发利用规划中，按照《环境影响评价法》及《规划环境影响评价条例》要求，应当开展规划环境影响评价的。

计算公式：

$$规划环评执行率 = \frac{近3年开展规划环评的开发利用规划数量}{近3年应开展规划环评的开发利用规划数量} \times 100\%$$

6. 城市开发边界面积

主要指城市发展中城市开发区域的面积，也可以城市建设面积指代。根据《城市用地分类与规划建设用地标准》（GB 50137—2011），城市建设用地指城市和县人民政府所在地镇内的居住用地、公共管理与公共服务用地、商业服务业设施用地、工业用地、物流仓储用地、交通设施用地、公用设施用地、绿地。

7. 生态环境状况指数（EI）

参照《国家生态文明建设示范县、市指标》（试行），该指标是指反映被辖区生态环境质量状况的一系列指数的综合，包括生物丰度指数、植被覆盖指数、水网密度指数、土地胁迫指数、污染负荷指数五个分指数和一个环境限制指数。要求辖区生态环境状况指数保持在优良水平，执行《生态环境状况评价技术规范》（HJ 192—2015）。

8. 环境空气质量

（1）质量改善目标

指依据《大气污染防治行动计划》及省、市制订的关于大气污染的防治行动计划，地方完成国家或上级政府下达的大气环境质量改善目标任务的情况。要求区域大气环境质量不降低并达到考核目标。

（2）优良天数比例

指行政区空气质量达到或优于一级标准的天数占全年有效监测天数的比例。执行《环境空气质量标准》（GB 3095—2012）和《环境空气质量功能区划分原则与技术方法》（HJ 14 —1996）。

（3）严重污染天数

指空气质量指数达到或超过 300 的天数。要求基本消除行政区内严重污染天数（占全年有效监测天数的比例不超过 1%）。执行《环境空气质量标准》（GB 3095—2012）和《环境空气质量功能区划分原则与技术方法》（HJ 14—1996）。

9. 水环境质量

（1）水质达到或优于Ⅲ类比例

指行政区内主要监测断面水质达到或优于Ⅲ类水的比例，执行《地表水环境质量标准》（GB 3838—2002）。要求行政区地表水达到水环境功能区标准，且Ⅰ、Ⅱ类水质比例不降低，过境河流市控以上断面水质不降低。

注：行政区有国控断面则考核国控断面达标情况，无国控断面则考核省控断面，无国控、省控断面的则考核市控断面。

（2）劣Ⅴ类水体

要求基本消除行政区内劣Ⅴ类水体（占比不超过 5%），执行《地表水环境质量标准》（GB 3838—2002）。

（3）近岸海域环境功能区水质达标率

该指标是指辖区近岸海域中海水环境质量，要求近岸海域水质监测站点监测数据完整，监测结果真实可信，且辖区近岸海域海水水质不降低，执行《海水水质标准》（GB 3097—1997）。

10. 集中式饮用水水源水质达标率

参照《国家生态文明建设示范县、市指标》（试行），该指标是指城镇集中式饮用水水源地，其地表水水质达到或优于《地表水环境质量标准》（GB 3838—2002）Ⅲ类标准、地下水水质达到或优于《地下水质量标准》（GB/T 14848—1993）Ⅲ类标准的取水量占取水总量的百分比。

计算公式：

集中式饮用水水源地水质优良比例

$$= \frac{各城镇集中式饮用水水源地取水水质达到或优于Ⅲ类取水量}{各城镇集中式饮用水水源地总取水量} \times 100\%$$

11. 土壤环境质量

参照《国家生态文明建设示范县、市指标》（试行），该指标是指辖区按照《农田土壤环境质量监测技术规范》（NY/T 395—2012）布点要求，建立健全耕地土壤环境污染监测体系，要求监测点位土壤环境质量不降低，执行《土壤环境质量标准》。

12．黑臭河涌（渠）整治率

据《城市黑臭水体整治工作指南》（2015），城市黑臭水体是指城市建成区内，呈现令人不悦的颜色和（或）散发令人不适气味的水体的统称。

计算公式：

$$黑臭河涌(渠)整治率 = \frac{已经整治的黑臭河涌(渠)数量}{需要整治的黑臭河涌(渠)数量} \times 100\%$$

13．森林覆盖率

参照《国家生态文明建设示范县、市指标》（试行），该指标是指辖区森林面积占土地总面积的比例。高寒区或草原区林草覆盖率指辖区林地、草地面积之和与土地总面积的百分比。内陆干旱地区可酌情降低考核标准。

计算公式：

$$森林覆盖率 = \frac{辖区森林面积（km^2）}{辖区土地总面积（km^2）} \times 100\%$$

注：若辖区水域面积占土地总面积的 5%以上，指标核算时的土地总面积应为扣除水域面积后。原则上按区域主要地貌类型对应的目标值考核；当辖区内平原、丘陵、山区面积占比相差不超过 20%时，按照平原、丘陵、山地加权目标值进行考核。

14．生物物种资源保护

（1）重点保护物种受到严格保护

依照《中华人民共和国野生动物保护法》和《中华人民共和国野生植物保护条例》，依法保护列入《国家重点保护野生动物名录》和《国家重点保护野生植物名录》的国家一、二级野生动、植物，无违法采集及猎捕、破坏等情况发生。

（2）本地物种受保护程度

指辖区内通过就地、迁地保护和尽量使用乡土物种开展生态建设等有效措施保护原生植物和动物物种，避免或减缓因外来物种入侵及生境恶化等情况造成的对原生物种的威胁，从而使该区本地的物种多样性受到保护的程度。

（3）外来物种入侵

指在当地生存繁殖，对当地生态或者经济构成破坏的外来物种的入侵情况。要求外来物种入侵对行政区生态系统的结构完整与功能发挥没有造成实质性影响，未导致农作物大量减产和生态系统严重破坏。

15. 自然湿地净损率

指自然湿地损失的面积占原有湿地总面积的比例。

16. 自然岸线保有率

指标含义：地区管辖海域自然海岸线长度占陆地岸线总长度的比例。自然岸线指自然形成的岸线，包括顺岸围堤形成的岸线。

计算公式：

$$\text{自然岸线保有率(CL)得分ECL} = \begin{cases} 3, & CL > 42\% \\ \dfrac{CL}{42\%} \times 3, & CL \leqslant 42\% \end{cases}$$

资料来源：《海洋生态文明示范区建设规划编制大纲》，以各省发布的海岸线资料以及近2年以内的海域利用现状图为准，按沿海市级和县级行政区分别统计自然海岸线长度/总海岸线长度的比值。

17. 生态资产保持率

该项指标重点考核创建期间辖区内生态系统服务功能相对变化的情况，用于表示重要生态功能的林地、草地、湿地、农田等生态系统具有的各项生态服务（如水源涵养、水土保持、防风固沙等）及其价值得到维护和提升的程度，反映通过生态文明建设工作，区域生态系统质量取得的变化。

计算方法：

$$\text{生态资产保持率} = \frac{\text{考核验收年辖区生态系统生态服务价值（元）}}{\text{创建初始年辖区生态系统生态服务价值（元）}}$$

其中，创建初始年（考核验收年）生态系统服务的计算建议以目前普遍使用的 Costanza 计算方法为基础，并充分考虑区域生态系统结构的完整性。

18. 主要污染物总量减排

参照《国家生态文明建设示范县、市指标》（试行），该指标旨在强调按时完成上级政府下达的主要污染物总量减排任务，重点关注国家责任书项目和年度减排计划工程措施的完成情况。主要污染物总量控制参照环境保护部印发的相关文件及各省、市总量控制计划。主要污染物指标包括化学需氧量、二氧化硫、氨氮、氮氧化物、挥发性有机物等，其种类随国家相关政策实时调整规定做相应调整。

19. 城镇污水处理率

参照《国家生态文明建设示范县、市指标》（试行），该指标是指县城及城镇建成区经过污水处理厂或其他污水处理设施处理，且达到排放标准的排水量与县城及城镇建成区污水排放总量的百分比。要求污水处理厂污泥得到安全处置，污泥处置根据《城镇排水与污水处理条例》（国务院令 第 641 号）有关规定，参照危险废物管理，建立污泥转移联单制度。

计算公式：

$$城镇污水处理率 = \frac{污水处理厂达标排放量 + 其他污水处理设施(土地及湿地处理系统等)达标排放量}{县城及城镇建成区污水排放总量} \times 100\%$$

20. 城镇生活垃圾无害化处理率

参照《国家生态文明建设示范县、市指标》（试行），该指标是指县城及城镇建成区生活垃圾无害化处理量占辖区垃圾产生量的比值。有关标准参照《生活垃圾焚烧污染控制标准》（GB 18485—2014）、《生活垃圾填埋污染控制标准》（GB 16889—2008）执行。

计算公式：

$$城镇生活垃圾无害化处理率 = \frac{生活垃圾无害化处理量（t）}{辖区生活垃圾产生总量（t）} \times 100\%$$

21. 臭氧浓度

臭氧浓度是指单位体积内臭氧所占的含量。

22. PM$_{2.5}$质量浓度（μg/m^3）

指直径小于或等于 2.5 μm 的尘埃或飘尘在环境空气中的质量浓度。世界卫生组织曾指出：当 PM$_{2.5}$ 年均质量浓度达到 35 μg/m^3 时，人的死亡风险比 10 μg/m^3 的情形约增加 15%。参照国家"十三五"规划要求下降 15%。

23. 危险废物安全处置率

参照《国家生态文明建设示范县、市指标》（试行），该指标是指辖区危险废物实际处置量占危险废物应处置量的比例。危险废物是指列入《国家危险废物名录》或者根据国家规定的危险废物鉴别标准和鉴别方法认定具有危险特性的固体或液体废物。

计算公式：

$$危险废物安全处置率 =$$

$$\frac{危险废物综合利用量+处置量（t）}{危险废物产生量+综合利用往年贮存量+处置往年贮存量（t）}×100\%$$

24. 重、特大突发环境事件数

参照《国家生态文明建设示范县、市指标》（试行），该指标是指辖区三年内发生重大和特大突发环境事件的数量以及问题整改情况。要求三年内无国家或相关部委认定的资源环境重大破坏事件；无重大跨界污染和危险废物非法转移、倾倒事件。

重、特大突发环境事件判别标准参照《国家突发环境事件应急预案》等有关突发环境事件分级的规定。

25. 污染场地环境监管体系

指行政区建立了污染场地环境全过程监管体系，因地制宜地出台了污染场地环境风险防范的调查、监测、评估、修复等相关管理制度和政策措施，形成了污染场地多部门联合监管工作机制，且没有污染场地风险事故发生。

26. 单位工业用地工业增加值

指辖区内单位面积工业用地产出的工业增加值，是反映工业用地利用效率的指标。单位工业用地工业增加值越高，土地集约利用程度越高。其中，工业用地参照《土地利用现状分类》（GB/T 21010—2007）统计，工业增加值采用不变价核算。

计算公式：

$$单位工业用地工业增加值 = \frac{年度工业增加值（万元）}{辖区工业用地总面积（亩）}$$

27. 单位地区生产总值用水量

指行政区内单位地区生产总值所使用的水资源量。同时，要求行政区水资源消耗总量不超过国家或上级政府下达的水资源总量控制目标。

计算公式：

$$单位地区生产总值用水量 = \frac{用水总量（m^3）}{地区生产总值（GDP）（万元）}$$

28. 单位 GDP 能耗

指辖区内单位地区生产总值的能源消耗量，是反映能源消费水平和节能降耗状况的主要指标。

计算公式：

$$单位GDP能耗 = \frac{能源消耗总量（t标煤）}{地区生产总值（GDP）（万元）}$$

注：GDP 与能源消耗同步核算，GDP 按可比价计算。

29．应当实施强制性清洁生产企业通过审核的比例

指行政区通过清洁生产审核的企业数量占应当实施强制性清洁生产的企业总数的比例。《清洁生产促进法》规定，污染物排放超过国家和地方规定的排放标准或者超过经有关地方人民政府核定的污染物排放总量控制标准的企业，应当实施清洁生产审核；使用有毒、有害原料进行生产或者在生产中排放有毒、有害物质的企业，应当定期实施清洁生产审核。

计算公式：

$$应当实施强制性清洁生产的企业通过审核的比例 =$$
$$\frac{通过清洁生产审核的企业数量（个）}{应当实施强制性清洁生产的企业数量（个）} \times 100\%$$

30．第三产业占比

指辖区第三产业增加值占地区生产总值（GDP）的比例。

计算公式：

$$第三产业占比 = \frac{第三产业增加值（万元）}{地区生产总值（万元）} \times 100\%$$

31．主要农产品中有机、绿色及无公害产品种植面积的比重

参照《国家生态文明建设示范县、市指标》（试行），该指标是指辖区内有机食品、绿色食品、无公害农产品种植面积占农作物种植总面积的比例。有机食品、绿色食品、无公害农产品按国家既有的认证规定执行。

计算公式：

$$有机食品、绿色食品、无公害农产品种植面积比重 =$$
$$\frac{有机食品、绿色食品、无公害农产品种植面积（hm^2）}{农作物种植总面积（hm^2）} \times 100\%$$

注：有机食品、绿色食品、无公害农产品种植面积不得重复统计。如涉及水产品养殖，其养殖水面面积计入种植总面积。有机农、水产品种植（养殖）面积按实际面积 2 倍统计。因土壤本底等原因生产

的农产品完全用于工业等其他用途的可不纳入种植总面积统计范围。

　　绿色、有机食品的产地环境状况应达到《食用农产品产地环境质量评价标准》（HJ 332 —2006）、《温室蔬菜产地环境质量评价标准》（HJ 333—2006）等国家环境保护标准和管理规范要求。无公害农产品种植参考有关无公害产地环境质量标准。

32．高端制造业增加值占规模以上工业总产值比重

　　指辖区高端制造业增加值占规模以上工业总产值比重。

33．党政领导干部参加生态文明培训的人数比例

　　指行政区内副科级以上在职党政领导干部，参加组织部门认可的生态文明专题培训、辅导报告、网络培训等的人数比例。

　　计算公式：

$$党政领导干部参加生态文明培训的人数比例 = \frac{副科级以上干部参加生态文明培训的人数}{副科级以上党政领导干部数} \times 100\%$$

34．生态文明知识知晓度

　　指资源节约、污染防治、生态保护、全球及区域环境问题、可持续发展等生态文明知识在行政区公众中的普及程度。

　　该指标通过抽样调查获得，用以综合反映学校教育、科学普及、公众媒体等的宣传教育效果。选取调查对象时应考虑年龄、学历、职业、性别等情况，以充分体现调查结果的代表性，调查总人数不少于行政区人口的千分之一。

35．公众对生态文明建设的满意度

　　指公众对生态文明建设的满意程度。该指标采用国家生态文明评估考核组现场随机发放问卷与委托独立的权威民意调查机构抽样调查相结合的方法获取，以现场调查与独立调查机构所获取指标值的平均值为最终结果。现场调查人数不少于行政区人口的千分之一。调查对象应包括不同年龄、不同学历、不同职业等人群，充分体现代表性。

36．公众节能、节水器具普及率

　　指辖区通过认证的节能、节水器具销售数量占同类用电、用水器具销售总数量的比例，反映节能、节水认证产品的平均市场占有率。

计算公式：

$$节能、节水器具普及率 = \frac{通过认证的节能、节水器具销售数量}{同类用电、用水器具销售总量} \times 100\%$$

37. 公众绿色出行率

指辖区使用公共交通（公共汽车、轨道交通、班车、城市轮渡等）、自行车、步行等绿色方式出行的人次占交通出行总人次的比例。绿色方式出行不包括使用没有绿色环境认证的电动车、摩托车等。

计算公式：

$$公共绿色出行率 = \frac{绿色方式出行的人次}{交通出行总人次} \times 100\%$$

38. 城镇新建国家绿色建筑比例

指辖区达到《绿色建筑评价标准》（GB/T 50378—2014）的城镇新建公共建筑面积占城镇新建建筑总面积的比例。

39. 政府绿色采购比例

指行政区政府采购有利于绿色、循环和低碳发展的产品规模占同类产品政府采购规模的比例。

计算公式：

$$政府绿色采购比例 = \frac{政府绿色采购规模}{同类产品政府采购规模} \times 100\%$$

40. 城镇居民生活垃圾分类收集率

指城镇建成区生活垃圾分类收集量占辖区垃圾产生量的比值。

41. 生态文明建设工作占党政实绩考核的比例

指地方政府党政干部实绩考核评分标准中生态文明建设工作所占的比例。该指标考核的目的是推动创建地区将生态文明建设纳入党政实绩考核范畴，通过强化考核，把生态文明建设工作任务落到实处。

42. 生态环境损害责任追究制度

指建立了针对行政区生态环境损害（因污染环境、破坏生态造成大气、地表水、土壤等环境要素和植物、动物、微生物等生态要素的不利改变，以及因上述要素引起的生态系统功能退化）的党政领导干部责任追究制度。

43．环境信息公开率

指政府主动信息公开和企业强制性信息公开的比例。

注：环境信息包括政府环境信息和企业环境信息。

政府环境信息指环保部门在履行环境保护职责中制作或者获取的，以一定形式记录、保存的信息。环保部门应当遵循公正、公平、便民、客观的原则，及时、准确地公开政府环境信息。

企业环境信息指企业以一定形式记录、保存的，与企业经营活动产生的环境影响和企业环境行为有关的信息。企业应当按照自愿公开与强制性公开相结合的原则，及时、准确地公开企业环境信息。

44．固定源排污许可证覆盖率

指行政区内发放执行排污许可证的固定源占固定源总数的比例。要求按照国家相关规定，因地制宜地进行顶层设计，统筹考虑水污染物、大气污染物、固体废物等要素，基本形成以排污许可制度为核心，有效衔接环境影响评价、污染物排放标准、总量控制、排污权交易、排污收费等环境管理制度的"一证式"固定源排污管理体系。

45．国家生态文明建设示范县占比

指行政区内各县经省级以上环保部门认定，达到国家生态文明建设示范县标准的个数占行政区县总数量的比例。

计算公式：

$$国家生态文明建设示范县占比 = \frac{国家生态文明建设示范县个数（个）}{行政区县总数（个）} \times 100\%$$

46．生态文明建设规划

指地方政府组织编制的具有自身特色的国家生态文明建设示范县（市、区）规划。要求规划通过省级环境保护部门组织的专家论证后，由当地政府提请同级人大审议通过后颁布实施。规划文本和批准实施的文件报环境保护部备案。制订了规划实施方案，规划的重点任务和工程项目落实到各相关部门。规划实施年限达 3 年以上。完成了规划实施情况评估，规划重点工程完成率达到 80% 以上。

47．研究与发展（R&D）经费支出占地区生产总值比例

指用于研究与试验发展（R&D）活动的经费占地区生产总值（GDP）的比重。研究

与试验发展（R&D）活动指在科学技术领域，为增加知识总量以及运用这些知识去创造新的应用而进行的系统的创造性的活动，包括基础研究、应用研究、试验发展三类活动。

48．每万人发明专利拥有量

指辖区内每 10 000 常住人口拥有的发明专利数。

参考文献

[1] 珠海市环境保护局. 珠海市环境质量报告书（2006—2014年）.

[2] 珠海市人民政府办公室. 珠海市饮用水水源保护区区划（2013年）.

[3] 珠海市交通运输局. 珠海市综合交通"十二五"规划.

[4] 珠海市交通运输局. 珠海市交通发展年度报告（2014年）.

[5] 珠海市海洋农渔和水务局. 珠海市流域综合规划修编报告.

[6] 珠海市海洋农渔和水务局. 珠海市水利及城市供排水体系建设"十二五"规划.

[7] 珠海市人民政府. 珠海市水生态文明城市建设试点实施方案（报批稿）.

[8] 姚芳，李华. 珠海成为海洋强市的可持续发展战略研究. 中国商论，2015（17）：128-133.

[9] 珠海市科技工贸和信息化局. 珠海市打印设备及耗材产业发展规划（2014—2020）.

[10] 珠海市科技工贸和信息化局. 珠海市高新技术产业发展规划（2013—2020）.

[11] 珠海市科技工贸和信息化局. 关于加快珠海市高端制造业发展的若干政策措施.

[12] 珠海市科技工贸和信息化局. 关于印发珠海智能电网产业规划（2013—2020）的通知.

[13] 珠海市环境保护局. 珠海市东、西部垃圾处理整体提升工作方案（2013—2030）.

[14] 珠海市科技工贸和信息化局. 珠海市智慧城市建设总体规划（2013—2020）.

[15] 珠海市人民政府. 关于印发珠海市民营经济发展规划的通知.

[16] 龙立军. 构建可良性运转的乡村治理模式探论——以广东珠海幸福村居建设为例[J]. 理论导刊，2014（12）：76-78，101.

[17] 森林珠海发展规划.

[18] 珠海市"十二五"主要污染物排放总量控制目标与减排责任书.

[19] 珠海市人民政府. 关于印发《海市先进装备制造业发展规划（2015—2025年）的通知.

[20] 珠海市人民政府. 关于印发珠海市民营经济发展规划的通知.

[21] 珠海市环境保护局. 珠海市固体废物污染防治"十二五"规划.

[22] 珠海市城乡生活垃圾收运处理设施专项规划（2012—2020）（送审成果）.

[23] 珠海市声环境质量标准适用区域划分.

[24] 珠海市气象局. 珠海市气象事业发展"十二五"规划.

[25] 珠海市环境保护和生态建设"十二五"规划.

[26] 珠海市环境保护局. 关于印发珠海市大气污染防治2015年度实施方案的通知.

[27] 陈大源. 珠海城市规划优化管理研究. 广东工业大学，2013.

[28] 珠海市环境质量标准使用区划分.

[29] 珠海市环境空气质量功能区划分.

[30] 江镕. 关注珠海生态环境指数. 环境, 2015 (5): 34-35.

[31] 王东宇, 杨雪春. 蓝色半岛经济区战略下威海发展的国际借鉴——圣地亚哥的启示. 城市发展研究, 2014, 21 (1): 114-121.

[32] 珠海市城市绿地系统规划 (2004—2020).

[33] 辛恺, 李林. 珠海海岛社会资源优势及发展对策研究. 产业与科技论坛, 2011, 10 (10): 34-36.

[34] 珠海经济特区生态文明建设促进条例.

[35] 包康平. 珠海建设智慧城市的对策研究. 长春: 吉林大学, 2014.

[36] 中共珠海市委. 珠海市人民政府关于实施新型城镇化战略建设国际宜居城市的决定.

[37] 广东省环境保护厅, 广东省发展和改革委员会. 关于印发广东省主体功能区规划的配套环保政策的通知.

[38] 广东省人民政府办公厅. 关于印发珠江三角洲地区生态安全体系一体化规划 (2014—2020 年) 的通知.

[39] 广东省环境保护厅. 关于印发广东省农村环境保护行动计划 (2014—2017 年) 的通知.

[40] 政办通报. 李嘉同志在建设国际宜居城市工作会议上的讲话.

[41] 吴浩军. 跨境双子城的发展方向和路径选择——对圣地亚哥—蒂华纳双子城和香港—深圳双子城的比较分析. 国际城市规划, 2011, 26 (4): 69-73.

[42] 珠海市人民政府. 关于印发珠海建设国际宜居城市三年行动计划的通知.

[43] 唐健. 珠海市服务贸易发展的 SWOT 分析. 产业与科技论坛, 2015, 14 (20): 32-33.

[44] 胡慧, 胡武贤. 珠海市土地利用协调度评价. 安徽农业科学, 2013, 41 (32): 12750-12753.

[45] 卓泽林. 美国圣地亚哥创新集群发展的原因探析. 科学与管理, 2015, 35 (5): 14-17, 29.

[46] 珠海市先进装备制造业发展规划 (2015—2025 年).

[47] 中共珠海市委, 珠海市人民政府. 关于创建全国生态文明示范市的决定.

[48] 珠海市人民政府. 广东省珠海市创建国家生态市工作报告.

[49] 珠海市人民政府. 广东省珠海市创建国家生态市技术报告.

[50] 王东. 珠海市政府主导旅游产业发展战略研究. 长春: 吉林大学, 2012.

[51] 珠海市城市总体规划 (2001—2020) (2015 年修订).

[52] 珠海市新能源产业发展规划 (2013—2020 年).

[53] 孔萌, 陈晓宏, 陈志和. 珠海市饮用水水源保护区生态补偿机制探讨. 人民珠江, 2010, 31 (1): 9-11, 61.

[54] 珠海市生态文明建设规划 (文本修编).

[55] 周盛盈. 生态文明城市法治保障路径研究——基于珠海生态文明示范市建设实证分析. 中共珠海市委党校珠海市行政学院学报, 2015 (2): 69-73.

[56] 陆茜. 改善生态环境　创建幸福村居的珠海探索. 中共珠海市委党校珠海市行政学院学报, 2014 (4)：78-80.

[57] 珠海市人民政府. 关于印发珠海市先进装备制造业发展规划（2015—2025 年）的通知.

[58] 珠海市人民政府办公室. 关于印发珠海市海绵城市建设工作三年行动计划（2015—2017 年）的通知.

[59] 珠海市人民政府办公室. 关于印发珠海市重点项目建设三年行动计划.

[60] 张玉环, 余云军, 龙颖贤, 等. 珠三角城镇化发展重大资源环境约束探析. 环境影响评价, 2015, 37 (5)：14-17, 23.

[61] 珠海市委、市政府. 以创建幸福村居为抓手　促进我市新农村建设上新台阶.

[62] 珠海市生态文明建设（2010—2020 年）.

[63] 王朝晖. 珠海市 发挥“五位一体”职能优势　开创城市管理新格局. 城乡建设, 2015 (5)：54-57.

[64] 珠海率先发布生态环境指数. 中国环境科学, 2015, 35 (4)：1196.

[65] 珠海市改善幸福村居人居环境发展规划.

[66] 构建珠海国际生态宜居城市——中欧低碳生态城市合作项目综合试点工作. 建设科技, 2015 (7)：37-40, 43.

[67] 珠海建设国际宜居城市指标体系.

[68] 黄一添. 珠海港口物流竞争优势研究. 大连：大连海事大学, 2014.

[69] 珠海市突发环境事件应急预案（2015 年修订版）.

[70] 珠海市人民政府办公室. 关于印发珠海市生态控制线划定工作方案的通知.

[71] 冼超文. 港珠澳大桥对珠海市产业政策发展的影响及优化研究. 长春：吉林大学, 2013.

[72] 珠海市环境保护条例.

[73] 张泽娟. 珠海港口发展战略研究. 广州：广东工业大学, 2013.

[74] 珠海市能源发展“十三五”规划.

[75] 赵鹤芹. 珠海生态文明新特区建设的几点思考//中国可持续发展研究会. 2011 中国可持续发展论坛 2011 年专刊（二）. 中国可持续发展研究会, 2011：4.

[76] 珠海市人民政府. 关于印发珠海市主体功能区规划的通知.

[77] 珠海市人民政府. 关于印发珠海市高污染燃料禁燃区划的通知.

[78] 谢汉忠. 珠海市城市生态环境管理模式分析. 长春：吉林大学, 2010.

[79] 珠海万山游钓休闲渔业区建设规划（2014—2020）.

[80] 石坚, 徐利群. 对美国城市规划体系的探讨：以圣地亚哥县为例. 国外城市规划, 2004 (4)：49-50.

[81] 珠海市科技工贸和信息化局. 珠海市智慧城市建设近期行动方案（2013—2015）.